Wolfgang Schneider
Lexikon zur Arzneimittelgeschichte
Band VI: Pharmazeutische Chemikalien und Mineralien, Ergänzungen

Lexikon zur Arzneimittelgeschichte

Sachwörterbuch zur Geschichte der pharmazeutischen Botanik, Chemie, Mineralogie, Pharmakologie, Zoologie

Band VI

Pharmazeutische Chemikalien und Mineralien
Ergänzungen

von
Wolfgang Schneider

Govi-Verlag GmbH - Pharmazeutischer Verlag
Frankfurt a. M.
1975

Pharmazeutische Chemikalien und Mineralien

Ergänzungen

(zu Band III des Lexikons zur Arzneimittelgeschichte)

von

Prof. Dr. Wolfgang Schneider

Leiter des Pharmaziegeschichtlichen Seminars
der Technischen Universität Braunschweig

Govi-Verlag GmbH - Pharmazeutischer Verlag
Frankfurt a. M.
1975

ISBN 3-7741-9987-6

Gesamtherstellung: Limburger Vereinsdruckerei GmbH, 6250 Limburg/Lahn

Vorwort

Jeden der vorangegangenen Bände habe ich Personen gewidmet, denen ich in besonderer Weise verbunden bin. Da es mir nun vergönnt war, etwas abzuschließen, was man beinahe als Lebenswerk bezeichnen kann, möchte ich statt einer neuen Widmung alle früheren zu einer einzigen zusammenfassen, ohne die Namen noch einmal zu wiederholen. Entsprechend soll mein Dank an alle jene summarisch sein, die ich als unentbehrlich für das Gelingen der Arbeit jeweils kennzeichnete.

Über allem steht die Dankbarkeit dafür, daß es mir die Verhältnisse und besonders die Gesundheit erlaubten, so zu arbeiten wie es geschehen ist.

Ich wünsche meinem Lexikon, daß es als ein wesentlicher Beitrag zur Pharmaziegeschichte beurteilt wird, der schnelle und zuverlässige Orientierung über Arzneimittel der Vergangenheit erlaubt, der Zusammenhänge zwischen Arzneimitteln untereinander erkennen läßt und der dadurch leichter zu einem tieferen Verständnis der pharmazeutischen Vergangenheit führt, als es bisher mit den vorhandenen Informationsmitteln möglich war.

Daß hier eine echte Aufgabe vorlag, die ich mir bei Beginn meiner wissenschaftlichen Tätigkeit stellte, beweist die Zahl der Mitarbeiter und Förderer; ob sie erfüllt worden ist und somit Mühe und Aufwand lohnte, muß die Zukunft lehren.

Wolfgang Schneider

Braunschweig, im Juni 1975

Einführung

Nach Fertigstellung des Manuskriptes für den Band von den pflanzlichen Drogen (Bd. V) im Jahre 1974 ging ein Unternehmen seinem Ende entgegen, das viel Arbeit in langen Jahren erfordert hatte. Was noch fehlte, war vor allem das Gesamtregister über alle erschienenen Bände mit Einbeziehung aller Stichwörter, die in den Registern der Einzelbände aus Platzmangel nicht hatten erfaßt werden können. Sie waren jeweils nach Erscheinen eines der früheren Bände in einer Kartei aufgenommen worden, so auch das umfangreiche Material von Band V, so daß nach dessen Drucklegung das Gesamtregister bald abgeschlossen werden konnte.

War das Lexikon zur Arzneimittelgeschichte damit fertig? Daß darin nicht alles Denkbare zu finden sein würde, war klar. Die Prinzipien der jeweilig notwendigen Beschränkungen und damit Aussparungen sind in den Einführungen zu den früheren Bänden erläutert worden. Es war nur noch die Frage zu stellen, ob es wesentliche Lücken gab, die zum Schluß einige Ergänzungen nicht nur wünschenswert, sondern notwendig machten.

Die endgültige Abfassung von Band V deckte so etwas auf. In ihm war der Beschreibung von Verwendungsarten – pharmazeutischen, d. h. nach der Arzneiform, und pharmakologischen, d. h. nach der Wirkung – eine Menge Platz gewidmet worden, was die Benutzer des Lexikons mit Sicherheit sehr begrüßen werden. Solche Angaben fehlten jedoch in Band III für die pharmazeutischen Chemikalien und Mineralien völlig.

Den Grund hierfür erkennt man leicht, wenn man die Einführung zu Band III liest. Mit ihm war gleichsam unerforschtes Land betreten worden. Die Dokumentation, welche pharmazeutischen Chemikalien und Mineralien in verschiedenen Zeitabschnitten, unter verschiedenen Bezeichnungen, die wichtigsten gewesen waren, ihre Gliederung nach einem der ausführlichen Erklärung bedürftigen System, die Hinweise auf die Tradition der Mittel und besonders auf ihre chemische Zusammensetzung, all dies zusammen war Material genug für einen Band. Da die Untersuchungen hierfür im Jahre 1968 abgeschlossen waren, folgte seinerzeit die Veröffentlichung. Daß Hinweise auf die Verwendung der Mittel in Band III fehlten, konnte damals – weil außerhalb des Programms liegend – kaum bemängelt werden. In dem Gesamtkonzept eines Lexikons zur Arzneimittelgeschichte mußte dieses Fehlen jedoch als unverzeihliche Lücke auffallen, zumal inzwischen für das große Gebiet der pharmazeutischen Botanik diese Aufgabe erfüllt war. So reifte der Entschluß heran, die notwendigen Ergänzungen zu Band III, d. h. zu dem anderen großen Gebiet der Arzneimittelgeschichte, der pharmazeutischen Chemie, noch zu verfassen und dabei neben den Verwendungszwecken zugleich

Zusammenhänge zwischen den Mitteln untereinander klarzulegen, die Band III zwar auch geboten hatte, aber nur mit Mühe erschließbar. In Form von Monographien sollte nun für die wichtigsten der in Band III erfaßten Mittel der historische Werdegang umrissen werden, unter besonderer Berücksichtigung der Verwendung, gelegentlichem Eingehen auf Gewinnung und Nomenklatur, unter Vernachlässigung der Zusammensetzung der Mittel, da diese Angaben ja bereits in Band III enthalten waren.
Die Verwirklichung dieses Planes stand unter zwei Zwängen: Der erste war die Absichtserklärung der Deutschen Forschungsgemeinschaft, weitere Mittel für die Arbeit an dem Lexikon über das Jahr 1975 hinaus nicht mehr zu bewilligen. Der zweite lag in einer Rücksichtnahme gegenüber dem Govi-Verlag, dem nicht zuzumuten war, den bisherigen Lexikonbänden, besonders dem dreiteiligen Band V, weitere zu umfangreiche Bände folgen zu lassen.
Es war also an der Zeit, das Unternehmen endgültig und beschleunigt abzuschließen und dabei das Programm so knapp wie möglich zu halten. Diese Einschränkung betraf nicht das Gesamtregister: Die Kartei von etwa 25 000 Zetteln mußte vollständig zum Druck gebracht werden. Aber bei den Ergänzungen zu Band III war Zeit und Platz zu sparen.
Es ist also den genannten Zwängen zuzuschreiben, wenn hier in Band VI besonders viele Wünsche nicht erfüllt werden können; es blieb auch keine Zeit für eine so sorgfältige Ausarbeitung, wie sie besonders dem Band V zuteil geworden war. Dennoch dürfte, dank der inzwischen erworbenen Arbeitsroutine in dieser Materie, die größte Lücke zufriedenstellend geschlossen sein.

Als Vorarbeiten zu meinen Ergänzungskommentaren dienten mir besonders die Publikationen meiner früheren Doktoranden. Sie hatten eine Fülle von Monographien über pharmazeutisch-chemische Produkte verfaßt, die alle in der Reihe „Veröffentlichungen aus dem Pharmaziegeschichtlichen Seminar der TH [seit 1969 TU] Braunschweig“ erschienen sind. Die folgenden Bandzahlen beziehen sich auf diese Reihe. Es war nicht möglich und wohl auch unnötig, die Ergebnisse im einzelnen – bis auf einige markante Fakten – zu wiederholen, es mußte genügen, auf diese Literatur zu verweisen. Dabei wurden folgende Abkürzungen benutzt:
Schröder-Chemiatrie: Gerald Schröder, Die pharmazeutisch-chemischen Produkte deutscher Apotheken im Zeitalter der Chemiatrie, Bremen 1957 (Bd. 1).
Schröder-Industrie: Winfried Schröder, Die pharmazeutisch-chemischen Produkte deutscher Apotheken zu Beginn des naturwissenschaftlich-industriellen Zeitalters, Braunschweig 1960 (Bd. 3).
Wietschorek-Nachchemiatrie: Herbert Wietschorek, Die pharmazeutisch-chemischen Produkte deutscher Apotheken im Zeitalter der Nachchemiatrie, Braunschweig 1962 (Bd. 5).

Hickel-Chemikalien: Erika Hickel, Chemikalien im Arzneischatz deutscher Apotheken des 16. Jahrhunderts, unter besonderer Berücksichtigung der Metalle, Braunschweig 1963 (Bd. 7).
Wehle-Chemiatrie: Christian Wehle, Untersuchungen zur Geschichte der Chemiatrie, unter besonderer Berücksichtigung der Eisenpräparate, Braunschweig 1964 (Bd. 8).
Hickel-Salze: Erika Hickel, Salze in den Apotheken des 16. Jahrhunderts, Braunschweig 1965 (Bd. 9).
Krüger-Elixiere: Mechthild Krüger, Zur Geschichte der Elixiere, Essenzen und Tinkturen, Braunschweig 1968 (Bd. 10).
Real-Arzneimittelprüfung: Horst Real, Die chemische Arzneimittelprüfung in deutschen Pharmakopöen bis 1872, Braunschweig 1970 (Bd. 11).
Räth-Mineralogie: Ulrich Räth, Zur Geschichte der pharmazeutischen Mineralogie, Braunschweig 1972 (Bd. 12).
Klutz-Croll: Monika Klutz, Die Rezepte in Oswald Crolls Basilica chymica (1609) und ihre Beziehungen zu Paracelsus, Braunschweig 1974 (Bd. 14).
Wiegert-Nahrungsmittelchemie: Joachim Wiegert, Anfangsprobleme der Nahrungsmittelchemie in Deutschland unter besonderer Berücksichtigung pharmazeutischer Verhältnisse, Braunschweig 1975 (Bd. 15).
Während seiner Tätigkeit an meinem Seminar – 33 Braunschweig, Pockelsstr. 14 (TU) – hatte Horst Real, ohne daß er davon bei seiner Doktorarbeit Gebrauch gemacht hätte, zusammengetragen, wofür die Reagenzien in deutschen Pharmakopöen benutzt wurden und zu welchen Zeiten sie offizinell waren. Dieses Material ermöglichte mir, die Reagenzien, die in Band III vorkommen, schnell zu kommentieren. Interessante Angaben liefert auch das Buch von Herbert Harms, Die Reagenzien und Reaktionen des Deutschen Arzneibuches, 6. Ausgabe, Berlin 1928 (die Verweisung darauf erfolgt mit der Abkürzung: *Harms-Reagenzien).*
Im übrigen wurde wie bei Band V (siehe dortige Einführung) verfahren, indem regelmäßig oder auch nur gelegentlich benutzte Quellen mit Abkürzungen zitiert wurden. Es sind dies:

I. Regelmäßig benutzt:

1. Ph. Württemberg 1741: siehe Bd. V/1, S. 20.
2. Ph. Preußen 1799–1862: siehe Bd. V/1, S. 21.
3. DAB 1, 1872 – DAB 7, 1968: siehe Bd. V/1, S. 21 uf.
4. Erg. B. 2, 1897 – Erg. B. 6, 1941: siehe Bd. V/1, S. 22.
5. Homöopathisches Arzneibuch: siehe Bd. V/1, S. 22; hier die Erläuterung der Zuordnung als „wichtiges“ oder „weniger wichtiges“ Mittel der Homöopathie.
6. Döbereiner-Apothekerbuch (1847): Franz Döbereiner, Deutsches Apothekerbuch, 3. Teil, Pharmaceutische Chemie, Stuttgart 1847.

7. Hager-Kommentar (1874): Hermann Hager, Commentar zur Pharmacopoea Germanica, 2 Bände, Berlin 1873–1874.
8. Hager-Handbuch, um 1930: siehe Bd. V/1, S. 12.
9. Böhme-Kommentar (1969): Horst Böhme und Klaus Hartke, Deutsches Arzneibuch 7. Ausgabe 1968, Kommentar, Stuttgart/Frankfurt a. M. 1969.

II. Gelegentlich benutzt:

10. Berendes-Dioskurides: siehe Bd. V/1, S. 15.
11. Ap. Lüneburg 1475: siehe Bd. V/1, S. 19.
12. Gart der Gesundheit, um 1500:
    a) Herbarius, Mainz 1485 (Reprint-Ausgabe Hortus Sanitatis. Deutsch. München-Allach 1966, K. Kölbl);
    b) Kräuterbuch, Straßburg 1530.
13. T. Worms 1582: siehe Bd. V/1, S. 19.
14. Schröder 1685: siehe Bd. V/1, S. 20.
15. T. Frankfurt/M. 1687: siehe Bd. V/1, S. 19.
16. Hellwig-Lexikon (1713): Christoph Hellwig, Physicalisch und Medicinisches Lexicon, Hannover 1713.
17. Kräutermann-Chymist (1729): Valentino Kräutermann, Der curieuse und wohl-erfahrene Chymist, Leipzig und Arnstadt 1729.
18. Hübner-Lexikon, um 1750: Johann Hübner (Bearb. der neuen Auflage Georg Heinrich Zincken), Natur-, Kunst-, Berg-, Gewerbe- und Handlungs-Lexicon, Leipzig 1746.
19. Hagen, um 1780: siehe Bd. V/1, S. 20.
20. Lewis-Dispensatorium (1783): William Lewis, Neues englisches Dispensatorium oder Apothekerbuch, 2 Bände, Breslau 1783.
21. Reuss-Dispensatorium (1786): Christian Friedrich Reuss, Dispensatorium universale, Straßburg 1786.
22. Länderpharmakopöen: Angabe vorweg Ph. = Pharmakopöe. Es folgt das Land (deutsche Pharmakopöen der Zeit von etwa 1800 bis 1865), dann das Erscheinungsjahr, z. B. Ph. Hannover 1861 (Ph. Sachsen 1867 ist die Pharmacopoea Germaniae des Allgemeinen deutschen Apothekervereins).
23. Vogt-Pharmakodynamik (1828): Philipp Friedrich Wilhelm Vogt, Lehrbuch der Pharmakodynamik, 2 Bände, Gießen 1828.
24. Dulk-Kommentar (1829): Friedrich Philipp Dulk, Pharmacopoea Borussica, Die Preußische Pharmakopöe übersetzt und erläutert, 2 Bände, Leipzig 1829 bis 1830 (2. Auflage).
25. Geiger-Handbuch, um 1830: siehe Bd. V/1, S. 11.
26. Jourdan, um 1830: siehe Bd. V/1, S. 22.
27. Döbereiner-Apothekerbuch (1842): Johann Wolfgang Döbereiner u. Franz

Döbereiner, Deutsches Apothekerbuch, 1. Teil, Pharmaceutische Technologie und Waarenkunde, Stuttgart 1842.
28. Kopp-Geschichte: Hermann Kopp, Geschichte der Chemie, 4 Bände, Braunschweig 1843–1847 (Nachdruck Hildesheim 1966 bei G. Olms).
29. Hager-Kommentar (1865): Hermann Hager, Kommentar zu der siebenten Ausgabe der Pharmacopoea Borussica unter besonderer Berücksichtigung der neuesten Pharmakopöen des Königreichs Hannover und des Kurfürstenthums Hessen, Lissa 1865.
30. Hager-Kommentar (1883): Hermann Hager (Hrsg.), Commentar zur Pharmacopoea Germanica, Editio Altera, 2 Bände, Berlin 1883–1884.
31. Kommentar (1891) zu DAB 3: Hermann Hager, Bernhard Fischer, Carl Hartwich (Hrsg.), Kommentar zum Arzneibuch für das Deutsche Reich, Dritte Ausgabe, 2 Bände, Berlin 1891–1892.
32. DAB-Kommentar (1911): Otto Anselmino, Ernst Gilg (Hrsg.), Kommentar zum Deutschen Arzneibuch 5. Ausgabe 1910, 2 Bände, Berlin 1911.
33. Berendes-Pharmazie: Julius Berendes, Die Pharmazie bei den alten Kulturvölkern, Hildesheim 1965 (Nachdruck der Ausgabe Halle 1891).
34. Darmstaedter-Handbuch: Ludwig Darmstaedter, Handbuch zur Geschichte der Naturwissenschaften und der Technik, Berlin ²1908 (Nachdruck 1960 durch Kraus Reprint Corporation).
35. Fühner-Lithotherapie: Hermann Fühner, Lithotherapie, Historische Studien über die medizinische Verwendung der Edelsteine, Ulm (Karl F. Haug-Verlag, ohne Jahr).
36. Gmelin-Handbuch: Gmelins Handbuch der anorganischen Chemie, 8. Auflage, Verlag Chemie, Weinheim/Bergstraße, seit 1926.

Besondere Literaturangaben erübrigten sich bei der Kommentierung jener Arzneimittel, für die eine Monographie in der Reihe der eigenen Veröffentlichungen (siehe vorn) bereits mit solchen vorlag; vereinzelt sind Ergänzungen gebracht worden.

Die Kommentierung einer größeren Anzahl von Arzneimitteln konnte in Band VI unterbleiben, da bereits in früheren Bänden einiges zu ihnen gesagt war. Das Gesamtregister (Band VII) wird zu diesen Stellen verweisen.

Sind bei einem Präparat konkrete Angaben gemacht, in welchen Pharmakopöen es verzeichnet war, so ist zu beachten, daß es sich oft nur um Beispiele handelt, auch andere Pharmakopöen können es aufgenommen haben.
Die Beispiele beziehen sich fast ausschließlich auf deutsche Verhältnisse. Man wird dies mit Recht bedauern, aber es war unter den obwaltenden Umständen unmöglich an mehr zu denken, als an die Schaffung einer Orientierungshilfe, wofür eine wohlüberlegte Auswahl reichen mußte.

Acetonum

Seit 1831 durch Liebigs Untersuchungen näher bekannt geworden. Aufgenommen in einige Länderpharmakopöen (z. B. Ph. Hamburg 1852, Hannover 1861). Nach Hager-Handbuch, um 1930, „früher innerlich bei Tuberkulose, Gicht, Rheumatismen, auch als Wurmmittel" angewandt. Reagens in DAB's (1910–1968), Lösungsmittel.

Lit.: Mel Gorman, The History of Acetone, 1600–1850, in: Chymia *8*, 97–104 (1962).

Acetum

Siehe hierzu Hickel-Chemikalien S. 77–88, Kap. „Acetum – Essig", sowie Real-Arzneimittelprüfung (im Kap. Neutralisationsanalysen) S. 55–64. Der Weinessig wurde auch medizinisch in der Antike vielseitig verwandt (Wirkungen nach Dioskurides: er kühlt und adstringiert, reizt den Appetit an, stellt jeden Blutfluß; als Brechmittel gegen tödliche Gifte; sehr reichhaltige äußerliche Anwendung). Auch Drogenauszüge sind von Diosk. beschrieben (Meerzwiebelessig, Lavendelessig, beides – in modernem Sinn – Aceta simplicia).
Acetum Vini blieb pharmakopöe-üblich bis Ende des 19. Jh. Im Kommentar (1891) zum DAB 3, Kap. Acetum, ist bei Essigarten des Handels über den aus Wein bereiteten Essig ausgesagt: „... zeichnet sich durch einen sehr angenehmen Geschmack aus, er ist aber in Deutschland eine seltene und teure Ware. Dagegen kommen sehr billig und von untadelhafter Qualität Branntweinessig, Schnellessig und Malzessig in den Handel, am meisten und häufigsten aber der Schnellessig". Nach Dulk-Kommentar (1829) zur preußischen Pharmakopöe ist bis dahin der gewöhnliche Essig stets ein Produkt der sauren Gärung, und man benennt ihn, je nachdem woraus er bereitet wurde, Wein-, Honig-, Obst-, Frucht- oder Bieressig. Die Fabrikation des Essigs aus verdünntem Weingeist, die sog. Schnellessigfabrikation, wurde zuerst von Schützenbach (1823) versucht. Die DAB's ließen zunächst die Essigsorte offen, das Produkt mußte nur bestimmte Bedingungen erfüllen. In DAB 5, 1910, ist Acetum als „durch Essiggärung erhaltene" Flüssigkeit bezeichnet, in DAB 6, 1926, als „durch Essiggärung oder durch Verdünnen von Essigsäure mit Wasser erhaltene" Flüssigkeit.
Der rohe Essig war schon sehr frühzeitig ein Handelsprodukt und wurde kaum in Apotheken hergestellt. Er wurde in der Regel für medizinischen Gebrauch verbessert (siehe unten), diente als solcher jedoch meist zur Herstellung der Aceta simplicia (so noch in Ph. Preußen 1862: Acetum Rubi Idaei, Acetum scilliticum) und der Aceta composita (Ph. Preußen 1862: Acetum

aromaticum, aus Blättern von Rosmarin, Salbei, Pfefferminze, aus Gewürznelken, Zittwer- und Angelikawurzel). In DAB's wurde dann für die Bereitung der Essige ein Acetum purum aufgenommen (1872–1882), herzustellen durch Verdünnen von Essigsäure (im DAB 1 damit: Acetum Colchici, Digitalis, Rubi Idaei, Scillae); auch Acetum aromaticum wurde mit entsprechend verdünnter Essigsäure angesetzt. In DAB 5, 1910, waren verblieben: Acetum aromaticum, Sabadillae und Scillae, in DAB 6, 1926, nur noch Acetum Sabadillae (alle mit verdünnter Essigsäure bereitet).

Eine wesentliche Veredlung des Essigs erfolgte durch Destillation. Obwohl schon länger bekannt (alchemistischer Spiritus Aceti; diese Destillation wird von Brunschwig um 1500 beschrieben), kam Acetum destillatum erst im 17. Jh. in die Pharmakopöen (z. B. Ph. Augsburg 1675). Er wurde dann pharmakopöe-üblich bis zu Länderpharmakopöen des 19. Jh. (in Preußen noch Ausgabe 1829). Er wurde auch als Reagens benutzt (Ph. Hamburg 1820, Preußen 1827/29, Schleswig-Holstein 1831), zum Ansäuern, auch für spezielle Zwecke, wie Prüfung von Hydrargyrum, Stibium oxydatum album, Krebssteinen.

Eine Methode, um Essig zu verstärken, war das Ausfrieren des Wassers (Acetum Vini (gelu) concentratum); sie wurde um 1700 von Stahl angegeben, führte aber erst nach Lowitz, um 1790, zu brauchbaren Ergebnissen, d. h. höheren Essigsäurekonzentrationen. Solcher „Eisessig" war zeitweilig in Pharmakopöen verzeichnet (Ph. Mannheim 1764, bis Anfang 19. Jh.).

Die wichtigste Methode aber, um Acetum concentratum herzustellen, war die Zerlegung von Acetaten mit Schwefelsäure in verschiedenen Verfahren: nach Ph. Preußen 1799–1829 wurde Kaliumacetat (aus Kaliumcarbonat und dest. Essig bereitet) mit Schwefelsäure (und etwas Braunstein) destilliert, 1846 wurde Natriumacetat direkt verwandt (siehe unten).

Nebenher kam die Darstellung von Acidum aceticum auf, in den preußischen Pharmakopöen von 1799–1862 mit variierten Vorschriften: Zunächst aus Kaliumsulfat, Schwefelsäure, Natriumacetat und etwas Braunstein, dann (1827/29) aus Bleiacetat, danach wieder aus Natriumacetat. In der Ausgabe 1846 sind letztmalig nebeneinander geführt: Acetum concentratum (aus Natriumacetat, Schwefelsäure und Wasser destilliert) und Acidum aceticum (Alcohol Aceti, Acetum glaciale; aus Natriumacetat und einer eingedampften Masse von Kaliumsulfat und Schwefelsäure trocken destilliert). In allen DAB's (1872–1968) steht Acidum aceticum bzw. Essigsäure, ohne Herstellungsvorschrift. In der Homöopathie ist „Acidum aceticum – Essigsäure" ein wichtiges Mittel.

Verwendung nach Döbereiner-Apothekerbuch (1847): „Der gemeine, destillierte und konzentrierte Essig, sowie auch die Essigsäure werden nicht allein sehr häufig zur Darstellung essigsaurer Salze, sondern auch als auf das Nervensystem belebend und erregend und die auf innere Atonie beruhende krampfhafte, gereizte Tätigkeit desselben herabstimmend und dämpfend wirkende Mittel gegen fieberhafte Krankheiten, Blutflüsse, Leberkrankheiten, Wahnsinn, narkotische Vergiftungen, Bleikolik, Fettsucht und nach stattgefundener Einatmung schädlicher, irrespirabler Gasarten, namentlich des Kohlensäure- und Kohlenoxydgases, in Mixturen, Getränken oder Tropfen angewendet; äußerlich benutzt man sie, hauptsächlich aber den Weinessig, zu Waschungen, Umschlägen und Bähungen, Einspritzungen, Mund- und Gurgelwassern und Klistieren, ferner zu Räucherungen in Krankenzimmern, und die konzentrierte Essigsäure als stark reizendes Riechmittel bei Scheintod, Ohnmacht und hysterischen Zufällen und als hautrötendes und blasenziehendes Mittel." Nach Hager-Kommentar (1874): [Acidum aceticum] Die pharm. Verwendung der Essigsäure besteht in der Bereitung des Acidum aceticum aromaticum (hergestellt aus Essigsäure und mehreren ätherischen Ölen, wird als Riechmittel bei Ohnmacht, Migräne, Kopfschmerz, besonders aber gegen widerliche Gerüche in Krankenzimmern gebraucht) und der Darstellung einiger Acetate. Sehr selten wird sie von den Ärzten als Vesicatorium benutzt oder als Ätzmittel bei frischen Schankern, Warzen, Hühneraugen. [Acidum aceticum dilutum] Findet in der Therapie kaum Anwendung, es wäre denn zu Zwecken, wo auch die konz. Essigsäure benutzt wird; hauptsächlich hat sie eine pharm. Anwendung, und zwar zur Darstellung von Acetaten und einigen anderen Präparaten. [Acetum] Der häufigste Gebrauch des Essigs in der Apotheke ist derjenige zu Saturationen und zur Darstellung von medizinischen Essigen. Sein Verbrauch als Medikament ist allerdings ein wenig bedeutender. Da er zu den Genußmitteln gehört und in jedem Haushalt angetroffen wird, ist er ein Handelsartikel der Kaufleute. Er wirkt durstlöschend, belebt die Verdauung; Gegengift bei Vergiftung mit Alkalien, auch gegen narkotische Substanzen benutzt. Äußerlich zu Umschlägen bei Quetschungen, Geschwüren, Wunden; zu Gurgelmitteln, gegen Nasenbluten, zu Einspritzungen gegen Blutungen der Gebärmutter, als Klistierzusatz bei Verstopfungen, Hirnkongestion, Wurmleiden, Darmblutung.

Zu dem Acetum purum des DAB 1, hergestellt durch Verdünnen von Essigsäure mit Wasser, schreibt Hager, daß es unzulässig sei, ihn in der Rezeptur und zu Saturationen anstelle des gewöhnlichen Essigs zu verwenden, da dieser noch Substanzen enthält, die den Geschmack nicht unwesentlich beeinflussen. Über Acetum aromaticum berichtet er, daß er früher als ein Prophylacticum bei ansteckenden Krankheiten in großem Rufe stand; daher der Name Pestessig. „Den Namen Vierräuberessig (Vinaigre des quatre voleurs) soll der Pestessig daher erhalten haben, daß 4 Männer zur Zeit einer Pest in Marseille unter dem Scheine der Hilfeleistung die Pestkranken ausplünderten und sich durch diesen Essig vor Ansteckung schützten."

Verwendung von Essigsäure nach Böhme-Kommentar (1969): 1. Ätzmittel bei Warzen; 2. verdünnt für Hautwaschungen und Umschläge zur Hyperämisierung; 3. zusammen mit Aromaticis als Riechmittel.

Als Reagens hat schon Acetum concentratum (seit Ph. Lippe 1792/94, noch Ph. Hannover 1861), ebenfalls Acidum aceticum (seit Ph. Hannover 1819, noch DAB 7, 1968) sehr vielseitige Verwendung gefunden.

Acidum camphoricum

Aufgenommen in DAB's (1900–1910), dann Erg.B's (noch 1941). Anwendung nach Hager-Handbuch, um 1930: Äußerlich als mildes, leicht exzitierendes und desinfizierendes Adstringens bei Entzündungen des Pharynx und der Nase, bei Geschwüren, Pusteln und chronischer Urethritis; innerlich gegen Cystitis und die nächtlichen Schweiße der Phthisiker.

Acidum carbonicum

Gasförmige Kohlensäure kam gegen Ende des 18. Jh. in Pharmakopöen und war in wenigen Länderpharmakopöen des 19. Jh. verzeichnet, z. B. Ph. Preußen 1827/29: Gas Acidi carbonici; aus Kreide und Schwefelsäure herzustellen. Mit dem Gas bereitete man gesättigte wäßrige Lösungen (Acidum carbonicum liquidum, Aqua carbonica, Aqua Aeris fixi seu aerata). Verwendung nach Döbereiner-Apothekerbuch (1847): Kohlensäure wirkt erquickend, durststillend, besänftigend, harntreibend, steinauflösend, fäulniswidrig, wird gegen Lungenschwindsuchten, faulige Zersetzungen und Erbrechen benutzt. Siehe auch bei → Acidum citricum.
Gasförmige Kohlensäure hat im 19. Jh. in Apotheken, die zu industrieller Erzeugung von Präparaten tendierten, eine große Rolle für die Herstellung künstlicher Mineralwässer gespielt. Siehe hierzu W. Schneider, Dr. Struve und die Mineralwasseranstalten, Pharmaz. Industrie *18*, 225–228 (1956).

Acidum chromicum

In DAB's (1872–1926); starkes äußerliches Ätzmittel. Chromsäurelösung als Reagens (1890–1926), bei Prüfung von Cocain, Phenacetin usw.

Acidum citricum

Citronensäure wurde 1784 von Scheele entdeckt, kam nur vereinzelt in Länderpharmakopöen des 19. Jh. (Ph. Baden 1841; Herstellung aus Citronensaft, Fällung des Citrats mit Calciumcarbonat, Zerlegung durch Schwefelsäure). In DAB's (1872–1968), ohne Vorschrift. Anwendung nach Hager-Kommentar (1874): Als kühlendes, erfrischendes, antiscorbutisches Mittel; zu Saturationen und Citratherstellung; äußerlich zu Verbänden oder Waschungen von Krebsgeschwüren, Pinselungen bei Diphtherie, Scorbut, Sommersprossen. Nach Böhme-Kommentar (1969): Bei Magensäuremangel, zu Brausepulver; für saure Milch in der Säuglingsernährung. In DAB's (1910–1926) bei Reagenzien, zur Herstellung der Esbachschen Lösung (für Eiweißbestimmung im Harn) benutzt.

Die wichtigsten offizinellen Salze bzw. Präparate waren:

1.) Marina citrata, d. h. Calciumcitrate aus Meeresdrogen, hergestellt durch Behandlung mit Citronensaft. In Ph. Württemberg (1741) sind davon zu finden: Conchae citratae (Diureticum) und Oculi cancrorum citrati (Diaphoreticum, Bezoardicum, Diureticum).

2.) Kali citricum. In Ph. Baden 1841, aus Citronensäure und Kaliumcarbonat. Ein unreineres Präparat gewann man zuvor nach Ph. Preußen (1799 bis 1813) aus Kaliumcarbonat und Citronensaft. Verbreiteter war eine frisch bereitete Lösung, hergestellt aus Kaliumcarbonat, Citronensaft und Wasser: Potio Riverii (Ph. Schleswig-Holstein 1831, Hamburg 1852: Liquor Kali citrati). Dieser Trank, der zu den Saturationes zu zählen ist, war, mit Natriumcarbonat und Citronensäure herzustellen, in DAB's aufgenommen (1872 bis 1926). Alle diese DAB's hatten ein allgemeines Kapitel „Saturationes". Es besagt (1926): „Saturationen sind kohlensäurehaltige Arzneimischungen, die durch Sättigung der Lösung einer Säure mit einem Alkalicarbonat bereitet werden. Wird eine Saturation ohne Angabe der Bestandteile verordnet, so ist Rivièrischer Trank abzugeben."

3.) Als mildes Abführmittel wurde in DAB's Magnesia citrica effervescens (1872) bzw. Magnesium citricum effervescens (1882 bis 1926) aufgenommen. Diese Brausemagnesia wurde in 2 Stufen hergestellt: 1. ein Magnesiumcarbonat mit Citronensäure und Wasser umgesetzt, die getrocknete Masse 2. mit Natriumhydrogencarbonat, Citronensäure und Zucker gemischt.

4.) → Ferrum citricum.

Acidum formicicum

Der pharmakopöe-übliche Ameisenspiritus (Spiritus Formicarum) wurde bis DAB 1, 1872, aus Ameisen, Spiritus und Wasser destilliert. Verwendung nach Ph. Württemberg 1741: Aphrodisiacum, Antapoplecticum, Analepticum, Diureticum; äußerlich bei Rheuma, arthritischen Schmerzen, für paralytische Glieder. In den späteren DAB's (1882–1926) bereitet durch Mischen von (seit 1882 aufgenommener) Acidum formicicum mit Weingeist und Wasser. Anwendung nach Hager-Kommentar (1883) zu Einreibungen und Waschungen gegen chronischen Rheumatismus; innerlich als Antisepticum versucht. In der Homöopathie ist „Acidum formicicum – Ameisensäure“ ein wichtiges Mittel.

Ameisensäure dient in DAB 7, 1968, als Reagens bei einigen Gehaltsbestimmungen (Chinarinde, Jodlösung und Jodide).

Acidum hydrochloricum

Siehe hierzu Schröder-Chemiatrie S. 63–66, Kap. „Spiritus salis – Salzgeist“. Die Salzsäure dürfte erst im 16. Jh. bekannt geworden sein, sie ist wahrscheinlich das Oleum Salis der Ph. Nürnberg 1598. Später wurde die Bezeichnung Spiritus Salis üblich (Ph. Augsburg 1640, Nürnberg 1666). Herstellung durch trockene Destillation eines Gemischs von Kochsalz mit Bolus.

Die Ph. Württemberg 1741 führt bereits 3 Salzsäure-Präparate:

1.) Spiritus Salis communis acidus (Herstellung wie oben angegeben, Verwendung wie folgender);

2.) Spiritus Salis communis concentratus sive Glauberianus (aus Kochsalzlösung mit Schwefelsäure; Refrigerans, Diureticum, zur Appetitanregung, bewegt Stuhlgang und Harn);

3.) Spiritus Vitrioli philosophicus (aus den Rückständen der Mercurius-Vitae-Herstellung gewonnen, von der Zersetzung des Antimon(III)-chlorids herstammend).

In Preußen waren offizinell: (1799–1829) Acidum muriaticum (= Spiritus Salis acidus); (1846–1862) Acidum hydrochloratum [alle hergestellt aus Natriumchlorid und roher Schwefelsäure]. In Ausgabe 1862 ist außerdem Acidum hydrochloratum crudum (= Spiritus Salis) aufgenommen, ohne Vorschrift.

In DAB 1, 1872, stehen: Acidum hydrochloricum (= Reine Salzsäure, Acidum hydrochloratum, Acidum muriaticum), Acidum hydrochloricum crudum [beide ohne Vorschrift], Acidum hydrochloricum dilutum, mit Vorschrift. In DAB 3, 1890, ist die rohe Säure entfallen. Reine und verdünnte Säure bis DAB 6, 1926. Das DAB 7, 1968, hat als Monographie nur noch „Verdünnte Salzsäure", unter Reagenzien die konzentrierte Salzsäure (die auch Rauchende Salzsäure genannt wird). Diese wurde als Reagens seit DAB 4, 1900, benutzt, auch die verdünnte Salzsäure. Sehr vielseitige Anwendung in qualitativer und quantitativer Analytik (siehe z. B. Harms-Reagenzien S. 144–146).

Über med. Verwendung der Salzsäuren schrieb Hager-Kommentar (1874): [Reine Salzsäure] Ein die Verdauungsflüssigkeit unterstützendes, die Verdauung belebendes und die Säurebildung beschränkendes, die Nerventätigkeit anregendes Mittel, welches neben seiner tonischen Wirkung sich auch antiseptisch erweist. Daher findet sie besonders Anwendung in typhoiden Fiebern, beim Scharlach, bei Leberleiden, Nierenleiden, Verdauungsstörungen etc. in Mixturen, Altheeschleim etc. im Getränk in Zuckerwasser. Äußerlich kommt sie in Gurgelwässern, Augenwässern, in Salben, Umschlägen, bei Diphtheritis, Croup, Mundschwämmchen, Mundfäule, Geschwüren, einigen Hautleiden etc. in Anwendung. [Rohe Salzsäure] wird hauptsächlich zur Chlorgasbereitung benutzt. Anwendung Verdünnter Salzsäure nach Böhme-Kommentar (1969): „Bei herabgesetzter oder fehlender Salzsäuresekretion des Magens; eine solche besteht bei perniziöser Anaemie, chronischer Magenschleimhautentzündung, Magenkrebs und bei akuter Gastroenteritis, bes. bei Ruhr."

Lit.: Ladislao Reti, How Old Is Hydrochloric Acid? in: Chymia *10*, 11-23 (1965).

Acidum hydrocyanicum

Siehe hierzu Real-Arzneimittelprüfung S. 84–116, Kap. „Standardisierung blausäurehaltiger Präparate"; besprochen werden 3 Präparate:

1.) Aqua laurocerasi. Pharmakopöe-üblich seit Ph. Fulda 1787; in vielen Länderpharmakopöen des 19. Jh. (mit Vorschrift: Wasserdampfdestillation von Kirschlorbeerblättern unter Alkoholzusatz). In DAB 1, 1872, dann Erg.B's (noch 1916). Anwendung wie das folgende:

2.) Aqua Amygdalarum amararum. Pharmakopöe-üblich seit Ph. Preußen 1827 (mit Vorschrift: Wasserdampfdestillation von bitteren Mandeln unter Alkoholzusatz). So noch in DAB's (1872–1910). Das Präparat des DAB 6, 1926, wurde aus Mandelsäurenitril – offizinell als Benzaldehydcyanhydrin –, Wasser und Weingeist durch Mischen hergestellt. Anwendung nach Hager-Kommentar (1874): Zufolge des Blausäuregehalts hat das Bittermandelwasser beruhigende Einwirkung auf das Nervensystem; bei schmerzhaften, von Krämpfen begleiteten Leiden und Entzündungen der Brust- und Unterleibsorgane, bes. bei Entzündungen der Atmungsorgane, bei Herzleiden, bei Lungentuberkulose, Koliken, Veitstanz, Hysterie; äußerlich in Klistieren und zu Einspritzungen.

Aufgenommen in DAB 1 ist auch Aqua Amygdalarum amararum diluta, eine Mischung von Bittermandelwasser mit dest. Wasser (1+19). Hager (1874) schreibt dazu: „Diese Mischung ersetzt das früher offizinelle Kirschwasser, welches man seit 250 Jahren aus frischen oder getrockneten, mit den Kernen zerstoßenen, schwarzen Kirschen durch Destillation bereitete und das wohl neben den bitteren Mandeln das erste blausäurehaltige Medikament war, das man benutzte." Dieses verd. Bittermandelwasser ist dann in Erg.B's zu finden (noch 1916).

3.) Acidum hydrocyanicum. Pharmakopöe-üblich seit Ph. Preußen 1827, noch in Ph. Sachsen 1867. Dann Erg.B's (noch 1941: Acidum hydrocyanicum dilutum – Verdünnte Blausäure). Nach den Länderpharmakopöen aus gelbem Blutlaugensalz und mit Schwefelsäure herzustellen. Verwendung ähnlich wie das Bittermandelwasser, sehr vielseitig, vor allem als schmerzstillend. In der Homöopathie ist „Acidum hydrocyanicum – Blausäure" ein wichtiges Mittel.

Außer diesen Präparaten hat der Inhaltsstoff der bitteren Mandeln eine kurze Zeit lang eine Rolle gespielt (aufgenommen in einige Länderpharmakopöen des 19. Jh., z. B. Baden 1841, Hannover 1861). Siehe hierzu Schröder-Industrie S. 102–108, Kap. „Amygdalinum – Amygdalin". Nach der hannoverschen Pharmakopöe kann man durch Lösen von Amygdalin in Emulsio Amygdalarum (dulcium) ein dem Aqua Amygdalarum amararum concentrata entsprechend anzuwendendes Präparat erhalten.

Acidum lacticum

Milchsäure wurde 1780 von Scheele entdeckt. Aufgenommen in DAB's (1872–1968). Anwendung nach Hager-Kommentar (1874): Als Verdauung beförderndes Mittel; bei Diphtheritis, zu Mundwässern und Zahnmitteln; „die Ärzte verordnen sie gewöhnlich in Form der Molken [Serum lactis; innerlich und mitunter zu Klistieren und Waschwässern benutzt] der sauer gewordenen Milch oder als Buttermilch in fieberhaften und entzündlichen Krankheiten, wo sie kühlend und durstlöschend wirkt und die kritischen Ausscheidungen fördert". Nach Böhme-Kommentar (1969): Äußerlich zu Ätzungen bei Kehlkopftuberkulose und Lupus vulgaris der Haut; zu Vaginalspülungen bei Fluor albus. In Kinderpraxis zum Ansäuern der Milch. In der Homöopathie ist „Acidum lacticum – Milchsäure" ein wichtiges Mittel.

Außer der Säure wurden in DAB's auch milchsaure Salze aufgenommen:

1.) Magnesia lactica (1872; aus Milchsäure und Magnesiumcarbonat); dann Erg.B's (Magnesium lacticum noch 1941). Als mildes Abführmittel empfohlen.

2.) Calcium lacticum (1926–1968); zur Calciumtherapie.

3., 4.) Über Eisen- und Zinksalz siehe Ferrum lacticum und Zincum lacticum.

Acidum nitricum

Siehe hierzu Schröder-Chemiatrie S. 59–63, Kap. „Spiritus nitri – Salpetersäure". Das Scheidewasser (Aqua fortis) spielte zur Gold-Silber-Trennung eine Rolle, bereits im späten Mittelalter. Gewinnung nach Pseudo-Geber aus Vitriol, Salpeter und Alaun durch Destillation (dies war die übliche Darstellung bis ins 17. Jh.). Aqua fortis war im 16./19. Jh. pharmakopöe-üblich (z. B. Ph. Köln 1565, Augsburg 1574–1623, Brandenburg 1731, Württemberg 1741, Preußen 1846–1862).

Für medizinischen Gebrauch wurde der Spiritus Nitri bevorzugt. Libavius (um 1600) gibt eine Vorschrift (trockene Destillation einer Mischung von Salpeter mit Ton), die von Pharmakopöen gebracht wird (seit Ph. Augsburg 1646). Glauber (um 1650) wird die Verbesserung zugeschrieben, den Salpeter mit Schwefelsäure umgesetzt zu haben, wodurch konzentriertere Salpetersäure entstand.

Die Ph. Württemberg 1741 führt folgende Sorten:

1.) Aqua fortis (aus rotkalziniertem Vitriol und Kaliumnitrat; medizinischer Gebrauch selten, verbreitet bei Chymicis).

2.) Spiritus Nitri acidus (Destillation von Kaliumnitrat mit Ton; vor allem von Chymicis gebraucht, von Chirurgen gegen Warzen).

3.) Spiritus Nitri concentratus sive fumans (aus Kaliumnitrat und Schwefelsäure aus der Retorte destilliert; dient zur Herstellung von Spiritus Nitri dulcis).

In Preußen waren offizinell: (1799–1829) Acidum nitricum (= Spiritus Nitri acidus; aus Kaliumnitrat und Schwefelsäure mit Wasserzusatz destilliert). (1846 bis 1862) Acidum nitricum (= Spiritus Nitri acidus) und Acidum nitricum fumans (= Spiritus Nitri fumans, Acidum nitroso-nitricum) [beide aus Kaliumnitrat und Schwefelsäure zu destillieren], ferner Acidum nitricum crudum (= Spiritus Nitri, Aqua fortis) ohne Vorschrift. In DAB's: (1872) Acidum nitricum (Reine Salpetersäure), Acidum nitricum fumans (Rauchende Salpetersäure), Acidum nitricum crudum (Scheidewasser, Aqua fortis) [alle ohne Vorschrift], dazu Acidum nitricum dilutum (mit Wasser nach Vorschrift verdünnt). (1882) Reine und Rauchende Salpetersäure. (1890–1926) Reine, Rauchende und Rohe Salpetersäure. In DAB 7, 1968, steht konzentrierte und rauchende Salpetersäure nur noch unter Reagenzien, beide als häufig gebraucht (so schon seit Ph. Lippe 1792/94). Siehe hierzu Harms-Reagenzien S. 125–137.

In der Homöopathie ist „Acidum nitricum – Salpetersäure" (Hahnemann 1838) ein wichtiges Mittel.

Über die Verwendung der Salpetersäuren schreibt Hager-Kommentar (1874): Die reine Salpetersäure findet selten eine innerliche Anwendung, weil sie in ihrer Wirkung vor anderen Mineralsäuren nichts voraus hat. Stark verdünnt, oft kombiniert mit Salzsäure, gibt man sie bei typhösen Fiebern, Skorbut, Diabetes, Ruhr, Cholera, besonders bei verschiedenen Leiden der Leber, wie bei Gelbsucht, mercurieller Stomatitis, Morbus Brightii, Oxalurie, auch bei Albuminurie. Äußerlich wendet man sie verdünnt auf schlecht eiternden Wunden, syphilitischen Geschwüren, torpiden Frostbeulen, juckenden Hautkrankheiten, bei Kleienausschlag, Leberflecken, Sommersprossen, mit Salzsäure gemischt zu Fußbädern bei chronischer Leberentzündung oder erschwerter Menstruation an. Am häufigsten ist ihre chemische und pharm. Verwendung als ein bequemes und kräftiges Oxydationsmittel, wie zum Auflösen von Silber und Wismut, zur Oxydation des Phosphors zu Phosphorsäure, des Eisenoxyduls zu Eisenoxyd, ferner bei Bereitung der oxygenierten Salbe etc. Der Verbrauch der Salpetersäure in der Technik ist ein außerordentlich großer, wie z. B. von Nitrobenzol (behufs der Anilindarstellung), des Sprengöls (Nitroglycerins), der Schießbaumwolle, des Colloxylins (Collodiumbaumwolle), des Silbernitrats, Kupfernitrats etc. Zur Rauchenden Salpetersäure schreibt Hager: Wird äußerst selten angewandt und dann nur als Ätzmittel auf Warzen und syphilitischen Geschwüren.

Acidum oxalicum

Siehe hierzu Wietschoreck-Nachchemiatrie S. 244–248, Kap. „Sal essentiale acetosae et acetosellae – Wesentliches Sauerampfer- und Sauerkleesalz". Nach Döbereiner-Apothekerbuch (1847) wurde Oxalsäure 1776 von Scheele als eine eigentümliche Säure und der saure Bestandteil des Sauerkleesalzes erkannt und von ihm künstlich aus Zucker und Salpetersäure erzeugt; in der Medizin wird sie gar nicht angewandt, aber in der analytischen Chemie als das wichtigste Erkennungsmittel für Kalk und Metalloxyde. Als Reagens in Pharmakopöen seit Ph. Lippe 1792/94; noch DAB 7, 1968; in der Maßanalyse gebraucht (Urtiter für Alkalimetrie und Oxydimetrie). Pharmakopöe-üblich als Reagens ist auch Ammoniumoxalat (Ammonium oxalicum), seit Ph. Hannover 1819; noch DAB 7, 1968.

Ebenso wie Acidum oxalicum wird – nach Döbereiner (1847) – Kali oxalicum (Kali bioxalicum, Kleesalz) nur als Reagens benutzt (in Länderpharmakopöen seit Ph. Hannover 1819 bis um 1850), auf Kalksalze. Früher als kühlendes Mittel in der Medizin benutzt, ist aber zu giftig. Der medizinische Gebrauch wird auf Sala (um 1650) zurückgeführt. Sein Sal essentiale aus Klee und Sauerampfer kam in Pharmakopöen der Nachchemiatrie (seit Ph. Augsburg 1684, noch Ph. Württemberg 1771). In Lewis-Dispensatorium (1783) ist zum Sal essentiale acetosae verallgemeinernd ausgeführt: Die Kräfte der wesentlichen Salze sind noch nicht hinlänglich durch die Erfahrung bestimmt worden. So viel ist aber doch gewiß, daß sie (die sauren und süßen ausgenommen) nicht, wie man insgemein angenommen hat, die Kräfte der ganzen Pflanze besitzen.

In der Homöopathie sind „Acidum oxalicum – Oxalsäure" und „Kalium bioxalicum – Kaliumbioxalat" (Allen 1877) wichtige Mittel.

Acidum phosphoricum

Die um 1700 entdeckte Phosphorsäure wurde erst um 1800 offizinell und war dann pharmakopöe-üblich bis zur Gegenwart. Die preußischen Pharmakopöen führten: (1799) Acidum phosphoricum (aus Hirschhorn oder Knochen und Schwefelsäure); (1813) Acidum phosphoricum ex Ossibus und Acidum phosphoricum purum (aus Phosphor und Salpetersäure); (1827/29) Acidum phosphoricum depuratum (aus Knochen, Schwefelsäure, mit Weingeist gereinigt) und Acidum

phosphoricum purum (siehe oben); (1846–1862) Acidum phosphoricum (aus Phosphor). In DAB's ohne Vorschrift: (1872–1926) Acidum phosphoricum; (1968) „Konzentrierte Phosphorsäure" und „Verdünnte Phosphorsäure"; erstere auch als Reagens geführt (Penicillin-Bestimmung). Davor war Phosphorsäure selten als Reagens benutzt (Ph. Hamburg 1845 und einige andere Länderpharmakopöen, DAB 5 und 6); in DAB's bei Prüfung auf schweflige Säure in Carrageen und Gelatine. In der Homöopathie ist „Acidum phosphoricum – Phosphorsäure" (Hahnemann 1819) ein wichtiges Mittel.
Verwendung nach Hager-Kommentar (1874): Die Phosphorsäure ist die mildeste der Mineralsäuren, welche die Verdauung auch am wenigsten belästigt. Man bedient sich dieser Säure hauptsächlich nur als durstlöschendes Mittel in fieberhaften Leiden, bei Typhus etc. Wenngleich sie nach Ansicht Einiger das Blut verflüssigen soll, so geben sie Andere bei skorbutischen und passiven Blutungen. Während Einige behaupten, daß sie bei krankhaften Ossifikationsprozessen die Auflösung der Concremente erreichen läßt, wollen Andere damit die Knochenphosphatablagerung und die Knochenbildung fördern. Daher findet sie sowohl bei Verkalkung der Arterien und Exostosen, als auch bei mangelhafter Callusbildung, Caries, Rachitis Anwendung. Nach Sundelin wirkt sie spezifisch auf die Geschlechtssphäre, daher ihre Anwendung bei habitueller Spermatorrhöe, Hysterie junger Damen, Menstrualkolik etc.
Hager beschreibt auch Acidum phosphoricum glaciale, die in der DAB-Monographie erwähnt wird. Sie wird verschrieben, wenn Ärzte Phosphorsäure in Pillenform geben wollen. Verwendung von Phosphorsäure nach Böhme-Kommentar (1969): als erfrischendes, durststillendes Getränk, vor allem bei Fieber; zur Ansäuerung des Harns.

Acidum sulfuricum

Siehe hierzu Schröder-Chemiatrie S. 48–58, Kap. „Oleum Vitrioli – Vitriolöl", „Spiritus Vitrioli – Vitriolgeist", „Spiritus Sulphuris per campanam – Schwefelgeist". Die Schwefelsäure stammt aus der alchemistischen, spätmittelalterlichen Ära, in Apotheken wurde sie seit dem späten 16. Jh. hergestellt. Vorschriften zur Herstellung fehlen da noch in Pharmakopöen, es werden jedoch Präparate genannt, besonders in Taxen, die sicher Schwefelsäurepräparate waren. Die T. Worms 1582 führt: Oleum und Spiritus Vitrioli. Ph. Nürnberg 1598 nennt: Oleum Vitrioli simplicis et correcti, itemque spiritus eiusdem. Die Ph. Augsburg 1640 bringt Vorschriften für die Herstellung von 1. Oleum Vitrioli rubrum (es wird rotkalzinierter Vitriol mit Weingeist befeuchtet und aus der Retorte destilliert); 2. Spiritus Vitrioli (trokkene Destillation von gereinigtem Vitriol); 3. Spiritus Sulphuris (Schwefel wird unter einer Glocke – campana – verbrannt). Präparate der Ph. Württemberg 1741 sind: 1. Spiritus Vitrioli simplex (aus weißkalziniertem Vitriol trocken destilliert); 2. Oleum Vitrioli (aus dem Rückstand der Herstellung von Spiritus Vitrioli durch starkes Feuer destilliert; beide dienen den Chymisten und für pharm. Zwecke); 3. Oleum Sulphuris = Spiritus Sulphuris per Campanam.

Hagen, um 1780, schreibt über diese Präparate: Die Vitriolsäure (Acidum vitrioli) ist vornehmlich im Vitriol, Alaun und Schwefel enthalten. Aus den beiden ersten wird sie durch bloßes Feuer geschieden. Bisher glaubte man, selbige am wohlfeilsten aus dem Eisenvitriol erhalten zu können, jetzt aber hat man sie noch wohlfeiler aus dem Schwefel herzustellen gelernt. Zum Unterschied von dieser, nennt man die starke aus dem Vitriol abgeschiedene Säure jetzt beinahe ohne Unterschied des Ortes, wo sie erhalten wird, Nordhäuser Vitriolöl. Um sie aus dem Vitriol abzuscheiden, wird der grüne Eisenvitriol dazu genommen, den man vorher in einer Pfanne unter Umrühren bis zur Röte kalziniert. Diesen schüttet man noch warm in eine steinerne Retorte und destilliert vom gelindesten Grade bis zur alleräußersten Hitze einige Tage durch. Es wird dabei zuerst noch ein unschmackhaftes Wasser ausgetrieben, diesem folgt eine schwächere Säure, die man gemeiniglich den Spiritus nennt und zuletzt folgt das uneigentlich so genannte Öl oder die stärkste Säure unter der Gestalt weißer und dicker Nebel, die sich in einzelnen Tropfen sammeln und besonders aufgefangen werden. In der Retorte bleibt ein lockerer roter und zusammenziehender Kalk zurück, welcher der Kolkothar des Vitriols (Colcothar seu Caput mortuum vitrioli) genannt wird. Wenn dieser Kalk mit Wasser gut abgespült worden ist, bekommt er den Namen ausgesüßte Vitriolerde (Terra vitrioli dulcis).

Vitriolöl (Oleum vitrioli) und Vitriolspiritus (Spiritus vitrioli) sind also nur in soweit unterschieden, daß letzterer schwächer ist und mehr Wasser enthält als ersteres. Aus dem Schwefel wird dieselbe Säure jetzt in England, Schottland, Holland, Frankreich, in Berlin und bei Zürich erhalten, und man nennt dieses zum Unterschiede von jenem, Englisches Vitriolöl (Oleum vitrioli anglicum).

Die phlogisticirte Vitriolsäure oder der sogenannte flüchtige Schwefelspiritus (Spiritus sulphuris volatilis seu per campanam) ist von der Vitriolsäure bloß durch den Schwefelgeruch und größere Flüchtigkeit, die von dem anklebenden Brennbaren herrühren, unterschieden. Man verfertigt diesen Schwefelspiritus, indem man Schwefel unter einer angefeuchteten gläsernen Glocke abbrennen läßt, wobei sich dann der Dampf an den Seiten der Glocke anhängt und in die untergesetzte Schale abfließt.

Über die Verwendung dieser Präparate schreibt Reuss-Dispensatorium (1786): 1. Oleum Vitrioli = Acidum Vitrioli; dient zur Bereitung anderer Mittel und für verschiedene chemische und pharm. Arbeiten; innerlich als Temperans, Antisepticum, gegen Scabies, stillt Blutflüße, gegen Fieber; äußerlich gegen Knochenfraß und schwammiges Fleisch; 2. Spiritus Vitrioli acidus tenuis = Acidum Vitrioli tenue; Temperans, Refrigerans, Antisepticum, Coagulans.

In Preußen waren offizinell: (1799–1813) Acidum sulphuricum concentratum (= Oleum Vitrioli; käuflich) und Acidum sulphuricum dilutum (= Spiritus Vitrioli; durch Verdünnen der vorigen hergestellt). (1827/29) An die Stelle der konzentrierten Schwefelsäure trat, mit Vorschrift (Destillation), die Acidum sulphuricum rectificatum seu depuratum. (1846) Wiederaufnahme der Rohen Schwefelsäure. (1862) Die rektifizierte Schwefelsäure heißt jetzt schlechthin: Acidum sulphuricum; daneben blieb die Rohe und Verdünnte Schwefelsäure offizinell.

In DAB's: (1872) Acidum sulfuricum (Reine Schwefelsäure), Acidum sulfuricum crudum (Rohe, Englische Schwefelsäure), Acidum sulfuricum fumans (Rauchende Schwefelsäure, Nordhäuser Vitriolöl) [alle 3 ohne Vorschriften], Acidum sulfuricum dilutum (Verdünnte Schwefelsäure). (1882) Die Rauchende Schwefelsäure ist entfallen. So weiter bis DAB 6, 1926. In DAB 7, 1968, wird Schwefelsäure (konzentrierte) nur noch unter Reagenzien geführt; „sehr häufig gebrauchtes Reagens“. Als solches seit Ph. Lippe 1792/94 üblich. In der Homöopathie ist „Acidum sulfuricum – Schwefelsäure“ (Hahnemann 1839) ein wichtiges Mittel.

Hager-Kommentar (1874) schreibt über Verwendung der Schwefelsäure: [Rohe konz. Schwefelsäure] Das Publikum braucht sie meist zur Bereitung von Stiefelwichse, zum Scheuern kupferner Küchengeräte, auch zuweilen zum Ätzen von Warzen. [Reine Schwefelsäure] ist für den med. innerlichen und äußerlichen Gebrauch bestimmt, wird aber dazu, außer als Ätzmittel, niemals in konzentrierter Form, immer nur in Verdünnung als Acidum sulfuricum dilutum oder als Mixtura sulfurica acida [Haller'sches Sauer, eine alkoholische Schwefelsäure] verordnet. In der Pharmazie gebraucht man sie zur Darstellung von Acidum sulfuricum dilutum, Tinctura aromatica acida, Extractum Aloes Acido sulfurico correctum, Mixtura vulneraria acida. [Verdünnte Schwefelsäure] man gibt sie bei Verdauungsstörungen, Magenkatarrh, Lungen- und Magenblutungen, Diarrhöe, febrilen, gastrischen und typhösen Leiden, bei verschiedenen Leiden der Haut, Bleikolik. Äußerlich bei verschiedenen Hautleiden, juckenden Exanthemen, Lähmungen, Gelenkwassersucht, Gicht, Ischias, auch als Pinselsaft mit Honig verdünnt bei blutendem Zahnfleisch, Mundfäule, Aphthen. Als Mittel für Säufer, um diesen einen Ekel vor Branntwein zu bewirken, hat sie sich nicht bewährt. [Rauchende Schwefelsäure] Die Anwendung ist eine sehr beschränkte. Der Pharmazeut gebraucht sie zuweilen, um damit die Englische Schwefelsäure zu verstärken, oder zur Darstellung einer Indigolösung. In der Therapie findet sie heute keine Anwendung. Früher benutzte man sie als Ätzmittel.

Acidum tannicum

Siehe hierzu Schröder-Industrie S. 88–96, Kap. „Acidum tannicum – Gerbsäure". Aufgenommen in die Länderpharmakopöen des 19. Jh. (seit Ph. Baden 1841, mit Vorschrift zur Herstellung aus Gallen), dann DAB's (1872–1968) [Tannin]) ohne Vorschrift. Nach Hager-Kommentar (1874) vielseitige Anwendung, bes. als Adstringens, bei Blutflüssen, Krankheiten des Magens, bei chronischen Katarrhen, Diabetes, Bettnässen. Äußerlich bei Blutungen, Kehlkopfentzündung, Augenleiden, als Mund- und Gurgelwasser; gegen Tripper, Hämorrhoiden, Haarausfall usw. Nach Böhme-Kommentar (1969): Adstringens an der Haut, bes. Schleimhäuten; bei Gastroenteritis; nicht mehr bei Brandwunden wegen Leberschädigung. Zu Schleimhautspülungen, auch rektal und vaginal, in Suppositorien, Pudern, Pinselungen. In der Homöopathie ist „Acidum tannicum" ein weniger wichtiges Mittel.
Verwendung von Gerbsäure als Reagens seit Ph. Württemberg 1847 (Niederschläge mit China- und Angostura-Rindenauszügen). In einigen weiteren Länderpharmakopöen, dann in allen DAB's (Alkaloidreagens, für Eisenverbindungen, Fällung von Eiweißstoffen).

Ähnliche medizinische Anwendungen wie Gerbsäure fand – besonders in England – die Gallussäure (Acidum gallicum). Aufgenommen in DAB's (1910–1926); wirkt schwächer und unsicherer. In der Homöopathie ist „Acidum gallicum – Gallussäure" ein wichtiges Mittel.

Acidum tartaricum

Von Scheele 1769 erstmalig aus Weinstein hergestellt. Wurde noch Ende 18. Jh. in Pharmakopöen aufgenommen (Acidum Tartari crystallisatum), blieb dann pharmakopöe-üblich bis DAB 7, 1968. Anfangs Herstellungsvorschriften angegeben, die unterschiedlich waren. Immer Ausgangsmaterial: Aus Weinstein und Calciumcarbonat gefälltes Calciumtartrat; es wurde durch Schwefelsäure zerlegt. Ohne Herstellungsvorschrift seit Mitte 19. Jh. in den Pharmakopöen (z. B. Ph. Preußen 1846). Anwendung nach Döbereiner-Apothekerbuch (1847): Innerlich in Pulvern, Trochisken, Morsellen, Auflösungen, Mixturen und Getränken gegen durch zu reichliche Gallenbildung bedingte Gelbsucht, Gallenfieber, Unterleibsvollblütigkeit, Störungen im Pfortadersystem und schmerzhafte Hämorrhoiden, bei entzündlichen Fiebern, Nervenfieber bei starker Blutwallung, venösen Kongestionen und Affektionen des Gallenlebersystems; zur Darstellung von Limonaden. Nach Böhme-Kommentar (1969): Geschmackskorrigens, Laxans. In der Homöopathie ist „Acidum tartaricum – Weinsäure“ ein wichtiges Mittel. Verwendung auch als Reagens in Pharmakopöen (seit Ph. Lippe 1792/94; noch DAB 7, 1968); Reagens auf Kaliumionen, zur Identifizierung von Resorcin.

Acidum trichloraceticum

Diese von Dumas 1839 entdeckte Säure wurde um 1890 als Ätzmittel bei Nasen- und Rachenkrankheiten eingeführt. Aufgenommen in DAB's (1890–1926).

Acidum valerianicum

Siehe hierzu Schröder-Industrie S. 97–101, Kap. „Acidum valerianicum – Baldriansäure“. Aufgenommen in Ph. Hamburg 1852, Hannover 1861, mit Herstellungsvorschrift (aus Baldrianwurzeln), in DAB 1, 1872, ohne Vorschrift, dann Erg.B's (noch 1941). Anwendung nach Hager-Kommentar (1874): Meist nur zur Darstellung einiger Valerianate, höchst selten anstelle von Baldrian in Tinkturen oder Mixturen.

Als offizinelles Salz ist zu nennen: Zincum valerianicum. Aufgenommen in Ph. Hannover 1861 (mit Vorschrift, aus Valeriansäure und Zinkcarbonat), dann DAB 1, 1872 (ohne Vorschrift), dann Erg.B's (noch 1941). Das Salz wurde 1840 von Prinz Louis Lucian Bonaparte zuerst dargestellt und gegen Nervenleiden empfohlen.

Aconitinum

Siehe hierzu Schröder-Industrie S. 211–220, Kap. „Aconitinum – Akonitin“. Aufgenommen ohne Herstellungsvorschrift in Ph. Hamburg 1852, Bayern 1856/59, mit Vorschrift in Ph. Hannover 1861. Wieder ohne Vorschrift in DAB 1, 1872, dann Erg.B's (noch 1941). Verwendung nach Hager-Kommentar (1874): Selten innerlich bei rheumatischen Leiden und Neuralgien; äußerlich subkutan und in Salben.

Adamas

D i a m a n t und andere E d e l s t e i n e waren als (magische) Arzneimittel bis zum 18. Jh. geschätzt. Nach Plinius macht der Diamant Gifte unwirksam, vertreibt Wahnsinn und Furcht. Während dieser wertvolle Stein – auch der J a s p i s – im 17. Jh. aus den Pharmakopöen verschwand, blieben andere Edelsteine bis zum 18. Jh. üblich. Die Ph. Württemberg 1741 führt unter: De lapidibus pretiosis:
A m e t h y s t u s (Amethist; gegen Trunkenheit).
C a r n e o l u s (S a r d a, Sardius lapis, Carneol; innerlich und äußerlich gegen Blutsturz).
C h r y s o l i t h u s (T o p a s i u s, C h r y s o p a s i u s, Chrysolith; gegen Epilepsie und Gehirnentzündung).
G r a n a t u s (Granat; gegen Herzklopfen, Melancholie, Blutspeien).
H y a c i n t h u s (Hyacinth; Antispasmodicum, Roborans).
R u b i n u s (C a r b u n c u l u s, Rubin; gegen Gifte und Pest).
S a p p h i r u s (Sapphyr; Cordialium, Alexipharmacum, Ophthalmicum).
S m a r a g d u s (Smaragd; stillt Bauch- und Blutflüsse, gegen pestilentialische Fieber).
Zum innerlichen Gebrauch wurden die Edelsteine in der Regel „präpariert", d. h. fein zerrieben und geschlämmt; im 17. Jh. bereitete man daraus auch Salze, Öle, Essenzen, Tinkturen usw.

H. Fühner, Lithotherapie, Ulm [o. J.], Karl F. Haug-Verlag.

Aerugo

Im 16. Jh. wurde zwischen F l o s A e r i s (K u p f e r b l ü t e) und Aerugo (G r ü n s p a n) unterschieden. Nach Dioskurides wirkt Kupferblüte adstringierend, zerstört Fleischgewächse in der Nase, mit Wein gegen Geschwüre am After; gegen Taubheit, Geschwülste an den Mandeln. Grünspan wirkt wie → Aes ustum, aber viel kräftiger. Im 18. Jh. wird Flos Aeris zum Synonym für Aerugo.
Über Aerugo siehe Hickel-Chemikalien, S. 69–73 u. a. Stellen. Der in alten Zeiten übliche blaue Grünspan wurde im späteren 19. Jh. durch den grünen Grünspan ersetzt. Nach Ph. Württemberg 1741 ist V i r i d e a e r i s (Aerugo, Aes viride, Grünspan, S p a n g r ü n): Septicum; dient zur Herstellung von U n g u e n t u m a e g y p t i a c u m. Über diese siehe Hickel-Chemikalien, S. 74–76; war pharmakopöe-üblich bis 18. Jh.; nach Ph. Württemberg 1741 Mundificans, Septicum, bes. gegen bösartige Geschwüre.
Grünspan blieb pharmakopöe-üblich bis 19. Jh.; in preußischen Pharmakopöen zuletzt 1846. Aufgenommen in die Erg.B's (noch 1941). Der kristallisierte Grün-

span der preußischen Pharmakopöen (Aerugo crystallisata, Flores viridis aeris; 1827 uf.) war Kupferacetat (→ Vitriolum Veneris).

Aether

Siehe hierzu Klutz-Croll S. 105–113, Kap. „Beitrag zur Frühgeschichte des Diäthyläthers"; Wietschoreck-Nachchemiatrie S. 139–146, Kap. „Liquor anodynus mineralis – Schmerzstillender mineralischer Liquor". Die Geschichte des Äthers als Arzneimittel beginnt eigentlich erst mit F. Hoffmann (um 1720); als Vorgänger verwies er auf Gesner (um 1550; Oleum Vitrioli dulce, nach einer Vorschrift von Cordus, um 1540); auch Paracelsus dürfte bereits ein ätherhaltiges Präparat gekannt haben (sie alle destillierten Alkohol-Schwefelsäure-Mischungen).
Im 18. Jh. wurde Liquor anodynus mineralis offizinell (nach Ph. Württemberg 1741 aus Oleum Vitrioli und Spiritus Vini; hat hohen Alkoholgehalt; Anodynum, Antispasmodicum, Sudoriferum, Alexipharmacum, Diureticum). Einzelheiten der Herstellung haben bis weit ins 19. Jh. stark geschwankt. In modernen Pharmakopöen vom Ende des 18. Jh. hieß ein Äther-Präparat: Naphtha Vitrioli. In preußischen Pharmakopöen: (1799–1829) Aether sulphuricus (= Naphtha Vitrioli), daraus durch Mischen mit Spiritus Vini hergestellt: Spiritus sulphurico-aethereus (= Liquor mineralis anodinus; ab 1827 anodynus Hoffmanni); (1846–1862) Aether und Spiritus aethereus. In DAB's: (1872) Aether (Schwefelaether) und Spiritus aethereus (Hoffmannstropfen) [von jetzt an Aether ohne Herstellungsvorschrift]. Beide bis 1926 (ab Ausgabe 1910 wurde beim Äther ein Narkoseäther mitbeschrieben). In DAB 7, 1968: Äther und Äther zur Narkose. Als Reagens (meist als Lösungsmittel) dient Äther seit Ph. Hamburg 1820; in den meisten Länderpharmakopöen des 19. Jh., allen DAB's.
Nach Döbereiner-Apothekerbuch (1847) wirkt Äther flüchtig erregend, belebend, die sensitiven Funktionen steigernd, krampfstillend, schweiß- und blähungtreibend, auf die Digestionsorgane analeptisch; man gibt ihn innerlich auf Zucker oder in Mixturen bei nervösen, typhösen, gastrisch-nervösen Fiebern, gegen typhöse Entzündungen, bei Nervenaffektionen, wie Schwindel, Ohnmachten, Stick- und Schlagflüssen und Lähmungen, und gegen die große Zahl von Krampfübeln; außerdem gegen Bandwurm, als gallensteinlösendes Mittel und Antidot narkotischer Vergiftungen empfohlen; äußerlich als analeptisches schmerz- und krampfstillendes Mittel in Dunstform bei asthmatischen und phthisischen Beschwerden, in Einreibungen bei Gesicht-, Zahn- und Ohrenschmerzen, zu Einträufelungen in Auge und Ohr, als Riechmittel und zu Klistieren bei Ohnmachten und Scheintod und als ein stark abführendes Mittel bei krampfhaften Brucheinklemmungen.

Anwendung nach Hager-Kommentar (1874): Innerlich meist nur verdünnt mit Weingeist oder Tinkturen als krampfstillendes oder belebendes Mittel, rein hat man ihn als Anaestheticum angewendet; in der Pharmazie zur Darstellung des Spiritus aethereus, vieler Tinkturen, zur Bereitung der Tanninsäure etc. Nach Böhme-Kommentar (1969): Innerlich zur Anregung der Atmung (tropfenweise) und bei Magenkolik (z. B. als Hoffmannstropfen); zur Inhalationsnarkose.

Aether aceticus

Nach Hager-Kommentar (1874) ist Essigäther [Essigester] seit 1759 bekannt. Wurde noch im 18. Jh. offizinell (Naphtha aceti), blieb in Länderpharmakopöen des 19. Jh. (Aether aceticus). Herstellungsvorschriften anfangs sehr wechselhaft (ausgehend von einem Alkaliacetat, Schwefelsäure und Spiritus Vini), entsprechend das Präparat. In DAB's (1872–1926), ohne Vorschrift. Anwendung nach Hager (1874): wie Äther bei Hysterie, Ohnmacht, Krämpfen; äußerlich zu Einreibungen, bei Zahnschmerzen. Auch als Reagens in DAB's (1910–1926), als Lösungsmittel. Siehe hierzu Harms-Reagenzien S. 44 uf.

Aetites

Nach Berendes-Dioskurides ist der Adlerstein (Aetitstein) ein Hilfsmittel – an den Leib gebunden – bei der Geburt; äußerlich bei Epilepsie. Nach Ph. Württemberg 1741 erleichtert er die Geburt; Adstringens.

Alumen

Siehe hierzu Hickel-Salze S. 151–183, Kap. „Alumen“ mit den Abschnitten: Übersicht, Alumen scissile, Alumen vulgare, Alumen ustum, Alumen saccharinum. Die ältere Geschichte – Antike bis 17. Jh. – ist so verwickelt, daß hier auf diese Spezialuntersuchung verwiesen werden muß. Folgende Andeutungen sollen genügen: Die Verwendung von Alaun in der Antike, auch in gebrannter Form, ist u. a. durch Dioskurides belegt. Während des Mittelalters war Alumen ein Sammelbegriff für adstringierende, auch für alaunähnliche Substanzen; gegenüber der früher überwiegenden Verwendung von Alaunmineralien kam jetzt die Verwendung des reinen, gesottenen Alauns auf. Im 16./17. Jh. gab es in den Apotheken mehrere Alaun-Arten, die nicht immer Alkali-Aluminium-Sulfate oder Zubereitungen daraus waren. In den Zusammenhang des echten Alauns gehören: Alumen vulgare (Alumen Rochae), Alumen scissile, Alu-

men ustum und Alumen saccharinum; andere Substanzen waren: Alumen plumosum, Alumen catinum (Alumen faecis), Alumen scariolae.
Die T. Worms 1582 führte:
1.) Alumen rochae (Alumen liquidum, Alumen liparinum, Alumen rupeum) und Alumen scissum (scissile, Alumen capillare, Alumen iamenum. Spalt Alaun, Schifferechter Alaun).
2.) Alumen ustum (Gebrannter Alaun).
3.) Alumen saccharinum (vel Zuccarinum. Alaunzucker, Zuckeralaun).
4.) Alumen faecis (faecula, Trusenäsch) und Alumen plumosum.
In T. Frankfurt/M. 1687:
1.) Alumen crudum (Rocha, Alaun).
2.) Alumen ustum (gebrant Alaun).
3.) Alumen saccharinum (Alaun Zucker).
4.) Alumen plumosum (Federweiß).
5.) Alumen tinctum (gefärbter Alaun).

Im 18. Jh. benutzte man vor allem – nach Ph. Württemberg 1741:
1.) Alumen crudum vulgare (album, glaciale, gemeiner, weisser Alaun; ein adstringierendes mineralisches Salz, das in England, Schweden und Deutschland in einigen Bergwerken hergestellt wird).
Die Sorte Alumen romanum (rupeum, rubrum, rother Römischer Alaun) kommt aus Italien/Tolfa.

2.) Alumen ustum (aus gemeinem Alaun durch Glühen erhalten; Dentifricium, gegen wildes Fleisch).
3.) Alumen saccharinum (aus Alaun, Cerussa, Vitriolum album, Zucker, unter Befeuchten mit Eiweiß und dest. Essig zu einer Masse gemacht, die in Hütchenform getrocknet wird; zu Collyrien und Cosmetica; Detergens, gegen wildes Fleisch).
[4.) Alumen plumosum wird als Asbest-Art beschrieben].
Über die Gewinnung des Alauns schreibt Hagen, um 1780: Alaun besteht aus großen, achtseitigen und durchsichtigen Kristallen. Er wird selten natürlich gefunden, sondern man erhält ihn aus Kiesen und kiesigten Materien, besonders den Alaunschiefern. Wenn diese Alaunerze wenig Brennbares enthalten, so kann man sie geradezu in der Luft zerfallen oder verwittern lassen, und in dieser Art gibt es Alaunerden, die ohne Kalzination Alaun geben können. Gemeinhin aber sind sie mit Erdharz durchdrungen, und diese verwittern nicht anders, als wenn sie vorher im Feuer kalziniert worden sind. Sobald sie gänzlich zerfallen sind, wird der Alaun daraus durch Auslaugen, Abrauchen und die Kristallisation, welche man, da sie sonst schwer erfolgt, durch hinzugegossene alkalische Lauge oder Urin befördert, erhalten. Dieser Alaun wird der gemeine oder weiße Alaun genannt; er pflegt fast jederzeit etwas Eisenvitriol zu enthalten. Ungleich reiner ist der

rote oder römische Alaun, der nahe bei Rom aus einem harten Stein durch eine ähnliche Bearbeitung erhalten wird.

Entsprechende Angaben über die Gewinnung in Döbereiner-Apothekerbuch (1847). In Hager-Kommentar (1874) ist, nach Beschreibung der Alaunhütten für Alaunschiefer (Deutschland) oder Alaunstein (Italien), erwähnt, daß in neuerer Zeit auch schon weißer Ton, mit konz. Holzaschenlauge zu Ziegeln geformt, gebrannt und dann mit Schwefelsäure behandelt wird.

Während der Zuckeralaun im 19. Jh. aus der Therapie verschwand, blieben gemeiner Alaun und gebrannter Alaun pharmakopöe-üblich. Unter den Bezeichnungen Alumen und Alumen ustum bis DAB 6, 1926. In der Homöopathie ist „Alumen – Alaun" ein wichtiges Mittel.

Nach Döbereiner (1847) wird Alaun als ein adstringierendes blutstillendes Mittel innerlich in Pulvern, Pillen und Lösungen bei typhös-septischen Fiebern, Schleimflüssen, Blutflüssen und serösen Profluvien bei Bleikolik und mehreren anderen Krankheiten, äußerlich als Streupulver gegen Hornhautflecke, Traubengeschwülste und wucherndes wildes Fleisch, als Gurgelwasser bei Bräunen und Speichelfluß, zu Einspritzungen bei Gebärmutterblutungen, Samen- und weißem Fluß, zum Betupfen gegen Scheiden-, Gebärmutter- und Mastdarmvorfälle usw. angewendet. Nach Hager-Handbuch, um 1930: [Alumen] wirkt desinfizierend und leicht ätzend. Innerlich in Pulvern, Pillen oder schleimigen Lösungen (Molken) bei Diarrhöen, Dysenterie, Magen- und Darmblutungen. Äußerlich zum Aufstreuen auf Wunden, Einblasen in den Kehlkopf, Bestreuen von Tampons für die Vagina, zu adstringierenden Bädern; zu Injektionen in die Urethra und in die Vagina, zu Gurgelwässern, Inhalationen, Pinselsäften mit Sirup oder Honig, Salben. [Alumen ustum] Allmählich wirkendes styptisches Ätzmittel. Als feines Pulver bei Blutungen, wunden Brustwarzen, bei sog. wildem Fleisch, in Zahnpulvern, als Augenpulver, Schnupfpulver, zu Einblasungen in Rachen und Kehlkopf, auf Tampons bei gonorrhoischer Vaginitis und Kondylomen.

Ein zeitweise offizinelles Präparat, aus Alaun hergestellt, war Alumina hydrata (Ph. Hessen 1860, Hannover 1861; DAB 1, 1872, dann Erg.B's, noch 1941); ein Niederschlag aus Alaun mit Natriumcarbonat wird in Salzsäure gelöst und mit Ammoniak gefällt (man erhält ein Aluminiumhydroxid: Argilla pura, Tonerde). Anwendung nach Hager-Kommentar (1865) als Absorbens, gelindes Adstringens, bei Magensäure, Ruhr, Durchfällen, Heiserkeit; äußerlich bei blennorrhöischen Affektionen der Conjunctiva.

Unter den Reagenzien (DAB 7, 1968) haben Aluminiumoxide (basisches, neutrales und saures) große Bedeutung für säulenchromatographische Trennungen bei Gehaltsbestimmungen gewonnen.

Aluminium

Außer in der Homöopathie, wo „Aluminium – Aluminium" ein wichtiges Mittel ist, hat es in der Medizin keine Bedeutung.

Ein pharmazeutisch wichtiges Salz ist das Aluminiumsulfat (siehe auch Alumen), auch Alumen concentratum genannt. Nach Hagers Kommentar (1883) zum DAB 2, wo Aluminium sulfuricum neu aufgenommen war (noch DAB 6, 1926), hatte Barthes vor 35 Jahren dieses Salz in den Arzneischatz eingeführt. Nach ihm empfahl Blockley (Philadelphia) und Pennypack dieses Adstringens. Gannal war der erste, der das Aluminiumsulfat als Antisepticum erkannte und es zur Konservierung der Leichen für anatomische Zwecke verwendete. Medizinische Anwendung zu Umschlägen auf Geschwürflächen und ulcerierende Wundflächen; zu Vaginalinjektionen bei foetidem Ausfluß; innerlich gegen typhöse Diarrhören, bei Blutspeien, Gonorrhöe usw.

Noch wichtiger als dieses Salz war der daraus hergestellte, zur gleichen Zeit offizinelle Liquor Aluminii acetici (Essigsaure Tonerde). Hager (1883) berichtet dazu, daß eine Aluminiumacetatlösung, aus Alaun und Bleiacetat hergestellt, von Ganal (1827) zu Einbalsamierungen angewendet wurde. Burow griff dies 1857 auf und konstatierte die antiseptische Wirkung. Aufnahme in die deutsche Pharmakopöe (1882) erst, nachdem Athenstaedt, dann Poleck gute Verfahren ausgearbeitet hatten. Herstellung nach DAB 6 (wie zuvor) aus Aluminiumsulfat, Calciumcarbonat, verdünnter Essigsäure. Anwendung nach Hager-Handbuch, um 1930: Als Antisepticum und Adstringens. Äußerlich zum Verband schlecht eiternder Wunden, bei Gonorrhöe u. a. Ausflüssen, bei Fußschweiß, als Mundwasser; innerlich nur selten.

Außer diesem Liquor war seit DAB 5, 1910, der Liquor Aluminii acetico-tartarici (durch Weinsäure stabilisierte Aluminiumacetatlösung) aufgenommen. Er blieb als „Aluminiumacetat-tartrat-Lösung" (mit Vorschrift) allein in DAB 7, 1968, erhalten. Verwendung nach Böhme-Kommentar (1969): Als Adstringens; Substanz wird gelegentlich auch innerlich als Wurmmittel bei Oxyuren gegeben (Wirkung unsicher).

Ammonium carbonicum

Siehe hierzu Wietschoreck-Nachchemiatrie S. 111–117, Kap. „Spiritus Cornu Cervi – Hirschhorngeist". Aus Hirschgeweih bereitete man seit der chemiatrischen Zeit (z. B. Ph. Nürnberg 1666) in einem Arbeitsgang zwei Präparate: ein flüchtiges Salz und einen Spiritus. Hirschhornstücke werden aus einer Retorte trocken destilliert; die übergehende Flüssigkeit (Spiritus Cornu Cervi) wird vom „Stinkenden Öl" getrennt, die sublimierten Kristalle (Sal Cornu Cervi volatile) isoliert, beide Arzneipräparate dann durch erneute Destillation bzw. Sublimation rektifiziert. Anwendung nach Ph. Württemberg 1741: [Spiritus] Antispasmodicum, Aperitivum, Diaphoreticum, Diureticum; [Sal] befördert alle Sekretionen, Excitans.

Hagen, um 1780, weiß, daß die flüchtigen Laugensalze ihrem Wesen nach nicht unterschieden sind, ob man sie nun aus Hirschhorn, Salmiak, Knochen, Hörnern, Klauen usw. gewinnt (aus Salmiak durch Sublimation mit Kreide oder Pottasche); ihr Unterschied hängt lediglich von den verschiedenen, beigemischten brenzlichen Ölen ab.

In Länderpharmakopöen des 19. Jh. blieben die Präparate erhalten, z. B. in Preußen: (1799) Aus Hirschhorn oder anderen gereinigten Knochen trocken destilliert; Salz, Liquor und Öl werden zusammen mit Kreide aus dem Sandbad sublimiert; man erhält [1.] Ammonium carbonicum pyro-oleosum (= Sal volatile Cornu Cervi).

Werden die 3 Fraktionen ohne Kreidezusatz destilliert, so erhält man [2.] Liquor Ammonii pyro-oleosi (= Spiritus Cornu Cervi rectificatus).

Die Ölfraktion allein ist als [3.] Oleum animale foetidum (= Oleum Cornu Cervi foetidum) offizinell; dazu Oleum animale aethereum (= Oleum animale Dippellii), das aus vorigem durch besondere Rektifikation gewonnen wird [→ Oleum animale].

In Ausgabe 1827 stehen:

1.) Ammonium carbonicum pyro-oleosum (wie oben). Dazu ein Ammonium carbonicum depuratum (= Alcali volatile depuratum), durch Sublimation gereinigtes käufliches, ebenfalls offizinelles Ammonium carbonicum crudum (Rohes flüchtiges Laugensalz).

2.) Liquor Ammonii carbonici pyro-oleosi (wie oben). Dazu Liquor Ammonii carbonici (= Spiritus Salis ammoniaci aquosus), eine wäßrige Lösung von Ammonium carbonicum depuratum.

3.) Oleum animale foetidum (wie oben), wird aus Fabriken bezogen.

In Ausgabe 1846:

1.) Ammoniacum carbonicum pyro-oleosum, eine Mischung aus Ammoniacum carbonicum (käufliches Flüchtiges Laugensalz), das ebenfalls offizinell ist, mit Oleum animalis aethereum.

2.) Liquor Ammoniaci carbonici pyro-oleosi (eine wäßrige Lösung von Ammoniacum carb. pyro-oleosum) und Liquor Ammoniaci carbonici (eine wäßrige Lösung von Ammoniacum carbonicum).

3.) Oleum animale foetidum (das empyreumatische Öl) und Oleum animale aethereum (loco Olei animalis Dippelii), aus dem vorigen durch erneute Destillation und folgende Wasserdampfdestillation erhalten.

In Ausgabe 1862 verblieben: Ammoniacum carbonicum pyro-oleosum, Ammoniacum carbonicum und Oleum animale aethereum.

In DAB's:

Ammonium carbonicum pyro-oleosum (1872, dann Erg.B's, noch 1941).

Ammonium carbonicum (1872–1926).

Liquor Ammonii carbonici pyro-oleosi (1872, dann Erg.B's, noch 1941).

Liquor Ammonii carbonici (1872, dann Erg.B's, noch 1906).

Oleum animale aethereum (1872, dann Erg.B's, noch 1941).

[Oleum animale crudum, Rohes Tieröl, in Erg.B's 1892–1941].

Das einzige, bis DAB 6, 1926, erhalten gebliebene Präparat war also Ammonium carbonicum („Ammoniumkarbonat hat wechselnde Zusammensetzung. Es besteht entweder aus Ammoniumbikarbonat oder einem Wechselgemisch von Ammoniumbikarbonat und Ammoniumkarbaminat").

Über die Verwendungen schreibt Döbereiner-Apothekerbuch (1847):

a) Ammonium carbonicum pyro-oleosum und Liquor Ammonii carbonici pyrooleosi (Flüchtiges Hirschhornsalz und Hirschhorngeist): wirkt reizend, nervenstärkend, krampfstillend, schweißtreibend und absorbierend und wird innerlich in Pulvern, Pillen, Auflösungen und Emulsionen bei nervösen, typhösen Fiebern, typhösen Entzündungen, Krampfkrankheiten, nervösen Lähmungen, Apoplexien und kaltem Brand und äußerlich zu Riechpulvern, Augensalben, Collyrien und Einreibungen benutzt.

b) Ammonium carbonicum purum und Liquor Ammonii carbonici aquosus (reines Flüchtiges Ammoniak und wäßriger Salmiakgeist): wird als ein flüchtig reizendes und belebendes, nervenstärkendes, schweißtreibendes und absorbierendes Mittel innerlich am zweckmäßigsten in der Auflösung bei typhösen Fiebern und exanthematischen Krankheiten, namentlich bei Scharlach, ferner gegen chronische Zellgewebeverhärtungen der Kinder, Säuferwahnsinn, Harnruhr, Alpdrükken, Anfälle von Engbrüstigkeit, Skrofelkrankheiten, Syphilis und Syphiloiden, nervöse Rheumatismen, atonische Gicht und Blausäurevergiftungen und äußerlich als Riechpulver, zu Linimenten, Salben und Waschungen benutzt.

c) Oleum animale aethereum (Dippels thierisches Öl): wird als ein ableitendes schmerzstillendes und schweißtreibendes Mittel innerlich in Tropfen, Mixturen, Pulvern usw. bei nervösen, typhösen Fiebern, Neurosen und gegen

Würmer, namentlich gegen Bandwurm, und äußerlich als reizendes Mittel gegen Paralysen der Extremitäten in Einreibungen und Linimenten, sonst aber auch noch als Riechmittel bei schweren Ohnmachten und zu Klistieren bei Darmlähmungen benutzt.

Anwendung der Präparate nach Hager-Kommentar (1874): [Ammonium carbonicum] in Lösung oder als Pulver und Pillen als säurebindendes, krampfstillendes, die Hauttätigkeit und den Brustauswurf beförderndes Mittel; für Bäcker, um Backwerk locker und porös zu machen. [Ammonium carbonicum pyro-oleosum] in der Medizin gleiche Verwendung wie voriges. [Liquor Ammonii carbonici] wird höchst selten vom Arzt verschrieben, häufigste Anwendung als Reagens. [Liquor Ammonii carbonici pyro-oleosi] das, was das Publikum heute unter dem Namen Hirschhorngeist in den Apotheken zu fordern pflegt, ist Salmiakgeist. [Oleum animale aethereum] tropfenweise als antihysterisches, krampf- und wurmwidriges Mittel; auch äußerlich, mit Weingeist verdünnt, gegen Parasiten und parasitäre Vegetationen.

Anwendung von Ammonium carbonicum nach Hager-Handbuch, um 1930: Selten medizinisch. Innerlich in Lösung, selten in Pulverform, als Stimulans bei Kollaps im Verlauf verschiedener Krankheiten wie Typhus, Scharlach, asthenischen Pneumonien, Alkoholrausch, auch als Antidot bei Schlangenbissen. Ferner als Diaphoreticum und Expectorans; äußerlich als Riechmittel.

Ammonium carbonicum diente als Reagens seit Ph. Lippe 1792/94; in fast allen Länderpharmakopöen und in allen DAB's bis 1926 (z. B. zum Fällen der Erdalkalien). In der Homöopathie ist „Ammonium carbonicum – Ammoniumcarbonat" (Hahnemann 1828) ein wichtiges, während „Oleum animale aethereum" ein weniger wichtiges Mittel ist.

Ammonium chloratum

Siehe hierzu Hickel-Salze S. 48–61, Kap. „Sal ammoniacum". In der Antike war das (auch medizinisch verwandte) Sal ammoniacum eine natürliche, afrikanische Salzausblühung aus der Nähe des Ammontempels. Erst die Araber machten mit dem eigentlichen „Salmiak", dem Ammoniumchlorid zugrunde liegt, bekannt und benutzten seine Sublimierbarkeit; spielte wichtige Rolle in der Alchemie. Eigentliche pharmazeutische Bedeutung erhielt er erst durch die Chemiatriker, die daraus verschiedene Arzneimittel herzustellen lehrten. Salmiak war aber bereits davor apotheken-üblich (in allen Pharmakopöen des 16. Jh.) und blieb es bis zur Gegenwart.

Bis zum 18. Jh. war die häufigste Bezeichnung: Sal ammoniacum. In Ph. Württemberg 1741: Sal armoniacum (ammoniacum, Salmiac; ist ein Kunstprodukt, das aus Ägypten eingeführt wird, man gewinnt es durch Sublimation aus Urin, Ruß und Kochsalz; wird von einigen für ein Spezificum gegen Fieber gehalten). Daneben in dieser Pharmakopöe: Flores Salis Armoniaci simplices (durch Umkristallisieren aus Wasser gereinigt; dieses Sal Armoniacum depuratum ist Resolvens, gegen Eingeweide-Verstopfung, intermittierende Fieber).

In Länderpharmakopöen des 19. Jh. anfangs noch nebeneinander (z. B. in Ph. Preußen 1799) das ägyptische Ammonium muriaticum seu Sal Ammoniacum, Salmiak, und das selbst zu bereitende Ammonium muriaticum depuratum. In Ausgaben 1827/29 Bezeichnung: Ammonium muriaticum crudum (seu Sal armoniacum crudum; wird in chemischen Fabriken hergestellt) und Ammonium muriaticum depuratum. In Ausgabe 1846 Ammoniacum hydrochloratum crudum und depuratum, 1862 nur noch Ammoniacum hydrochloratum (Gereinigter Salmiak; ohne Herstellungsvorschrift). In DAB's: (1872 bis 1926) Ammonium chloratum. (1969) Ammoniumchlorid.

Verwendung als Reagens seit Ph. Hannover 1819 (Nachweis von Quecksilber(II)-salzen); vereinzelt in Länderpharmakopöen, dann in allen DAB's (noch 1968), z. B. bei Prüfung von Magnesiumsalzen, weißem Ton. In der Homöopathie ist „Ammonium muriaticum – Ammoniumchlorid" (Hahnemann 1835) ein wichtiges Mittel.

Über die Anwendung schreibt Döbereiner-Apothekerbuch (1847): Der Salmiak ist eins der wichtigsten Heilmittel. Man benutzt ihn innerlich vorzüglich gegen Fieber in der Bildungsperiode, wie in den rein entzündlichen, rheumatischen, gastrischen, galligen, katarrhalischen und Schleimfiebern, in den fieberhaften Hautausschlägen, besonders bei Masern und Scharlach; ferner gegen Entzündungen der vegetativen, häutigen und drüsigen Organe, besonders aber bei Entzündungen der die Luftwege, die Darm- und Harnorgane auskleidenden Schleimhaut und in Lungenkrankheiten, gegen Schleimflüsse, Drüsenanschwellungen und Verhärtungen, Wechselfieber, Schwindsucht, gegen Stockungen und lymphatische Ansammlungen, Ausbleiben der monatlichen Reinigung und Wassersuchten; man gibt ihn in Pulvern, Pillen, Bißen, Latwergen, Auflösungen, Mixturen und Emulsionen. Äußerlich als gelind reizendes, resorptionsförderndes, verteilendes, Stockungen beseitigendes, lösendes, Kälte erzeugendes Mittel bei Quetschungen, Beinbrüchen, Ausschwitzungen, Blutaustretungen, Drüsenanschwellungen und Verhärtungen, Frostbeulen usw. als Umschlag, bei kaltem Brand als Streupulver, ferner zu Zahnpulvern, Bähungen, Waschungen, Mund- und Gurgelwassern, Collyrien und Injektionen, Bädern, Klistieren und Salben (techn. Verwendung u. a. beim Löten).

Angaben von Hager-Kommentar (1874): Salmiak wirkt gelinde reizend, die Sekretion der Schleimhäute befördernd, den Schleim verflüssigend, diaphoretisch. Man gibt ihn in nicht zu sehr entzündlichen katarrhalischen Leiden der Luft- und

Verdauungswege. Äußerlich in Umschlägen und Waschungen wirkt er zerteilend und beruhigend. Salmiakdämpfe werden bei langwierigen Bronchialkatarrhen eingeatmet. Verwendung nach Böhme-Kommentar (1969): 1. als Expectorans mit sekretolytischer und sekretomotorischer Wirkung; 2. zur Ansäuerung des Harns und bei schwerer Alkalose.

Ammonium molybdaenicum

Reagens in wenigen Länderpharmakopöen des 19. Jh. (Ph. Bayern 1859, Ph. Hannover 1861), dann DAB's (1926–1968) zum Nachweis von Phosphat-, auch Arsenationen.

Ammonium nitricum

Vereinzelt in späten Länderpharmakopöen des 19. Jh., so in Ph. Hamburg 1845 und Hannover 1861: Ammonium nitricum (= Nitrum flammans), herzustellen aus Ammoniumcarbonat und Salpetersäure. Anwendung nach Hager-Kommentar (1865) wie Kalisalpeter, bei Fiebern, Katarrhen, Steinkrankheiten. Ammoniumnitrat wird als Reagens in DAB 6, 1926, genannt.

Ammonium phosphoricum

War um 1870 offizinell (Ph. Hannover 1861; DAB 1, 1872; dann Erg.B's, noch 1941). Nach Hager-Kommentar (1874) durch den Arzt Buckler aus Baltimore 1846 in den Arzneischatz eingeführt [Herstellung nach Ph. Hannover aus Phosphorsäure und Liquor Ammonii caustici, eindampfen]; die Wirkung soll sich auf die Beseitigung harnsaurer Sedimente erstrecken; auch bei rheumatischen Leiden. In der Homöopathie ist „Ammonium phosphoricum – Ammoniumphosphat" (Z. f. hom. Klinik 1852) ein wichtiges Mittel.

Ammoniumrhodanid

Reagens in DAB's (1900–1968); für Silbertitration, Senfölbestimmung.

Amylalkohol

Reagens in DAB's (1890–1968); u. a. zum Nachweis von Teerfarbstoffen in Fruchtsirupen; bei Untersuchung fetter Öle.

Harms-Reagenzien S. 25

Amylum

In DAB 7, 1968, sind aufgenommen:
1.) Kartoffelstärke (Amylum Solani); Hilfsstoff in der galenischen Pharmazie.
2.) Maisstärke (Amylum Maydis); nach Böhme-Kommentar zu Streupudern, diätetischen Nährmitteln, Pasten.
3.) Reisstärke (Amylum Oryzae); Verwendung wie Maisstärke.
4.) Weizenstärke (Amylum Tritici); Verwendung wie Maisstärke.
5.) Lösliche Stärke als Reagens, zur Herstellung von Stärkelösung, diese zum Jodnachweis, besonders als Indikator in Jodometrie. Letztere Anwendung seit DAB 2, 1882. Davor Amylum als allgemeines Reagens auf Jod (ab Ph. Hessen 1827).

Anilin

Reagens in DAB's (1926–1968); zum Furfurolnachweis; bei der Isonitrilreaktion.

Animalia usta

Tiere bzw. Tierteile für medizinischen Gebrauch zu veraschen, war in der Antike gebräuchlich, wofür Dioskurides Beispiele liefert (z. B. gebrannte Seeigelschale, Haut des Landigels, Seepferdchen, Flußkrebse, Ottern, Hasenkopf, Wolle). Solche Mittel hielten sich bis zum 18. Jh. In Ph. Württemberg 1741 sind aufgenommen: Erinaceus combustus (gebrannter Igel; u. a. gegen Gelbsucht, Wassersucht, das Unvermögen, Harn zu halten), Hirundines combustae (gebrannte Schwalben; Specificum für Epilepsie; bei Angina), Lepus combustus (gebrannter Haase; gegen Steinleiden), Reguli usti (gebrannte Zaunkönige; gegen Nephritis, Steinleiden), Talpae combustae (gebrannte Maulwürffe; gegen Arthritis; äußerlich für Geschwüre).

In den Länderpharmakopöen des 19. Jh. wurde Holzkohle bevorzugt, nur vereinzelt (z. B. Ph. Sachsen 1837) ist Carbo carnis (= Carbo animalis, Fleischkohle, Thierkohle) aufgenommen. Die Carbo animalis der Ph. Schleswig-Holstein 1831 ist „Schwarzgebranntes Elfenbein". Anwendung der Fleischkohle (geröstetes Kalbfleisch) nach Döbereiner-Apothekerbuch (1847): Gegen harte Drüsengeschwülste, Polypen, offenen Brustkrebs und scirrhöse Kröpfe. Knochenkohle wird innerlich als lösendes Mittel in Pulvern und Bissen gegen Drüsen-Anschwellungen und -Verhärtungen, äußerlich zu Streupulvern auf Krebsgeschwüre und zu Salben benutzt. Carbo animalis kam ins DAB 1, 1872, dann Erg.B's (noch 1941). Die anderen DAB's behielten Holzkohle und nahmen (seit 1926) Carbo medicinalis (1968: Medizinische Kohle) auf (Lehrbücher der Zeit bezeichnen das Ausgangsmaterial zu ihrer Gewinnung als relativ gleichgültig, es kommt auf die Oberflächenentwicklung an; in der Regel benutzt man billiges pflanzliches Material).

Antimonium

Siehe hierzu Wietschoreck-Nachchemiatrie S. 230–243, Kap. „Regulus antimonii simplex – Spießglanzkönig" und Kap. Regulus antimonii martialis – Eisenhaltiger Spießglanzkönig". Die medizinische und pharm. Verwendung von Antimonmetall kam erst in chemiatrischer, verstärkt in nachchemiatrischer Zeit in Mode. Das Metall wird erstmalig in deutschen Pharmakopöen Köln 1628 verzeichnet; seit Ph. Augsburg 1684 pharmakopöe-üblich bis ins 19. Jh. hinein. Die Ph. Württemberg 1741 beschreibt die Herstellung von:

1.) Regulus Antimonii simplex (aus Antimon(III)-sulfid, Weinstein, Salpeter; dient zu verschiedenen chemischen Arbeiten).
2.) Regulus Antimonii martialis (aus glühenden Eisennägeln, Antimon(III)-sulfid und Salpeter; mehr zu chemischem als zu med. Gebrauch; zur Herstellung von Brechbechern, mit Zinn legiert, in denen man einen Brechwein erhält).
3.) Regulus Antimonii medicinalis (aus Antimon(III)-sulfid, Weinstein und Kochsalz; gegen intermittierende Fieber; Febrifugum Cranii genannt; bei lymphatischen Leiden, Scabies, Hydrops; Vomitativum).

In preußischen Pharmakopöen: (1799–1813) Stibium purum (= Regulus Antimonii); Vorschrift wie oben unter 2. (1827/29) Stibium venale (Käufliches Spießglanz). (1846) Stibium (Regulus Antimonii, Spießglanz). In Ph. Baden 1841: Antimon. depuratum (Gereinigtes Antimon), aus Antimon, Antimon(III)-sulfid und Natriumcarbonat.
Anwendung von Antimonmetall nach Döbereiner-Apothekerbuch (1847): jetzt nur noch zur Darstellung anderer, aber für die Medizin höchst wichtiger Präpa-

rate; sonst verfertigte man aus ihm die sog. Brechbecher, in welchen man über Nacht Wein stehen ließ, der als Brechmittel diente, und die immerwährenden Purgierpillen, welche aber jetzt mit vollem Recht gänzlich außer Gebrauch gekommen sind. In der Technik zum Härten von Metallen (Knopfmetall, Queens-Metall, Britania-Metall), am häufigsten zum Letternmetall der Buchdrucker.

Irreführend kann es sein, daß mit „Antimonium" und „Spießglanz" früher bevorzugt das Antimon(III)-sulfid bezeichnet wurde. Dieses Mineralprodukt war schon im Altertum vielseitig in Gebrauch. Nach Dioskurides hat Stimmi die Kraft, eine Haut zu bilden, zu adstringieren, wildes Fleisch zurückzuhalten, Geschwüre zu vernarben, Augengeschwüre vom Schmutz zu reinigen; stillt Gehirnblutungen, überhaupt ist seine Kraft gleich der des Gewaschenen Bleis. Ganz besonders verhindert es, mit Schmalz aufgestrichen, bei Verbrennungen die Schorfbildung; es wird auch gebrannt, gewaschen usw. Die Anwendung (viel als Cosmeticum) blieb auf äußerliche Zwecke beschränkt, bis Paracelsus (um 1520) die medizinische innerliche Anwendung des Antimoniums und daraus bereiteter chemischer Präparate, die teilweise den Alchemisten schon früher bekannt waren, propagierte.

Antimonium war (hauptsächlich unter dieser Bezeichnung bis Ende 18. Jh.) pharmakopöe-üblich bis zum 20. Jh. In Ap. Lüneburg 1475 waren 2 lb. Antimonii vorrätig. Die T. Worms 1582 führt: Antimonium (Stibi, Stibium, Stimmi, Stimmium, Gynacium Galeni. Spitz oder Spießglas) und Antimonium ustum et praeparatum (Gebrandt und bereyt Spießglaß). In Ph. Württemberg 1741: Antimonium crudum (Stibium, Spieß-Glaß; kommt vor allem aus Ungarn [wurde aus dem Mineral ausgeschmolzen]; vielseitiger Gebrauch, besonders für chemische Zwecke) und Antimonii minera (Spieß-Glaß-Ertz; aus Ungarn, auch einigen deutschen Orten; für die Herstellung von Antimonium diaphoreticum).

Bezeichnungen und Formen im 19./20. Jh. (preußische Pharmakopöen und DAB's): (1799–1813) Stibium sulphuratum nigrum (seu Antimonium crudum. Roher Spießglanz) und Stibium sulphuratum nigrum laevigatum (= Antimonium crudum praeparatum; das Pulver wird mit Wasser geschlämmt). (1827/29) Stibium sulphuratum nigrum crudum (als Handelsprodukt), Stibium sulphuratum nigrum (= Sulphuretum Stibii nigrum; aus Antimonmetall und Schwefel zu bereiten) und Stibium sulphuratum nigrum laevigatum. (1846) Stibium sulphuratum nigrum (ohne Vorschrift) und Stib. sulph. nigrum laevigatum. (1862) nur Stibium sulphuratum laevigatum (Fein zerriebenes Schwefelspießglanz; ohne Vorschrift). In DAB's: (1872) Stibium sulfuratum crudum und laevigatum. (1882–1926) Stibium sulfuratum nigrum.

Anwendung nach Döbereiner-Apothekerbuch (1847): Das schwarze Schwefelantimon wirkt schweißtreibend, brechenerregend und blutreinigend und wird innerlich in Pulvern und pulveraufnehmenden Formen gegen chronische Hautausschläge, namentlich veraltete Flechten, Krätzausschlag, mit gichtischer und syphilitischer Komplikation, hartnäckigen Kopfgrind und Milchschorf, gegen Verderbtheit der Säfte, skrofulöse, gichtische und bes. syphilitische und Merkurialleiden, gegen Drüsenanschwellungen und Verhärtungen, Kropf und gegen Metallvergiftungen angewendet. Dient außer zur Darstellung der verschiedenen Antimonialpräparate zur Bereitung der Morsuli antimoniales Kunkelii (Kunkels Spießglanzmorsellen); sie werden bei chronischen Hautausschlägen, Skrofelkrankheit, Rheumatismus und atonischer Gicht gegeben. Hager-Kommentar (1874) schreibt: Das schwarze Schwefelantimon will seine in früheren Zeiten sehr gerühmte Heilwirkung nicht zeigen; man gibt es bei Hautleiden, Skrofeln etc.; Pferden gibt man es bei Druse und mangelnder Freßlust, Schweinen auch als Antaphrodisiacum; zu einigen Kunstfeuersätzen. Entsprechendes in Hager-Handbuch, um 1930. In der Homöopathie ist „Antimonium crudum – Schwarzer Spießglanz“ (Hahnemann 1835) ein wichtiges Mittel.

Die wichtigsten Präparate, die aus Antimon(III)-sulfid hergestellt wurden, waren: →Antimonium diaphoreticum, verschiedene → Bezoardica, → Calx Antimonii sulphurata, → Crocus Metallorum, → Flores Antimonii, → Kermes minerale, Materia perlata (→ Antimonium diaphoreticum), Mercurius Vitae (→ Antimonium chloratum), Nitrum antimoniatum (→ Antimonium diaphoreticum), Oleum Antimonii (→ Antimonium chloratum), Stibum sulfuratum aurantiacum (→ Goldschwefel), → Vitrum Antimonii.
In Hüttenlaboratorien diente Antimonsulfid zur Trennung von Gold-Silber-Legierungen, wobei nach dem Verglühen des Antimons reines Gold erhalten wurde.

Antimonium chloratum

Siehe hierzu Schröder-Chemiatrie S. 90–100, Kap. „Oleum Antimonii – Antimonöl“, „Mercurius vitae“, „Cohob Antimonii“ und „Cinnabaris Antimonii“. Antimonöl konnte auf verschiedene Weise gewonnen werden, in Ph. Nürnberg 1592 wird ein Oleum Antimonii extra corpus unter Destillierten Ölen nur genannt. Vorschriften brachten Ph. Augsburg 1640 (Oleum Antimonii Sennerti; Antimon(III)-sulfid und Kandiszucker werden trokken destilliert) und Ph. Nürnberg 1666 (Oleum seu Butyrum Antimonii; Antimon(III)-sulfid und Quecksilber(II)-chlorid werden trocken destilliert). Letzte Methode wird schon von Paracelsus beschrieben, sie wurde pharmakopöe-üblich,

z. B. in Ph. Württemberg 1741 (Butyrum Antimonii; wird von Chirurgen als Ätzmittel benutzt; ist ein höchstkonzentrierter Spiritus Salis; wird zu verschiedenen chemischen und pharm. Arbeiten benutzt). In Preußen wurde das Präparat: Liquor Stibii muriatici (1799–1829), Liquor Stibii chlorati (1846) genannt. Entsprechend in den anderen Länderpharmakopöen, dann DAB 1, 1872: Liquor Stibii chlorati, Spießglanzbutter (aus Antimon(III)-sulfid und Salzsäure); dann Erg.B's, noch 1941.

Anwendung nach Döbereiner-Apothekerbuch (1847): nur äußerlich als kräftig wirkendes Ätzmittel bes. zum Cauterisieren polypöser Wucherungen, Warzen, phagedänischer Schanker, in der Augenheilkunde gegen Augenflecken, Traubengeschwüre, Hornhautflecken und Vorfälle der Iris entweder für sich oder in Salbenform. Nach Hager-Kommentar (1874) auch zum Beizen von Wunden mit wildem Fleisch, Wunden von Schlangen- und tollwütigen Hunde-Bissen, in der Veterinärpraxis gegen den Hautwurm der Pferde. In DAB 7, 1968, ist Antimon(III)-chlorid und seine Chloroformlösung als Reagens aufgenommen (Vitamin A-Nachweis nach Carr-Price).

In chemiatrischer (Ph. Nürnberg 1666) und nachchemiatrischer Zeit wurde auch der Zinnober (Quecksilber(II)-sulfid), der bei der trockenen Destillation des Oleum Antimonii nebenher entstand, therapeutisch genutzt (nach Ph. Württemberg 1741: spezifisches Antepilepticum und Antispasmodicum [hier werden schon Zweifel geäußert, ob das Präparat etwas anderes als normaler Zinnober sei]).

Das wichtigste Präparat, das aus dem Oleum Antimonii gewonnen wurde, war der Mercurius Vitae des Paracelsus (fällt beim Eingießen des Öls in Wasser aus). In Pharmakopöen des 17. (z. B. Ph. Köln 1628, Nürnberg 1666, auch Flores Butyri Antimonii und Magisterium Antimonii genannt) und des 18. Jh., z. B. Ph. Württemberg 1741 (Mercurius Vitae; selten in med. Gebrauch; Vomitativum, am besten mit Wein infundiert [es wird darauf hingewiesen, daß es sich nicht um ein Quecksilbermittel, wie der Name vermuten lassen könnte, handelt, sondern um ein Antimonmittel]).

Döbereiner (1847) schreibt über Verwendung des Stibium submuriaticum (auch Algaroth-Pulver genannt, nach einem Veroneser Arzt, um 1600, der das Mittel besonders propagiert hatte): sehr brechenerregend und deshalb früher medizinisch benutzt, jetzt aber außer Gebrauch; wird in Apotheken zur Bereitung des Brechweinsteins und des Antimonoxyds dargestellt.

Auch das Waschwasser von der Mercurius Vitae-Herstellung wurde (nach dem Eindampfen) als Cohob Antimonii, benutzt (Ph. Nürnberg 1666, auch Spiritus vitrioli philosophicus genannt). In Ph. Württemberg 1741 unter letzterer Bezeichnung (auf deren Irrtümlichkeit hingewiesen wird, da es sich um einen Spiritus Salis handelt; entsprechend sind auch die Kräfte des Präparates).

Antimonium diaphoreticum

Siehe hierzu Schröder-Chemiatrie S. 107–111, Kap. „Antimonium diaphoreticum – Schweißtreibender Spießglanzkalk". Ein wichtiges chemiatrisches Präparat, seit Ph. Augsburg 1640 pharmakopöe-üblich, durch Verpuffen von Antimon(III)-sulfid mit reichlich Salpeter [→ Crocus Metallorum] und anschließendes Auswaschen in der Regel hergestellt. Diesem Antimonium diaphoreticum simplex der Ph. Württemberg 1741 werden viele Kräfte zugeschrieben: Absorbens, Alexipharmacum, Diapnoicum; Blutreinigungsmittel, gegen Fieber jeder Art. Außerdem ist aufgenommen: Antimonium diaphoreticum martiale, durch Verpuffen von Antimon(III)-sulfid mit Salpeter bei Gegenwart von Eisen gewonnen (Adstringens, Roborans, gegen Cachexie und Icterus). Während das letztere Präparat geringere Bedeutung besaß, ging das erste in Länderpharmakopöen des 19. Jh. über, mit einigen Varianten, z. B. in Preußen: (1799–1813) Stibium oxydatum album non ablutum (= Antimonium diaphoreticum non ablutum; aus Antimon(III)-sulfid und Salpeter); wurde dieses mit verd. Schwefelsäure ausgewaschen, so resultierte Stibium oxydatum album ablutum. (1827/29) Stibium oxydatum album [siehe hierzu auch „Flores Antimonii"] (= Antimonium diaphoreticum ablutum. Acidum stibiosum et stibicum). (1846) Kali stibicum (statt mit Schwefelsäure nur mit Wasser ausgewaschen).

Anwendung des Kali stibioso-stibicum nach Döbereiner-Apothekerbuch (1847): Wurde früher als ein schweißtreibendes, absorbierendes, zerteilendes und brustreinigendes Mittel angewendet, dient aber jetzt nur noch zur Darstellung des Antimonoxydes und des reinen Antimonmetalles [zwischen gewaschenem und ungewaschenem wird kein Unterschied gemacht]. In Hager-Handbuch, um 1930, ist zu Stibium oxydatum album (diaphoreticum) ausgeführt: Früher als Ersatz des Brechweinsteins bei Pneumonien, Lungenblutungen. (Die Herstellung von Stibium oxydatum album non ablutum wird erwähnt).

In engstem Zusammenhang mit der Darstellung des Antimonium diaphoreticum standen weitere Präparate des 18. Jh., so

1.) Nitrum antimoniatum, hergestellt – nach Ph. Württemberg 1741 – durch Eindampfen des Waschwassers (mäßigt Aufwallung der Säfte, zu absorbierenden Pulvern). Wird in Ph. Sachsen 1820 noch erwähnt. Jourdan, um 1830, meint, daß man dies Präparat ebenso wie Antimonium diaphoreticum non ablutum, der wechselnden Zusammensetzung wegen, aus der Materia medica verbannen sollte, „in welcher sie übrigens auch nie eine bedeutende Rolle gespielt haben". 2.) Materia perlata sive Magisterium Antimonii diaphoretici der Ph. Württemberg 1741; frisch bereitetes Antimonium diaphoreticum (non edulcoratum) wird mit Wasser gekocht, das Filtrat durch Essig gefällt (Tugenden wie Antimonium diaphoreticum; wird in Emulsionen gegeben).

Aqua

Dioskurides hat ein kurzes, allgemeines Kapitel über Wasser und ein längeres über die Wirkungen von Meerwasser, als dessen (purgierende) Variante das Honigmeerwasser anzusehen ist. Ebenso wie in der Küche war in der Pharmazie das Wasser von jeher unentbehrlich. In Arzneitaxen und Pharmakopöen ist es in der Regel, wegen der Selbstverständlichkeit, nicht aufgenommen. Das änderte sich erst gegen Ende des 18. Jh., als man wußte, wie verschiedene Inhaltsstoffe natürliche Wässer haben können, man jedoch für pharmazeutische Zwecke ein einheitlich reines Wasser zu haben wünschte, das sich auch therapeutisch einsetzen ließ.

Als Wasser, das auf der Erde vorkommt, nennt Döbereiner-Apothekerbuch (1847):

1.) Gemeines oder süßes Wasser, wohin Regenwasser (Aqua pluvialis), Quellwasser (Aqua fontana), Flußwasser (Aqua fluvialis), Brunnenwasser (Aqua communis), Wasser der Teiche und Landseen (Aqua piscialis) gehören.

2.) Meerwasser (Aqua marina).

3.) Mineralwasser (Aqua mineralis).

Reines Wasser wird durch Destillation gewonnen. Über Verwendung schreibt Döbereiner: In der Pharmazie dient es als Lösungs- und Scheidungsmittel sehr vieler Substanzen, in der Medizin wird das Wasser innerlich bei Blutspeien (nach und nach immer kühler und zuletzt eiskalt), gegen Gicht und Rheumatismen, seine Dämpfe gegen anfangende Katarrhe und die üblen Folgen des Chloreinatmens, und lauwarm oder wie es die Natur darbietet, als Getränk für Kranke, äußerlich aber zu kalten Klistieren, zu Umschlägen in seinen drei verschiedenen Aggregatzuständen, zu Spritz-, Douche- und Dampfbädern, sowie auch als allgemeines Bad benutzt. [Weitere Angaben über Verwendung siehe A. L. Rossaint, Das Wasser in den deutschsprachigen Lehrbüchern der Pharmakologie von 1800–1860, Dissertation Med. Fakultät Mainz, 1971].

Wasser blieb in verschiedener Weise pharmakopöe-üblich von Ende 18. Jh. bis zur Gegenwart. Überschriften der Monographien in preußischen Pharmakopöen und DAB's: (1799–1813) Aqua destillata. (1827/29) Aqua communis (Gemeines Wasser; filtriertes Regenwasser, evtl. Flußwasser, kein Brunnenwasser) und Aqua destillata. (1846–1862) wie zuvor; auch Brunnenwasser ist zulässig. In DAB's: (1872) letztmalig Aqua communis, dazu Aqua destillata, dieses bis DAB 6, 1926. In DAB 7, 1968: Destilliertes Wasser, Wasser für Injektionszwecke [auch für Augentropfen zu verwenden] und Demineralisiertes Wasser (Aqua demineralisata; mittels Ionenaustauschern hergestellt; kann meist an die Stelle des teureren dest. Wassers treten).

Das einfache destillierte Wasser kam somit verhältnismäßig spät in Pharmakopöen, Pflanzenwasserdestillate waren dagegen schon lange in Gebrauch, und zwar einfache (Aquae destillatae simplices), d. h. aus einer Droge destilliert, und zusammengesetzte (Aquae destillatae compositae), d. h. aus mehreren Drogen hergestellt oder mit gelösten Zusätzen. Diese Präparate entstammten der alchemistischen Ära und waren schon im 15. Jh. apothekenüblich. So gab es in Ap. Lüneburg 1475 bereits 50 verschiedene solcher Wässer, in Mengen bis zu 8 Stübchen, das sind etwa 25 Liter). In DAB 1, 1872, waren noch 22 einfache Pflanzenwässer aufgenommen, in DAB 6, 1926, waren davon 5 übriggeblieben, die jetzt durch Lösen von ätherischen Ölen, mit oder ohne Zusatz von Weingeist, herzustellen waren (die Gruppe hieß jetzt: Aquae aromaticae).

Aqua Regis

Das seit dem späten Mittelalter in technischen Betrieben viel benutzte Königswasser, das den König der Metalle, das Gold, zu lösen imstande ist und vorhandenes Silber (als Chlorid) abzutrennen gestattet, kam erst in der Nachchemiatrie in Pharmakopöen. Die alten Vorschriften bedienten sich meist der trockenen Destillation von Salzen, unter denen sich Nitrate und Chloride befinden mußten (Anwesenheit von Sulfaten war üblich). Nach Ph. Brandenburg 1731 kann man das „Aqua Regis seu Regia“ aus Kochsalz und Aqua fortis durch Destillation, oder durch Lösen von Salmiak in Aqua fortis erhalten. Letztere Vorschrift in Ph. Württemberg 1741 (zum Gebrauch der Chymici, zum Goldlösen; von Ärzten nicht oder ganz selten gebraucht). Aufgenommen in einige Länderpharmakopöen des 19. Jh. (Württemberg, Hessen, Sachsen), noch in DAB 1, 1872, als Acidum chloro-nitrosum (hergestellt durch Mischen von Salzsäure und Salpetersäure).

Nach Hager-Kommentar (1874) findet die frisch zu bereitende Mischung nur chemische und pharm. Anwendung, z. B. zur Darstellung des Goldchlorids. Döbereiner-Apothekerbuch (1847) schrieb über die Verwendung: In der Heilkunde wird das Königswasser nur äußerlich zu Waschungen, Bädern und Umschlägen gegen veraltete Drüsenleiden, chronische Entzündungen und Anschwellungen der Leber und Milz, gegen Pfortaderstockungen, Unterleibsvollblütigkeit, schmerzhafte monatliche Reinigungen, chronische, sehr hartnäckige Hautleiden benutzt.
Als Reagens ist Königswasser vereinzelt zu finden; in Länderpharmakopöen des 19. Jh. seit Ph. Bayern 1822 (Lösungsmittel für Gold und Platin), in DAB's (1910–1926), zur Lösung von Zinnober.

Arecolinum hydrobromicum

Aufgenommen in DAB's (1895–1926). Anwendung nach Hager-Handbuch, um 1930: Bandwurmmittel, Myoticum. Konstitutionsaufklärung und Synthese der Arekanuß alkaloide gelang dem Göttinger Apotheker Jahns um 1890. Siehe hierzu H. Dietmann, Ernst Friedrich Jahns, Südd. Apotheker-Ztg. *90,* 557–564 (1950).

Argentum

Metallisches Silber – alchemistisch dem Mond (Luna) zugeordnet – hat in der Therapie keine größere Rolle gespielt, war aber in Apotheken bis zum 20. Jh. stets vorhanden, meist als Argentum foliatum (Blattsilber, in Pharmakopöen bis DAB 6, 1926), verwendet zum Versilbern von Pillen, als Zusatz zu Pulvern; oder als Limatura Argenti (Silberfeile). Nach Hager-Kommentar (1874) ist Silber innerlich gegen Syphilis eingesetzt worden.
Im 20. Jh. kam das Kolloide Silber auf, in DAB's (1910–1926) als Argentum colloidale (Kollargol); gegen septische Krankheiten (in Lösung oder Salbe), bei Wochenbettfieber, Rose, Scharlach, Furunkulose usw.

Aus Silber wurden in Apotheken seit dem 17. Jh. einige Präparate bereitet (→ Bezoardica, Bezoardicum lunare). Das wichtigste wurde der Lapis infernalis. Siehe hierzu Wietschoreck-Nachchemiatrie S. 185–190, Kap. „Lapis infernalis – Höllenstein“. Seit dem 18. Jh. pharmakopöe-üblich: Ph. Württemberg 1741 führt Lapis infernalis (aus Silber und Salpetersäure; Ätzmittel). In Ph. Preußen 1799 als Argentum nitricum fusum. Unter dieser Bezeichnung bis DAB

1, 1872. Neben diesem „geschmolzenen" (meist in Stäbchen gegossenen) Silbernitrat gab es das „kristallisierte", in DAB 1, 1872; seit 1882–1926 schlechthin als Argentum nitricum bezeichnet, 1968 als „Silbernitrat". In der Homöopathie ist „Argentum nitricum – Höllenstein" ein wichtiges Mittel. Anwendung des kristallisierten oder geschmolzenen Silbernitrats nach Hager-Kommentar (1874) innerlich gegen Nervenkrankheiten (Epilepsie, Krämpfe, Migräne, Neuralgien, Herzklopfen), gegen Krankheiten des Darmkanals (Ruhr, Cholera usw.); äußerlich als Adstringens und Causticum; auf Brandwunden, zu Injektionen in die Harnröhre; Färbemittel für Haare.
Ein weiteres Pharmakopöe-Präparat war Argentum nitricum cum Kali nitrico (durch Zusammenschmelzen hergestellt). Ph. Preußen 1862, DAB's (1872–1926). Nach Hager (1874) von Desmares eingeführt (Barral'sche Stifte; Lapis infernalis nitratus); etwas gemilderte Ätzwirkung.
Silbernitrat ist das klassische Reagens zum Nachweis von Salzsäure bzw. Chloriden (seit Ph. Lippe 1792/94 bis DAB 7, 1968). Eine ammoniakalische Silbernitratlösung findet sich als Liquor Argenti nitrici ammoniati in Hamburger Pharmakopöen um 1850 (zur Blausäurebestimmung), in DAB's (1910–1926; „ammoniakalische Silberlösung"), 1968 als „Silberdiamminnitrat-Lösung"; zum Nachweis von reduzierenden Stoffen und von Schwefel in Benzin. Eine zeitlang wurde auch Silbersulfat (Argentum sulfuricum, Sulphas argenti) zur Prüfung auf Halogenide in sulfathaltigen Lösungen gebraucht (seit Ph. Hannover 1819 bis DAB 1, 1872).

Arsenicum album

Nach Berendes-Pharmazie kommt weißer Arsenik [= As_2O_3] im altindischen Schrifttum vor, dann bei Pseudo-Geber [demnach ist die Einordnung in den Pharmakopöenstandards von Band III dieses Lexikons als antik (a) zu ändern in alchemistisch (al)].
In Ap. Lüneburg 1475 waren 6 lb. Arsenicum album vorrätig. Seit 16. Jh. (Ph. Nürnberg 1598 u. a.) pharmakopöe-üblich. Die Ph. Württemberg 1741 beschreibt: Arsenicum album (weisser Arsenic, Mauß- oder Ratten-Gifft). Bis ins 18. Jh. hatte die Therapie mit Arsenverbindungen keine größere Bedeutung, wenn auch Hellwig-Lexikon (1713) zahlreiche Rezepte, meist von Arsen(III)-oxid ausgehend, anführt (Arsenicum dulce, Rubinus Arsenici diaphoreticus, Oleum Arsenici anodynum, Spiritus et Butyrum Arsenici, Arsenicum praeparatum, Magnes Arsenicalis, Arsenicum causticum, Oleum Arsenici, Quinta essentia Arsenici), von denen jedoch nur sehr wenige in Pharmakopöen zu finden sind. Das änderte sich im 19. Jh. Neben Arsenicum album wird jetzt die Bezeichnung Acidum arsenicosum in den Länderpharmakopöen des 19. Jh. üblich. So auch in DAB's

(1872–1926); in DAB 7, 1968: Arsen(III)-oxid. In der Homöopathie ist „Arsenicum album – Weißes Arsenik“ (Hahnemann 1816) ein wichtiges Mittel.

Nachdem Döbereiner-Apothekerbuch (1847) vielseitige innerliche und äußerliche Anwendungen der Säure und ihrer Zubereitungen angegeben hatte, berichtet Hager-Kommentar (1874), daß Arsenigsäure selbst als Arzneimittel selten angewendet wird; an ihrer Stelle wird gewöhnlich die Fowlersche Solution verordnet; innerlich bei Wechselfiebern, Neuralgien, Epilepsie, Veitstanz, Tetanus, Asthma, Herzkrampf, Dyspepsie, Hautkrankheiten, Krebs, Tuberkulose, Wassersucht, Bräune, Vorbeugungsmittel der Furunkeln (bei allen meist durch Chinin ersetzbar). Äußerlich bei Hautkrebs, bösartigen und phagedänischen Geschwüren. Man gibt Arsenigsäure Pferden, um sie zum Verkauf beleibter und glattfellig zu machen; die Verwendung zu Fliegenwasser, Fliegenpapier und gegen Ungeziefer der Haustiere ist eine häufige; Verwendung als Ratten- und Mäusegift war früher allgemein, ist aber seit Anwendung des Phosphors für diesen Zweck eine seltene geworden. Verwendung von Arsen(III)-oxid nach Böhme-Kommentar (1969): 1. bei Anämien; 2. als Roborans; 3. in der Dermatologie bei Psoriasis und Lichen ruber; 4. in der Zahnheilkunde zum Nervtöten. Für die Verwendung 1–3 wird auch die gleichfalls in DAB 7 aufgenommene „Fowlersche Lösung“ verwandt. Der englische Arzt Fowler hatte um 1785 auf die Verwendung von Arsenik als spezifisches Fiebermittel, durch das die teure Chinarinde evtl. ersetzt werden konnte, aufmerksam gemacht. Sein Mittel kam in Länderpharmakopöen des 19. Jh. (in Preußen seit 1827: Solutio arsenicalis; aus Arsenicum album und Kaliumcarbonat; Bezeichnung 1846 wie vorher, 1862: Kali arsenicosum solutum). In den DAB's als Liquor Kali [1872] bzw. Kalii [1882–1926] arsenicosi.
Als Reagens ist Arsenicum album in wenigen Länderpharmakopöen (z. B. Ph. Bayern 1822) aufgenommen (zum Nachweis von Schwefelwasserstoff, in Ph. Hessen 1827 auch zum Nachweis von Silbersalzen). In DAB 6, 1926, zur Herstellung der volumetrischen Natriumarsenitlösung, in DAB 7 auch als Urtiter für Cerimetrie.

Arsenicum citrinum

Nach Berendes-Dioskurides ist das gelbe Arsenikon als Auripigment identifiziert worden; das Brennen des Produktes wird beschrieben (hat ätzende, adstringierende und vernarbende Kraft; entfernt Haare). In Ap. Lüneburg 1475 waren 1 lb. Auripigment vorrätig. Die Ph. Nürnberg 1598 nennt nebeneinander:

Arsenicum citrinum und Auripigmentum. In T. Worms 1582: Arsenicum luteum (Arsenicum citrinum, Auripigmentum, Arrhenicum. Hüttrauch/geeler Arsenick. Operment); in T. Frankfurt/M. 1687: Arsenicum citrinum (gelber Arsenick) und Auripigmentum [letzteres 1/5 billiger]. Die Ph. Württemberg 1741 führt: 1. das künstliche (durch Sublimation von Arsenicum album mit Schwefel gewonnen) Arsenicum citrinum (flavum, gelber Arsenic) und 2. mineralisches Auripigmentum (Sandaracha Graecorum. Operment, Auripigment, Goldgelb [Königsgelb]; Malerfarbe, zum Entfernen von Haaren). Vereinzelt in Länderpharmakopöen des 19. Jh., z.B. Ph. Baden 1841: Arsenicum sulphuratum citrinum (seu flavum. Gelbes Schwefel-Arsenik. Rauschgelb); aus Arsenicum album und Schwefel zu bereiten. Wird nach Döbereiner-Apothekerbuch (1847) nicht mehr als Heilmittel benutzt; in orientalischen Ländern zum Vertilgen von Haaren (Mischung von gelbem Schwefelarsen, Kalk und Walkererde); Hinweis auf Liquor probatorius der Württemberger Pharmakopöe (noch aus gelbem Schwefelarsen und Ätzkalk bereitet; → Aqua hydrosulphurata).

Arsenicum nativum

Siehe hierzu Schröder-Chemiatrie S. 180–183, Kap. „Cobaltum“. In Arzneitaxen und auch Pharmakopöen wird ein Mineralprodukt genannt, bei dem es sich um natürliches Arsen gehandelt haben kann: Cadmia foßilis (Ph. Nürnberg 1598). In T. Frankfurt/M. 1687 steht Cobaltum (Cadmia nativa, fossilis, metallica, Mücken-Pulver). Die Ph. Württemberg 1741 beschreibt Cadmia nativa (fossilis, metallica, Cobaltum. Kobalt, Mücken- oder Fliegen-Gifft; Septicum, zum Fliegentöten). In Ph. Baden 1841: Arsenicum nativum (Cobaltum crystallisatum, Metallisches Arsenik, Gediegen Arsenik, Fliegenstein, Fliegengift, Scherbenkobalt). Döbereiner-Apothekerbuch (1847) schreibt dazu: Das Arsen wird für sich nicht medizinisch angewendet; in den Haushaltungen bedient man sich desselben, mit Wasser übergossen, zum Töten der Fliegen, und in der Technik ist eine Legierung von Kupfer und Arsen als Arsenkupfer oder Weißkupfer bekannt.
In der Homöopathie ist „Arsenum metallicum – Elementares Arsen, Fliegenstein“ ein wichtiges Mittel.

Arsenicum rubrum

Nach Berendes-Dioskurides ist die rote Sandaracha als Realgar identifiziert worden; das Brennen des Produktes wird beschrieben (Wirkungen wie Arsenikon [→ Arsenicum citrinum], gegen Fuchskrankheit, Läusekrankheit; bei Nasen- und Mundgeschwüren, gegen Ausschläge und Geschwulste. Mit Honigwein bei Lungengeschwüren; zu Räucherungen gegen Husten; für Asthmatiker). In Ap. Lüneburg 1475 waren 6½ lb. Arsenicum rubrum vorrätig. Die T. Worms 1582 führt: Arsenicum rubrum (Sandaracha. Roter Arsenick, roter Operment). In Ph. Württemberg 1741 gibt es Arsenicum rubrum (rother Arsenic, Rauschgelb; aus Arsenicum album und Pyrit sublimiert, von Malern gebraucht). Vereinzelt in Länderpharmakopöen des 19. Jh., z. B. Ph. Baden 1841: Arsenicum sulphuricum rubrum (Realgar, Rothes Rauschgelb, Rubin-Schwefel; wird in Fabriken aus Schwefel und Arsenkies durch Sublimation hergestellt). Nach Hager-Handbuch, um 1930, dient Arsenum sulfuratum rubrum in der Feuerwerkerei für Weißfeuer, in der Gerberei, früher auch als Malerfarbe.

Asphaltum

Im Altertum gut bekannt, aber wenig medizinisch gebraucht. War apothekenüblich bis zum 19. Jh. In Ap. Lüneburg 1475 gab es 3½ lb. Aspalti. Die T. Worms 1582 führt: Bitumen (Asphaltos, Bitumen iudaicum, Jüdenleim); in T. Frankfurt/M. 1687 Gummi Asphaltum (Bitumen Judaicum, Erdbech). In Ph. Württemberg 1741, unter De Marinis: Asphaltum (Bitumen Judaicum, Juden-Pech). In preußischen Pharmakopöen: (1799–1829) Asphaltum (seu Bitumen judaicum, Judenpech, Schlackiges Erdpech); Ph. Hannover 1833 und einige andere der frühen Länderpharmakopöen entsprechend.
Im Gart der Gesundheit, um 1500, wird vom Judenlym (Bitumen Judaicum) berichtet: Nach Dioskurides, mit Essig gemischt, gegen Geschwulste. Mit Bibergeil zusammen zur Beförderung der Menstruation. Rauch davon, in die Nase geblasen, gegen Katarrh und Schnupfen. Gegen Zahnschmerzen. Angaben der Ph. Württemberg 1741: Mundificans (für Ulcera); in Pflastern und Digestivsalben, zum Färben von Balsamen; zum Theriak [ein Bestandteil desselben schon in Ph. Nürnberg 1546 (Theriaca Andromachi); im 19. Jh. nicht mehr]; bei den Alten zum Einbalsamieren. Nach Döbereiner-Apothekerbuch (B. I, 1842): Das Erdharz wird jetzt nur noch vorzugsweise zur Bereitung einer braunen Ölfarbe und des Asphaltfirnis benutzt. Die Alten gebrauchten es beim Einbalsamieren der Leichen und als Mörtel; später benutzte man es auch als Zusatz zu Pflastern und Balsamen, und das aus ihm gewonnene empyreumatische Öl wurde gegen Lungenschwindsucht gerühmt.

Aurum

Gold – alchemistisch der Sonne (Sol) zugeordnet – hat in der Medizin keine größere Rolle gespielt, ehe Alchemisten bemüht waren, Präparate herzustellen, die nicht nur zur Umwandlung unedler Metalle in edle sondern auch zur Lebensverlängerung verhelfen sollten. Im 13./14. Jh. nahmen solche Bestrebungen in Europa konkretere Formen an, wobei Goldarzneien, besonders das trinkbare Gold (Aurum potabile), den höchsten Stellenwert hatten (siehe hierzu Krüger-Elixiere S. 188–191, Kap. „Goldtinkturen"). Solche Präparate enthielten meist kolloides Gold. Im Gegensatz zu den Anpreisungen solcher Präparate steht das geringe Echo, das sie in der offiziellen Medizin, in den Pharmakopöen, selbst in der alchemistisch begründeten chemiatrischen Zeit (nach 1600), fanden. Ursache dürfte sein, daß die Vorschriften sehr umständlich waren, meist Phantasiegebilde. Immerhin haben sich „Goldtropfen" (als Geheimmittel und Spezialitäten) bis zur Gegenwart gehalten (vor allem Herzmittel), auch Kolloides Gold (Aurum colloidale) ist in den Handel gebracht worden (Anwendung nach Hager-Handbuch, um 1930: Innerlich gegen Krebs, Syphilis, scrophulöse Ekzeme, intravenös gegen Gelenkrheumatismus).
In Apotheken wurde Gold meist gefeilt (Limatura Auri) oder in feinste Blättchen geschlagen (Blattgold, Aurum foliatum), vorrätig gehalten. Letzteres war pharmakopöe-üblich. Verwendung nach Ph. Württemberg 1741: Zum Vergolden von Pillen, Zusatz zu Pulvermischungen. Aufgenommen in viele Länderpharmakopöen des 19. Jh. (z. B. Ph. Hessen 1827), noch in DAB 1, 1872. Länderpharmakopöen führten auch hier und da „Reines Gold" (in Ph. Hessen 1827 Vorschrift zur Reinigung von Dukatengold). Dieses wurde – wie das gefeilte Gold – zur Herstellung einiger offizineller Präparate gebraucht.

Ein Pharmakopöe-Präparat der chemiatrischen Zeit war Aurum fulminans (siehe hierzu Schröder-Chemiatrie S. 156–159, Kap. „Aurum fulminans – Knallgold"); die Vorschrift Crolls (1609; für Aurum potabile) wurde in Ph. Nürnberg 1666 übernommen (als Aurum fulminans: Gold wird in Königswasser gelöst, das Knallgold mit Kaliumcarbonat gefällt). Entsprechende Vorschrift in Ph. Württemberg 1741 (Purgans, Diaphoreticum). Die Goldtinktur (Tinctura solaris) der Brandenburger Pharmakopöen (1698 uf.) wurde ähnlich bereitet; es wurde mit Ammoniak gefällt und der getrocknete Niederschlag dann mit Spiritus Salis dulcis ausgezogen (vgl. hierzu Krüger-Elixiere S. 197).

Eine pharmakopöe-übliche Goldzubereitung des 19. Jh. war Auro-Natrium chloratum. In Ph. Schleswig-Holstein 1831 (Aurum muriaticum natronatum); in preußischen Pharmakopöen seit 1846; in DAB's (1872–1890), dann Erg.B's (noch 1941). Verwendung nach Hager-Kommentar (1874): in Pulvern oder Pillen bei Syphilis, Krebs, Scrophulose, Hypochondrie, Marasmus; äußerlich in Pulvermischungen, Salben, Auflösungen; zum Haarfärben; „das kochsalzhaltige Goldsalz wird auch dann dispensiert, wenn der Arzt nur Aurum muriaticum oder Aurum chloratum verordnet".

Das Goldchlorid (Aurum chloratum, hergestellt aus Gold und Königswasser, eindampfen; in Wasser lösen = Liquor Auri chlorati) diente als Reagens (Ph. Hannover 1819 bis 1861, und andere Länderpharmakopöen); zum Nachweis von Zinn(II)-Verbindungen.

In der Homöopathie sind „Aurum – Gold" (Hahnemann 1835), „Aurum chloratum – Goldchlorid" und „Aurum chloratum natronatum – Goldchlorid-Chlornatrium" wichtige Mittel.

Balsamum Sulphuris

Siehe hierzu Krüger-Elixiere S. 206–247, Kap. „Schwefel-Tinkturen". Von Libavius (um 1600) wurden Schwefel-Terpentin-Tinkturen referiert, die auf Paracelsus und Penotus zurückgehen, sie wurden als Schwefelbalsame bezeichnet. Früheste Pharmakopöevorschrift (Oleum Sulphuris seu Balsamus Sulphuris therebinthinatus) in Ph. Nürnberg 1666 (Schwefel mit Terpentinöl digerieren). So bis Ph. Württemberg 1798. Anwendung nach Ph. Württemberg 1741 (Balsamum Sulphuris terebinthinatum): Diureticum, bei Gonorrhöe; äußerlich gegen Geschwüre; Vulnerarium.

Andere Schwefelbalsame der gleichen Pharmakopöe wurden mit fetten oder ätherischen Ölen bereitet: Balsamum Sulphuris amygdalatum (aus Schwefel und Mandelöl); Bals. Sulph. Rulandii (aus Schwefel, Terpentinöl und Leinöl); Bals. Sulph. succinatum (aus Schwefel und Bernsteinöl). Von solchen Vorschriften führte nur eine weiter ins 19. Jh. hinein: Lösung von geschwefeltem fetten Öl in Terpentinöl. In Länderpharmakopöen des 19. Jh. (z. B. Ph. Preußen 1799: Oleum Lini sulphuratum = Balsamum Sulphuris simplex [aus Leinöl und Schwefel] und daraus [Terpentinzusatz] Oleum Terebinthinae sulphuratum = Balsamum Sulphuris terebinthinatum). In DAB 1, 1872, beide noch mit Vorschrift, dann Erg.B's (noch 1941: Oleum Lini sulfuratum und Oleum Terebinthinae sulfuratum).

Nach Hager-Kommentar (1874) werden die Präparate kaum noch von den Ärzten beachtet, spielen aber beim Volk eine Rolle, das geschwefelte Leinöl (selten) als Kardinalheilmittel, der Terpentin-Schwefelbalsam (auch „Harlemer Balsam" genannt) innerlich und äußerlich als Allheilmittel, besonders für das Vieh.

Barium sulfuricum

Schwerspat (mineralisches Bariumsulfat) und die daraus bereitete Terra ponderosa salita (Bariumchlorid) wurden seit Ende 18. Jh. pharmakopöe-üblich. In preußische Pharmakopöen (1799–1846) und andere Länderpharmakopöen aufgenommen. (Preußen 1799) Baryta sulphurica nativa (seu Spathum ponderosum. Schwerspat) und Baryta muriatica (Terra ponderosa salita; aus Bariumsulfat und Kaliumcarbonat wird Bariumcarbonat hergestellt, das in Salzsäure gelöst wird; eindampfen). (1846) Baryta sulphurica nativa (Sulphas baryticus nativus) und Baryum chloratum (Chlorum Baryi cum Aqua).

Bariumsulfat verschwand nach 1870 aus den Apotheken, da Bariumchlorid nicht mehr hergestellt zu werden brauchte (Ph. Hannover 1861 war zur Herstellung von mineralischem Bariumcarbonat ausgegangen: Baryta carbonica – Witherit). Wiederaufnahme 1926 (auch DAB 7, 1968). Bariumchlorid blieb als Monographie in den DAB's (1872, 1910–1926) erhalten (in der Zwischenzeit in Erg.B's).

Die Wiederaufnahme des Bariumsulfats erfolgte wegen der neuartigen Verwendung als Röntgenkontrastmittel, die des Bariumchlorids besonders wegen der häufigen Verwendung als Reagens.

Während Bariumsulfat ursprünglich nur pharmazeutisch (zur Herstellung anderer Bariumverbindungen) gebraucht wurde, war Bariumchlorid zeitweise sowohl Arzneimittel als auch Reagens. Letzteres blieb es bis DAB 7, 1968 (hauptsächlich für Nachweis und Bestimmung von Sulfaten – so schon seit Ph. Lippe 1792/94). Nach Döbereiner-Apothekerbuch (1847) ist Bariumchlorid 1789 von Dr. Crawford als wichtiges Heilmittel erkannt worden; man gibt es innerlich in Pulvern, Pillen und Lösungen besonders bei Skrofelkrankheit und zugehörigen Affektionen, namentlich bei Drüsenanschwellungen, Schleimflüssen und Hautausschlägen; bei chronischem Tripper, Ausbleiben der monatlichen Reinigung, Drüsenverhärtung, mit Opium gegen Gesichtsschmerz und gegen die große Geschwätzigkeit mannstoller Kranken. Äußerlich gegen torpide Hautausschläge, namentlich skrofulöser, herpetischer und syphilitischer Art, schlaffe Geschwüre, und in der Augenheilkunde gegen skrofulöse Augenentzündungen; gegen sekundäre Syphilis, mit Gichtleiden verbundene Flechtenausschläge usw. Hager-Kommentar (1874) berichtet, daß Chlorbaryum nur noch selten als Antiscrophulosum und spezifisches Resolvens bei Tuberkeln, Callositäten, festen und flüssigen Exsudaten, rheumatischen Gelenkentzündungen angewendet wird.

Aus Bariumsulfat bzw. dem daraus bereiteten Bariumcarbonat (oder aus mineralischem Bariumcarbonat) wurden mehrere, pharmakopöe-übliche Salze hergestellt, die für pharmazeutische (vor allem analytische) Zwecke dienten, so:

1.) Bariumnitrat (Baryta nitrica); als Reagens (seit Ph. Hamburg 1820) in allen Länderpharmakopöen des 19. Jh. und allen DAB's bis 1926; vor allem zum Sulfatnachweis; anfangs selbst herzustellen, aus Bariumcarbonat und Salpetersäure.

2.) Bariumacetat (Baryta acetica); vereinzelt (seit Ph. Hannover 1819) in Länderpharmakopöen bis 1833; zum Sulfatnachweis in Essigsäure und Acetaten.

3.) Bariumjodid (Baryum iodatum, Baryta hydroiodica); in Hamburger Pharmakopöen (z. B. 1852). Dient – nach Döbereiner-Apothekerbuch (1847) – zur Darstellung der Jodsäure.

In der Homöopathie sind „Baryum aceticum – Baryumacetat" (Stapf 1824), „Baryum carbonicum – Baryumcarbonat" (Hahnemann 1828), „Baryum chloratum – Baryumchlorid" und „Baryum jodatum – Baryumjodid" wichtige Mittel.

Baryta caustica

Bariumhydroxid (Barytwasser) findet sich vereinzelt als Reagens in Länderpharmakopöen des 19. Jh. (ab Ph. Hannover 1819), in DAB's (1890–1968). Zur Prüfung auf Schwefelsäure bzw. Sulfate, Magnesium, Carbonate; zur Prüfung des Kreosots; bei Gehaltsbestimmungen von Farnwurzeln und Präparaten daraus.

Harms-Reagenzien S. 29.

Benzaldehyd

Aufgenommen in DAB's (1910–1926); diente lediglich zum Aromatisieren der offizinellen Lebertranemulsion.

Benzidin

Reagens in DAB's (1926–1968) zur Prüfung von Traganth (auf Gummi arabicum) und von Narkosechloroform (auf Phosgen).

Harms-Reagenzien S. 30.

Benzol

Reagens in DAB's (1872–1968); Lösungsmittel, oft zum Ausschütteln.

Harms-Reagenzien S. 30.

Beryllus

Seltener gebraucht als der ihm verwandte Smaragd. Nach Fühner-Lithotherapie S. 67–69, bezeichnet Berillus im Altertum und Mittelalter vor allem den Aquamarin; „der Beryll, als grüner Stein, hatte Einfluß auf Augenleiden (Beziehung zum Wort Brille), die mehr gelbgrünen Steine erinnerten in der Farbe an die Galle, waren daher Heilmittel bei Gelbsucht und Leberleiden".

Bezoardica

Siehe hierzu Schröder-Chemiatrie S. 111–118, Kap. „Bezoardica verschiedener Metalle". Mittel, die wie der tierische Bezoarstein schweißtreibend, giftwidrig wirken sollten. Sie kamen um 1600 auf (in Pharmakopöen: Nürnberg 1666) und blieben unter dieser Bezeichnung zum Teil pharmakopöe-üblich bis zum 18. Jh. (Ph. Württemberg 1741 uf.). Die gemeinsame chemische Basis waren Antimonoxide, die außer bei der Grundsubstanz (Bezoardicum minerale, aus Butyrum Antimonii und Salpetersäure oder Salpeter) bei Gegenwart von salpeter- oder Königswasser-sauren Auflösungen von Metallen, die den Bezoardica dann den Namen gaben, hergestellt wurden. Es gab viele Varianten der Herstellung und auch der Zusammensetzung. Die wichtigsten Bezoardica waren:

1.) Bezoardicum minerale. Wirkt nach Ph. Württemberg 1741 wie Antimonium diaphoreticum.
2.) Bezoardicum joviale (Zinnbezoar, Antihecticum Poterii). Nach Ph. Württemberg 1741 Antihystericum, Diaphoreticum, Anodynum.
3.) Bezoardicum lunare (Silberbezoar); Kräutermann-Chymist (1729) gibt eine Vorschrift nach Zwelffer; stärkt das Gehirn, kuriert alle weiblichen Krankheiten.
4.) Bezoardicum martiale (Eisenbezoar). Nach Ph. Württemberg 1741 Roborans, Absorbens für Säure, schweißtreibend.
5.) Bezoardicum solare (Goldbezoar); Kräutermann-Chymist gibt 3 verschiedene Vorschriften; gegen Syphilis, Pest, Podagra, Wassersucht, Fieber, treibt Schweiß.

Hinzuweisen ist auf eine unlängst erschienene Arbeit über Bezoarsteine: R. van Tassel, Bezoars and the Collection of Henri van Heurck (1838–1909), Antwerpen 1970 (Henri van Heurck-Museum. Antwerpen: Koninklgke Maatschappij voor Dierkunde van Antwerpen). Die Steine sind vor allem naturwissenschaftlich analysiert worden; umfangreiches Literaturverzeichnis liegt vor.

Bismutum

In Hager-Handbuch, um 1930, wird nichts von medizinischer Verwendung von metallischem Wismut berichtet. Nur in der Homöopathie ist „Bismutum metallicum – Wismut“ ein wichtiges, „Bismutum colloidale“ ein weniger wichtiges Mittel. Nach Döbereiner-Apothekerbuch (1847) wird das Metall nur zur Darstellung des Wismutweiß (Subnitrat) benutzt. In Apotheken war metallisches Wismut im späten 16./17. Jh. zuerst vereinzelt (Marcasita officinarum), während der Nachchemiatrie und bis etwa Mitte 19. Jh. regelmäßig vorhanden (siehe hierzu Schröder-Chemiatrie S. 177–180, Kap. „Marcasita = Wismut“). Die T. Frankfurt/M. 1687 führt: Marchasita (Bismuthum, Wißmuth, Marcasith). In Ph. Württemberg 1741: Marcasita (Bismuthum, Wismuth; für kosmetischen und verschiedenen mechanischen Gebrauch). In preußischen Pharmakopöen: (1799–1829) Bismuthum (vulgo Marcasita, Wißmuth). In Ausgabe 1846 genannt, aber ohne Beschreibung. Noch in Ph. Hannover 1861: Bismuthum.

Das wichtigste, aus Wismut hergestellte Präparat war das basische Wismutnitrat. Siehe hierzu Wietschoreck-Nachchemiatrie S. 213–221, Kap. „Magisterium marcasitae – Wismutmagisterium“. In deutschen Pharmakopöen seit Ph. Regensburg 1727 (in Apotheken seit etwa Mitte 17. Jh.) bis zur Gegenwart. Die Ph.

Württemberg 1741 beschreibt: Magisterium Marcasitae (Wismut in Salpetersäure lösen, mit kaliumcarbonathaltigem Wasser fällen; Cosmeticum; kommt zum Weißen Lilienwasser, zur Unguentum rosatum). Bezeichnungen der preußischen Pharmakopöen und DAB's: (1799) *Bismuthum oxydatum album* (= *Magisterium Bismuthi*). (1813–1829) *Bismuthum nitricum praecipitatum*. (1846) *Bismuthum hydrico-nitricum* (zur Herstellung, die im Prinzip – Fällung nur mit Wasser – der obigen württembergischen entspricht, wird das Wismut erst durch Schmelzen mit Schwefel und Natriumcarbonat gereinigt). (1862) gleiche Bezeichnung, ohne den Reinigungsprozeß des Wismut, aber die Vorschrift, daß arsenfreies Wismut zu verwenden ist. In DAB's, mit Herstellungsvorschrift aus Wismut: (1872) *Bismuthum subnitricum*. (1882–1926) *Bismuthum subnitricum*, mit wechselnder Vorschrift, zuletzt aus Wismutnitrat und Wasser (seit 1910). (1968) Basisches Wismutnitrat (ohne Vorschrift). In der Homöopathie ist „Bismutum subnitricum – Basisches Wismutnitrat“ (Hahnemann 1821) ein wichtiges Mittel.

Anwendung nach Döbereiner-Apothekerbuch (1847): als ein ableitendes Mittel innerlich in Pulverform bei Magenschmerz und verschiedenen Nervenkrankheiten; äußerlich als ein Schminkmittel, wozu es aber gänzlich zu verwerfen ist, da es leicht gebräunt wird, auch Gesichtszucken und selbst Gesichtsschmerz zuweilen verursachen soll [schon in Ph. Württemberg 1741 war darauf aufmerksam gemacht worden, daß bei häufigem Gebrauch Komplikationen auftreten können]. Nach Hager-Handbuch, um 1930: Äußerlich bei der Wundbehandlung, bes. bei Brandwunden (Wismutbrandbinden), auch bei jauchigen Wunden, bes. in Körperhöhlen, zum Einblasen in den Kehlkopf. Innerlich bei Dyspepsie, Magen- und Darmgeschwüren, Darmkoliken, Brechdurchfall. Nach Böhme-Kommentar (1969): Als Adstringens wie Basisches Wismutgallat, bei Supersekretion des Magens; in Wundpudern, Salben und Zäpfchen.

Als Reagens in einigen DAB's (1882, 1910, 1926); zum Identitätsnachweis von Milchzucker, zur Herstellung der *Nylanderschen Lösung* (zum Nachweis von Harnzucker).

Als weitere Wismutsalze, ohne besondere pharmazeutische Verwendung, nennt Döbereiner (1847):

1.) *Bismuthum carbonicum*. Ist als solches nicht offizinell, entsteht jedoch, wenn man Magisterium Bismuthi durch Hydrolyse mit Natriumcarbonatlösung, statt mit Wasser (siehe oben Ph. Württemberg 1741), herstellt. Aufgenommen in DAB 6, 1926, ohne Vorschrift: *Bismutum subcarbonicum*. Anwendung wie Wismutsubnitrat, wirkt gleichzeitig säurebindend.

2.) Bismuthum nitricum. Kam in Pharmakopöen (DAB's 1910–1926: Bismutum nitricum; Herstellung aus Wismut und Salpetersäure), als die Bereitung anderer Wismutverbindungen daraus vorgeschrieben war. Es sind dies a) Bismutum subnitricum, b) Bismutum subgallicum, c) Bismutum subsalicylicum.

Eine zeitlang war das baldriansaure Wismut, Bismuthum valerianicum, in Gebrauch. Aufgenommen in DAB 1, 1872; dann Erg.B's, noch 1916. Herstellung aus Wismutsubnitrat, Natriumcarbonat und Baldriansäure. Hager-Kommentar (1874) schreibt dazu: Dieses selten gebrauchte Präparat wurde vor einigen Decenien von Giovanni Rhigini in den Arzneischatz eingeführt, als Mittel gegen Nervenschmerzen, Magenschmerz, chronischen Magenkrampf und chron. Herzklopfen empfohlen.

Bolus

Die Erden (→ Terrae) der Antike waren zum Teil Tonmineralien. Die T. Worms führt: [1.] Bolus armenus (Terra armena, Rubrica armena, Lutum armenum, Gleba armena, Bolus orientalis. Bolarmen, Armenischer oder Orientischer Bolus) [hiervon waren in Ap. Lüneburg 1475 8 lb. vorrätig]; [2.] Bolus vulgaris (Gemeyner Bolus); [3.] Bolus vulgaris albus (Gemeyner weisser Bolus) und Bolus vulgaris praeparatus (Gemeyner geweschener bereyter Bolus); [4.] Marga (Medulla saxorum, Steinmarck) und Marga praeparata (Bereytsteinmarck). In Ph. Württemberg 1741: [1.] Bolus armena (Armeniaca, Armenischer Bolus; Bezoardicum, Adstringens); [2.] Bolus rubra vulgaris (gemeiner rother Bolus; wird selten von Ärzten verordnet, für Tiere, und zur Destillation von Spiritus Nitri und Spir. Salis); [3.] Bolus alba (weisser Bolus; Adstringens, Siccans, niemals innerlich, aber sehr oft äußerlich angewandt); [4.] Lithomarga (Medulla saxorum, Steinmark; Adstringens).
In preußischen (und anderen Länderpharmakopöen des 19. Jh.) blieb Bolus armena und Bolus alba, in DAB's (1872–1968) der weiße Ton, außer Bolus alba auch Argilla genannt. Anwendung nach Hager-Kommentar (1874): Meist wird er in Pulverform als Exsiccans bei nässenden Wunden, wunden Hautstellen, zum Bestreuen erysipelatöser Entzündungen gebraucht; indifferentes Constituens von Pillen; zum Beschlagen von Retorten und als Kittmaterial. Nach Böhme-Kommentar (1969): 1. innerlich als Adsorbens und Stopfmittel; 2. äußerlich als Constituens in Pudern und in Trockenpinselungen.
Bolus alba wurde in DAB 6, 1926, bei Gehaltsbestimmung von Flores Cinae benutzt.

Borax

Siehe hierzu Hickel-Salze S. 100–112, Kap. „Borax". Die echte Substanz (Natriumtetraborat) wurde durch die Araber im Abendland bekannt, sie diente hauptsächlich als Mittel zum Goldlöten. Eine sachliche Abgrenzung der Bezeichnungen Baurach, Nitrum, Tinkar, Chrysocolla ist bis zur Literatur des 16. Jh. schwierig, in Apotheken aber war sicher seit dem 16. Jh. der echte Borax vorrätig. Die T. Worms 1582 führt: Borax = Chrysocolla factitia, Burres, Goldschmidt Burres; außerdem Borax Antuerpian (Niederländischer Borreß). Aufgenommen in Pharmakopöen seit 16. Jh. (Ph. Nürnberg 1598) bis DAB 7, 1968 (Bezeichnung hier – gegenüber sonst regelmäßig „Borax" – „Natriumtetraborat"). In der Homöopathie ist „Borax – Borax" ein wichtiges Mittel. Verwendung als Reagens; in frühen Länderpharmakopöen des 19. Jh. (seit Ph. Hannover 1819), wichtig für „Boraxperle"; in DAB's (1900–1926) zur Prüfung von Aloe.
Wirkung nach Ph. Württemberg 1741 von Borax (Borax veneta, Chrysocolla, Borras): Incidans, Attenuans, Abstergens, Stimulans; befördert Urin, Menstruation und das Gebären. Nach Hager-Kommentar (1874): Innerlich wendet man den Borax als Wehen- und Menstruation-beförderndes, diuretisches säuretilgendes Mittel an, äußerlich zu Wundschwämmen, Mundfäule, Diphtheritis, Mandelentzündung, Pityriasis, Frostbeulen etc.; in der Technik zum Löten. Nach Böhme-Kommentar (1969): 1. äußerlich zu Wundspülungen und bei Entzündungen an Schleimhäuten (Auge, Mund); 2. der innerliche Gebrauch als Abmagerungsmittel und bei Epilepsie ist verlassen.

Die aus dem Borax bereitete Borsäure wurde im 18. Jh. als Sal sedativum Hombergii bekannt (1702 von Homberg bei der Hitzebehandlung von Borax mit Eisenvitriol entdeckt). Kam noch im 18. Jh. in Pharmakopöen (z. B. Ph. Württemberg 1785; Herstellung aus Borax und Schwefelsäure; auch Sal Vitrioli narcoticum genannt; Narcoticum, Temperans, gegen Fieber, Kopfschmerzen, Krämpfe). Als Acidum boracicum oder boricum in Länderpharmakopöen des 19. Jh. (z. B. Ph. Preußen 1827/29, Hannover 1861) mit Herstellungsvorschrift. In DAB's (1872–1968) ohne Vorschrift. In der Homöopathie ist „Acidum boricum – Borsäure" ein wichtiges Mittel. Verwendung als Reagens in Ph. Bayern 1822 (Reduktion von Arsenverbindungen zusammen mit Kohle im verschlossenen Gefäß, wobei met. Arsen entsteht), auch Ph. Hessen 1827; dann wieder DAB 6, 1926 (Glycerinnachweis in Wollfett) und DAB 7, 1968 (bei Gehaltsbestimmung von Pyridoxinhydrochlorid-Tabletten).
Über den Gebrauch schreibt Döbereiner-Apothekerbuch (1847): Die medizinische Anwendung der Borsäure ist jetzt ziemlich beschränkt, und selbst die bayrische und kurhessische Pharmakopöe haben sie nur als Reagens aufgeführt, in welcher

Beziehung sie aber sehr häufig benutzt wird. Früher wurde sie als ein schmerz- und krampfstillendes, beruhigendes, die aufgeregte Sensibilität herabstimmendes Mittel gegen krampfhafte Krankheiten und namentlich gegen krampfhafte Blutungen oft mit Erfolg benutzt. Hager-Kommentar (1874) gibt an: „Mitunter fordert man sie in den Apotheken als ein mildes Beizmittel in schmerzhaften hohlen Zähnen. Häufiger benutzt man sie in der Technik." Nach Böhme-Kommentar (1969): Als Spülmittel für Wunden und bei Entzündungen an Haut und Schleimhäuten in 3proz. Lösung. Gegen Soor, bes. in der Mundhöhle; bei Dermatomykosen.
Das DAB 7, 1968, führt außer Borsäure: „Borsäure-Lösung, Borwasser" und „Borsalbe, Unguentum Acidi borici". Letztere in DAB's seit 1890.

Braunstein

Braunstein, bis zum 18. Jh. für ein Eisenerz gehalten, wurde erst gegen Ende des 18. Jh. für die Pharmazie interessant, nachdem durch die Untersuchungen von Bergman, Scheele und Gahn (um 1770) das bis dahin unbekannte Metall (Mangan) darin entdeckt war, und Scheele mit Hilfe des Braunsteins das Chlor gefunden hatte (1774). Schon die Ph. Brandenburg 1772 beschreibt Braunstein als „Magnesia", Ph. Lippe 1792/94 als „Magnesia nigra". So noch in Ph. Hessen 1827, während Ph. Preußen 1799 die Bezeichnung Magnesium oxydatum nativum wählte, 1827 Manganum oxydatum nativum. Weitere Bezeichnungen: (Ph. Sachsen 1837) Manganesium = Magnesia nigra, Lapis spurius, Hyperoxydum mangani nativum, Graubraunsteinerz, Braunstein; (Ph. Baden 1841) Manganum hyperoxydatum; (Ph. Hannover 1861) Manganum superoxydatum. In DAB 1, 1872, dann Erg.B's (bis 1906): Manganum hyperoxydatum, dann in Erg.B's Manganum peroxydatum (1916), Manganum dioxydatum (1941).
Weitere Manganpräparate des Erg.-B. 6, 1941: Manganum chloratum, Manganum citricum solubile, Manganum hypophosphorosum, Manganum lacticum, Manganum oxydatum cum Saccharo liquidum, Manganum sulfuricum. Letzteres war in DAB 2, 1882, aufgenommen gewesen. In der Homöopathie sind sowohl „Manganum sulfuricum – Mangansulfat" als auch „Manganum aceticum – Manganacetat" und „Manganum carbonicum – Mangancarbonat" (letztere beide Hahnemann 1838) wichtige Mittel.
Hager-Kommentar (1874) schreibt über Anwendung des Braunsteins: Ist das bequemste und billigste Material, um aus der Chlorwasserstoffsäure Chlor zu entwickeln. In der Technik zum Entfärben des Glases (deshalb auch Glasseife genannt). In der Medizin bisweilen bei entzündlichen Fiebern, atonischen Diar-

rhöen, Chlorose etc., äußerlich als heilendes und austrocknendes Mittel bei verschiedenen Hautleiden. Im Kommentar (1884) zum DAB 2 schreibt Hager über Mangansulfat: Einführung in den Arzneischatz im 3. Jahrzehnt des 19. Jh. durch Ärzte in Frankreich und England; in Deutschland kam es bisher, und wohl mit Recht, nur selten in Gebrauch; gilt als Tonicum, Adstringens, Reconstituens, Cholagogum und auch als Desinfectivum; stärkendes Purgans; bei Leiden der Leber, Milz, gegen Gicht; Dyspepsie, Gastralgie, bei Chlorose. Äußerlich zu Salben, Waschungen, Umschlägen gegen gichtige Gelenksteifigkeit, bei Rheumatismen, Quetschungen, Neuralgien usw. Als Reagens ist Braunstein in DAB's (1890–1926) aufgenommen gewesen (zur Identität von Salzsäure und Wasserstoffsuperoxyd).

Bromum

Nach Döbereiner-Apothekerbuch (1847) wurde Brom von Balard zu Montpellier 1826 zufällig entdeckt, als er eine Mutterlauge auf Jod bearbeiten wollte; es wird in Fabriken hergestellt. Aufgenommen in spätere Länderpharmakopöen des 19. Jh. (z. B. Ph. Hamburg 1852, Hannover 1861), als Monographie in DAB's (1872–1926). Anwendung nach Döbereiner: Zuerst von Löwig als miasmenzerstörendes Mittel statt des Chlors vorgeschlagen. Später wurde das reine Brom, in Wasser gelöst, von einigen Ärzten bei Drüsenkrankheiten, Anlagen zu Gicht und verschiedenen Gelenkrheumatismen angewendet; doch ist seine Benutzung noch nicht sehr verbreitet und statt seiner wird mehr das Bromkalium verwendet. Anwendung nach Kommentar (1891) zu DAB 3, 1890: Starkes Antisepticum (mit Wasser zur Wundbehandlung, zu Pinselungen bei Diphtherie, zu Inhalationen) und Desinficiens (für abgeschlossene Räume).
Als Reagens ist Brom (vor allem als Bromwasser) in allen DAB's zu finden (1872–1968); viele verschiedene Zwecke (siehe z. B. Harms-Reagenzien S. 32 uf.).
In der Homöopathie ist „Bromum – Brom" (Hering 1846) ein wichtiges Mittel.
Das Brom diente bald nach seiner Entdeckung zur Herstellung von Bromiden, von denen einige als Arzneistoffe Bedeutung erlangten:

1.) Kaliumbromid (Kalium bromatum). In späteren Länderpharmakopöen des 19. Jh. (z. B. Ph. Bayern 1856; aus Brom und Kalilauge), in allen DAB's (1872–1968) ohne Vorschrift.
Nach Döbereiner (1847) wird das Salz in der neuesten Zeit innerlich und äußerlich als Salbe und in Bädern gegen skrofulöse Geschwulste, kropfartige Anschwellungen, Gichtaffektionen und Gelenkrheumatismen benutzt. Hager-Kommentar (1874) gibt an: Bromkalium stimmt in seinen Wirkungen auf den Organismus wenig mit

denen des Jodkaliums überein. Es scheint ein vortreffliches Nervinum zu sein und hat sich als Mittel gegen Reizungszustände der Geschlechtssphäre, erhöhte Erregung des Nervensystems, übermäßige Reizbarkeit, Zustände der Geisteskranken, welche sich durch übermäßige Begierden und Neigungen kundgeben, Hypochondrie, Schwermut, Trieb zum Selbstmord, ferner gegen Epilepsie als Folge heftiger Gemütsbewegungen, Ausschweifungen, erhöhter Sensibilität, Hysterie etc., auch bei Epilepsie convulsivischen Charakters bewährt. Es wirkt beruhigend, schlafmachend und bei Migräne, nervösen Schmerzen etc. als Anaesteticum. Äußerlich kommt es in Fomentationen, Klistieren, Gurgelwässern, Inhalationen etc. als reiz- und krampfmilderndes Mittel in Anwendung. Böhme-Kommentar (1969) gibt an: Als Sedativum.

Kaliumbromid wird als Reagens in DAB's benutzt (1882: „Liquor Kalii bromati volumetricus"; 1910–1969); zur Bromierung zusammen mit Kaliumbromatlösung (siehe Harms-Reagenzien S. 65 uf.). In der Homöopathie ist „Kalium bromatum – Kaliumbromid" (Allen 1877) ein wichtiges Mittel.

2.) Natriumbromid (Natrium bromatum). In späteren Länderpharmakopöen des 19. Jh. (z. B. Ph. Hamburg 1852; aus Brom und Natronlauge). In DAB's (1882–1968) ohne Vorschrift. Anwendung nach Hager-Kommentar (1884): zeigt dieselben physiologischen Wirkungen wie Kaliumbromid, nur ohne die lästigen Nebenwirkungen des Kalis, es schmeckt auch nicht bitter wie Kaliumbromid. Nach Böhme (1969): Als Sedativum bei allgemeiner Übererregbarkeit und speziell bei solcher des Herzens und der Genitalsphäre. Durch die beruhigende Wirkung wird auch die Schlafbereitschaft erhöht.

Als Reagens dient Natriumbromid in DAB 7, 1968, zur Herstellung einer volumetrischen methanolischen Bromlösung. In der Homöopathie ist „Natrium bromatum – Natriumbromid" ein wichtiges Mittel.

3.) Ammoniumbromid (Ammonium bromatum). In DAB's (1882 bis 1968). Anwendung nach Hager (1884): Sedativum, Antepilepticum; Keuchhustenmittel; bei Cholera und Seekrankheit. Nach Böhme (1969): Allein oder in einer Mischung mit Natriumbromid und Kaliumbromid (Erlenmeyersche Mixtur) als Beruhigungsmittel bei Übererregung, Nervosität, nervösen Herzbeschwerden; schwaches Schlafmittel.

In der Homöopathie ist „Ammonium bromatum – Ammoniumbromid" ein wichtiges Mittel.

4.) Kaliumbromat (Kalium bromicum). Als Reagens in DAB's (1882: Liquor Kalii bromici volumetricus; 1910–1969); zu maßanalytischen Bromierungen zusammen mit Kaliumbromidlösung.

5.) Bromwasserstoff (Acidum hydrobromicum). In DAB's (1895–1900), dann Erg.B's, noch 1941. Verwendung als Ätzmittel; innnerlich anstelle von Kaliumbromid bei Epilepsie, Nervenleiden.

Cadmium

Das Metall war in Ph. Hannover 1861 aufgenommen, weil daraus Cadmium sulphuricum herzustellen war (Lösen in Salpetersäure, Zusatz von Schwefelsäure und Abrauchen); auch in einigen anderen der späten Länderpharmakopöen des 19. Jh. (z. B. Ph. Hamburg 1852). Keine medizinische Anwendung des Metalls. Nach Hager-Handbuch, um 1930, Cadmiumamalgam für Zahnfüllungen.

Das Sulfat kam in DAB 1, 1872, dann in Erg.B's, noch 1941. Anwendung nach Döbereiner-Apothekerbuch (1847): in der neuen Zeit als Arzneimittel. Entsprechend bei Hager-Kommentar, 1874. Nach Hager-Handbuch, um 1930: Innerlich bei Syphilis und Rheumatismus, in Deutschland kaum gebräuchlich; äußerlich wie Zinksulfat in der Augenheilkunde, bei Gonorrhöe und Otorrhöe in wäßriger Lösung. In der Homöopathie ist „Cadmium sulfuricum – Kadmiumsulfat" ein wichtiges Mittel.

Calcaria chlorata

Die Ph. Preußen 1827 führt unter Medikamenten, die nicht vorrätig gehalten werden mußten, Chlorum calcariae mit Herstellungsvorschrift (aus gebranntem Kalk und Chlorgas). Dann wurde Chlorkalk, aus Fabriken beziehbar, pharmakopöe-üblich (bis DAB 6, 1926). Über Anwendung schreibt Hager-Kommentar (1874): Innerlich selten (bei Typhus, Dysenterie, Lungentuberkulose), äußerlich häufig (Desinfektionsmittel, Einstreupulver, zum Gurgeln, zu Verbandwässern); in der Technik als Bleichmittel. Als Reagens in DAB's (1890–1926), zur Identifizierung von Acetanilid, Prüfung von Naphthol, Benzaldehyd usw.

Calcaria usta

Nach Berendes-Dioskurides, Kap. Gebrannter Kalk, wird dieser aus Schalen von Meeresschnecken oder aus Marmor gemacht (hat brennende, beißende, ätzende, schorfmachende Kraft; mit Fett oder Öl wirkt er die Verdauung anregend, erweichend, verteilend, vernarbend). Im Gart der Gesundheit, um 1500, wird im Kap. „Calx, kalck" seine Herstellung aus gemeinem Stein oder aus Marmor (zu „calx viva") beschrieben, oder aus Eierschalen (viele äußerliche Anwendungen werden genannt, wie gegen Alte Schäden, Apostemen, Warzen, Aussatz; zu Seife).

Gebrannter Kalk blieb apotheken-üblich bis zum 20. Jh. (noch im DAB 6, 1926: „Calcaria usta – Gebrannter Kalk, Ätzkalk"). Pharmazeutisch diente er vor allem zur Herstellung des Kalkwassers. Vorsichtig mit Wasser versetzt, zerfällt er („Calx extincta"; im 16./17. Jh. apotheken-üblich), mit Meerwasser liefert er eine, vom Bodensatz abzugießende alkalische Flüssigkeit: Aqua Calcis vivae der Ph. Württemberg 1741 (Gebrauch meist äußerlich gegen Entzündungen, Brandwunden, Geschwüre, innerlich bei „kalten Krankheiten"); Aqua Calcariae ustae der Ph. Preußen 1799, Aqua Calcariae der übrigen und der DAB's (noch 1926). Der innerliche Gebrauch des Wassers wie des gebrannten Kalks war anfangs minimal, im 17./18. Jh. dagegen bedeutender, um dann wieder allmählich aufgegeben zu werden.

Ein chemiatrisches Mittel war das Specificum Antifebrile (Crollii): Muschelschalen werden mit Essig gereinigt, dann gebrannt (spätere Vorschriften, z. B. Ph. Württemberg 1741, verzichteten auf das Brennen; Säureabsorbens, treibt Schweiß und Harn). Die innerliche Wirkung des Kalkwassers ist nach Reuss-Dispensatorium (1786): Abstergens, Diureticum, Resolvens, Aperiens, Stimulans, Acidum involvens, Siccans; auch Diaphoreticum, Nephriticum, Anthelminticum, Lithontripticum. Hager-Kommentar (1874) schreibt: In der Medizin wird der gebrannte Kalk äußerlich zuweilen für sich oder mit Ätzkalk gemischt oder zusammengeschmolzen als Causticum angewendet, innerlich als Kalkwasser. Man gibt dieses, allein oder mit Fleischbrühe, Milch oder einem aromatischen Wasser gemischt, gegen Magensäure, Diarrhöe der Kinder, chronische Ruhren, Darmgeschwüre, bei Tuberkulose, chron. Bronchitis und Blasenkatarrh. Äußerlich zu Waschungen und Umschlägen bei nässenden Wunden, Brandwunden, als Einspritzung bei Blennorrhöen, als Gurgelwasser etc. Ein vielgebrauchtes Brandliniment (Linimentum contra ambustiones) ist ein Gemisch aus gleichen Teilen Leinöl und Kalkwasser.

Kalkwasser ist als Reagens seit Ph. Lippe 1792/94 vielseitig gebraucht worden; in den meisten Länderpharmakopöen des 19. Jh. und in den DAB's bis 1926 (siehe z. B. Harms-Reagenzien S. 78 uf.); zur Prüfung auf freie Kohlensäure, zu vielen Identitätsreaktionen. Auch Calcaria usta, wenn auch seltener: Ph. Hannover 1861, DAB 4, 1900, und DAB 6, 1926, hier bei der Gehaltsbestimmung von Opiumkonzentrat.

Calcium carbonicum

Als natürliches Calciumcarbonat wurde pharmazeutisch vor allem die Kreide (Creta) benutzt, gelegentlich auch Marmor (Marmora). In T. Worms 1582 sind aufgenommen: Creta (Terra cretica, Terra argentaria, Creta argentaria, Kreid) und Creta praeparata (Geribenkreid). In Ph. Nürnberg 1598: Creta lota. In Ph. Württemberg 1741: Creta alba (weisse Kreide; absorbiert Säure; zu den Species Diacretae). In Länderpharmakopöen des 19. Jh. ist noch mehrfach Kreide aufgenommen, z. B. in Preußen (1827/29), Hessen (1827): Creta alba (die preußischen Ausgaben 1799–1813 nannten lediglich Calcaria vulgo Calx, Kalkerde, und erläuterten, daß hierfür weißer Marmor, Muschelschalen etc. verwandt werden können). Die Ph. Hannover 1861 beschreibt Calcaria carbonica und hebt die „zum pharmaceutischen Gebrauch verwendete Kreide“ hervor. Außerdem hat diese Pharmakopöe eine Calcaria carbonica pura (Calcaria carbonica praecipitata, hergestellt aus Kreide, Lösen in Säure und Fällen mit Natriumcarbonat). In DAB 1, 1872: Calcaria carbonica praecipitata (ohne Vorschrift). Danach (1882–1926) Calcium carbonicum praecipitatum, zusätzlich (1926) ein Calcium carbonicum praecipitatum pro usu externo. In DAB 7, 1968: „Calciumcarbonat“.

Über Anwendung schreibt Döbereiner-Apothekerbuch (1847) zum Kap. Calcaria carbonica: Kreide wird mitunter noch als ein absorbierendes Mittel innerlich angewendet, dient aber in den Offizinen meist nur zur Darstellung verschiedener Präparate. Im Hager-Kommentar (1874) steht: Innerlich zum Neutralisieren der Säure in den ersten Verdauungswegen, deshalb Antacidum bei übermäßiger Säurebildung, Diarrhöe, Knochenkrankheiten, Skrofeln; äußerlich milde austrocknendes Mittel, Dentifricium. Verwendung nach Böhme-Kommentar (1969): 1. Antacidum; 2. indifferentes Konstituens in Pudern und Pasten; 3. Zahnreinigungsmittel, aber weitgehend verlassen.

Als Reagens hat Calciumcarbonat in DAB's (1890–1910) gedient, z. B. zur Prüfung von Benzoesäure auf Chlorbenzoesäuren.

Das wichtige Mittel der Homöopathie „Calcium carbonicum Hahnemanni“ (Hahnemann 1828) hat innere Teile von Austernschalen als Ursubstanz.

Calcium chloratum

Calciumchlorid war schon länger bekannt, ehe man zu Beginn des 19. Jh. seine Zusammensetzung erkannte und es in die Therapie einführte. Kopp-Ge-

schichte nennt Hollandus, der Sal ammoniacum fixum als Rückstand der Sublimation des Salmiaks mit Kalk erhielt; für die beim Zerfließen des Salzes entstehende Flüssigkeit war im 17. Jh. die Bezeichnung Oleum Calcis gebräuchlich; daß geschmolzenes Calciumchlorid phosphoresziert, entdeckte Homberg 1693, das Präparat wurde danach als Hombergscher Phosphor bezeichnet.
Als Arzneimittel diente im 18. Jh. (z. B. Ph. Brandenburg 1731) eine Essentia lithontriptica, hergestellt aus natürlichem Calciumcarbonat (Eierschalen, Krebs-, Juden-, Luchsstein u. a.) und Spiritus Salis; ihre Anwendung war der Signatur, da aus Steinen gewonnen, zuzuschreiben.
Das Calciumchlorid selbst wurde in zahlreiche Länderpharmakopöen des 19. Jh. aufgenommen, z. B. in Preußen (1799–1829) Calcaria muriatica (= Sal ammoniacum fixum); aus Calciumcarbonat und Salzsäure zu bereiten. In Ph. Hannover 1861: Calcium chloratum, aus Marmor und Salzsäure.
Verwendung nach Döbereiner-Apothekerbuch (1847): wie der salzsaure Baryt, vorzüglich aber gegen Skrofelkrankheit, Schleimflüsse, Darmverschleimungen, Nieren- und Blasenschleimflüsse, krankhafte Ausschwitzungen und dadurch bedingte Verhärtungen, Verdickungen, Anschwellungen, bei gichtisch-rheumatischen Übeln, in der Wassersucht und gegen manche Nervenkrankheiten; äußerlich zu Waschungen, Bähungen, Bädern, Augentropfen und Salben. Hager-Kommentar (1865) bemerkt dazu: Als Medikament obsolet geworden; früher gegen Skrofulose; äußerlich in Salben gegen Drüsenanschwellungen und in Bädern gegen Skrofulose.
Erneut aufgenommen wurde in DAB 6, 1926: Liquor Calcii chlorati – Kalziumchloridlösung; in DAB 7, 1968: Calciumchlorid. Verwendung nach Böhme-Kommentar (1969): Zur Calciumtherapie (peroral, intravenös).
Verwendung als Reagens seit Ph. Hannover 1819; noch DAB 7; u. a. zum Nachweis von Oxalsäure; bei der Prüfung von Natrium kakodylicum.

Calcium phosphoricum

Nach Hager-Kommentar (1874) ist Kalkphosphat ein sehr altes Arzneimittel, das Anwendung fand, ehe man seine chemische Zusammensetzung kannte. Weißgebranntes Elfenbein (Ebur philosophice ustum), Menschenschädel (Cranium humanum), bes. von Menschen, die eines gewaltsamen Todes gestorben waren, gebranntes Hirschhorn (Cornu Cervi ustum), die weißen Exkremente des Hundes (Album Graecum), auch Zähne und Knochen von vielen anderen Tieren, also sämtlich Kalkphosphat enthaltende Substanzen, bildeten einen nicht unwesentlichen Teil des Arzneischatzes, selbst noch vor ca. 100 Jahren. Vor ungefähr 3 Jahrzehnten [um 1845] wurde das reine Kalkphosphat von Beneke als Ernährungsmittel des Knochengerüstes

empfohlen und von vielen, wie versichert wurde, mit Erfolg angewandt (bei Knochenerweichung, Rachitis, Knochenfrakturen, bei Oxalurie mit Diarrhöe, skrofulösen Leiden, Geschwüren, Diarrhöe der Kinder in der Zahnungsperiode, allein oder mit tonischen Mitteln, bes. Eisenoxyd).
Die Verwendung der genannten alten Mittel hatte seit Ausgang des 18. Jh. so ziemlich ihr Ende gefunden. Döbereiner-Apothekerbuch (1847) nennt nur eine Länderpharmakopöe seiner Zeit (Baden 1841), die noch Ossa usta (Gebrannte Knochen) aufgenommen hat und zwar in 2 Formen: 1. Ossa usta nigra (= Carbo Ossium. Cornu cervi ustum nigrum. Ebur ustum nigrum, Knochen-Kohle. Schwarzgebrannte Knochen. Schwarzgebranntes Hirschhorn oder Elfenbein); 2. Ossa usta alba (Cinis Ossium. Cornu cervi seu ebur ustum album. Knochen-Asche. Weißgebrannte Knochen. Weißgebranntes Hirschhorn oder Elfenbein, Knochenerde). Verwendung der weißgebrannten Knochen zur Darstellung der Phosphorsäure und des Phosphors und, als Cornu Cervi ustum praeparatum, mitunter noch innerlich als Heilmittel [nach Ph. Württemberg 1741: Adstrictivum, Anthelminticum] und zu Zahnpulvern.

Nach etwa 1850 kam künstlich hergestelltes Calciumphosphat in Pharmakopöen. Ph. Bayern 1859 gewinnt Calcaria phosphorica aus Calciumchlorid und Natriumphosphat; Ph. Hannover 1861 geht von – dazu in die Pharmakopöe aufgenommenen – Ossa usta alba aus, gibt sie in Salzsäure, die Lösung wird mit Ammoniak versetzt, der Niederschlag ausgewaschen und getrocknet. In DAB 1, 1872, ist eine Vorschrift für Calcaria phosphorica gegeben (mineralisches Calciumcarbonat wird in Salzsäure gelöst, dann mit Natriumphosphat das Präparat gefällt), ebenso in den folgenden Ausgaben (1882–1926) mit geringen Unterschieden (Bezeichnung: Calcium phosphoricum). In DAB 7, 1968, „Calciumhydrogenphosphat" ohne Vorschrift. Verwendung nach Böhme-Kommentar (1969) zur peroralen Calciumtherapie.

In DAB 6, 1926, sind 2 weitere Calcium-Phosphorsäure-Verbindungen verzeichnet:
1.) Calcium hypophosphorosum (Kalziumhypophosphit) $Ca(H_2PO_2)_2$. In der Homöopathie ist „Calcium hypophosphorosum – Calciumhypophosphit" (Hale 1875) ein wichtiges Mittel. In DAB's seit 1910. Im Kommentar (1911) wird dazu erklärt: In den letzten Jahren, bes. von französischen und amerikanischen Ärzten für verschiedene „konstitutionelle" u. a. Krankheiten empfohlen; soll bei allgemeinen Ernährungsstörungen bei Tuberkulose, Anämien und vor allem bei Erkrankungen des Nervensystems wie Neurasthenie, Neuralgien usw. wirksam sein. – Beliebter noch als das einfache Salz ist das kompliziertere:
2.) Calcium glycerino-phosphoricum [Neuaufnahme 1926] $C_3H_7O_2(OPO_3Ca) + 2H_2O$. Hager-Handbuch, um 1930, schreibt über Verwendung der Glycerinphosphorsäure und ihrer Salze: Nach de Pasqualis,

Bülow und Robin ausgezeichnete nervine Tonica; wird meist in Form des Calcium-, Natrium- und Eisensalzes therapeutisch angewandt bei nervöser Depression, Lungentuberkulose, Chlorose usw.

Calcium sulfuricum

Nach Berendes hat man 3 Dioskurides-Kapitel auf Calciumsulfate bezogen:
1.) Gips (adstringiert, hat hautbildende Kraft, stillt Blutungen, hält Schweiß zurück).

2.) Alabasterstein (zerteilt, mit Harz oder Teer gemischt, Verhärtungen; mit Wachssalbe gegen Magenschmerzen; gegen geschwollenes Zahnfleisch). Siehe hierzu Fühner-Lithotherapie S. 85–88, Kap. „Galaktit".

3.) Selenitstein (im Trank gegen Epilepsie; zu Amuletten).
Die T. Worms 1582 führt:
1.) Gypsus (Gypsum, Gips, Sparrkalch, Sperrkalch).
2.) Alabastrum (Lapis alabastri officin. Alabastrites).
3.) Specularis lapis (Aphoroselenus, Selenites, Specularium, Diaphanes, Glacies diuae Mariae, Erdglaß, Unser Fraweneiß).

In Ph. Württemberg 1741 zeigt sich einige Nomenklaturverwirrung. Es gibt dort: 1. Alabastrum (Alabastrites, Alabaster; est marmoris mollioris species; Refrigerans, zur Unguentum alabastrinum); 2. Alumen scissile (lapis specularis, Frauen-Glaß, Frauen-Eyß; das beste kommt aus Moskau; vielseitiger mechanischer Gebrauch, für das Weiße Wiener Pulver [Dieses, Pulvis Viennensis albus virgineus, diaphoreticus, ist eine Mischung von Glacies Mariae und Lapis specularis]); 3. Glacies Mariae vulgaris (Amianti species, Frauen-Eyß, gemein Federweiß [bemerkt wird, daß Glacies Mariae, Lapis specularis, Selenites und Amiantus in vielem übereinstimmen] wird calciniert in der Veterinärmedizin gebraucht); 4. Selenites (Glacies Mariae, Frauen-Eyß, Frauen-Glaß; Kräfte wie vorhergehende).

Nach Döbereiner-Apothekerbuch (1847) wird der schwefelsaure Kalk als Fasergips, Alabaster und Marienglas zuweilen noch in der Tierarzneikunde verwendet. In DAB 1, 1872, neu aufgenommen. Calcaria sulfurica usta (Gebrannter Gips), ohne Vorschrift zur Herstellung; als Calcium sulfuricum ustum in den folgenden DAB's (1882–1968). Hager-Kommentar (1874) schreibt dazu: Die Pharmakopöe rezipierte den Gips nur wegen seiner häufig vorkommenden Verwendung bei Knochenbrüchen [über Gipsspat (= Marienglas, Frauenglas, Fraueneis, Lapis specularis, Glacies Mariae) wird bemerkt, daß er noch heute von

Landleuten zu sympathetischen Kuren oder gepulvert als Streumittel auf roseartige Entzündungen benutzt wird]. Nach Böhme-Kommentar (1969) dient Gebrannter Gips in Form von Gipsbinden oder pastenähnlichem Brei zur Schienung von Knochenbrüchen und zur Stillstellung von Gelenken bei Frakturen, Luxation, Entzündung.
Calciumsulfat war als Reagens (seit Ph. Hessen 1827) in einige Länderpharmakopöen aufgenommen, dann in alle DAB's; zum Nachweis von Oxalsäure, Bariumsalzen usw. Siehe hierzu Harms-Reagenzien S. 80 uf.
In der Homöopathie ist „Calcium sulfuricum – Calciumsulfat" (durch Fällung aus Calciumchloridlösung mit Schwefelsäure gewonnen) ein wichtiges Mittel.

Ohne zu wissen, daß es sich dabei hauptsächlich um Calciumsulfat handelte, wurde im Zeitalter der Nachchemiatrie ein Magisterium Cranii humani verwendet (Ph. Augsburg 1684, Brandenburg 1744; Fällung aus einer Lösung von menschlicher Schädeldecke in Salpetersäure/Essig mit Schwefelsäure). Siehe hierzu Wietschoreck-Nachchemiatrie S. 207–212, Kap. „Magisterium cranii humani – Menschliches Hirnschalenmagisterium".

Calx Antimonii sulphurata

Nach Döbereiner-Apothekerbuch (1847) wurde die antimonhaltige Schwefelleber, im 18. Jh. durch Hoffmann hergestellt und als Geheimmittel verkauft (deshalb auch Calx Antimonii seu Stibii cum Sulphure Hoffmanni), um 1790 durch Westrumb untersucht und bald darauf (1796) die Darstellungsmethode bekanntgemacht (Austernschalen, Schwefelantimon und Schwefel werden zusammen geglüht). War in die meisten Länderpharmakopöen des 19. Jh. aufgenommen, z. B. in Preußen bis 1829: Calcaria sulphurato-stibiata; noch Ph. Hannover 1861. Die Vorschriften variierten stark.
Anwendung (nach Döbereiner) innerlich in Pulvern und Pillen, zweckmäßiger aber in der Auflösung als Aqua sulphurato-stibiata gegen langwierige hartnäckige Hautleiden, bes. gegen veraltete Flechten und Krätze, Lustseuche, Skrofeln, Gichtübel, gegen Unterleibsverschleimungen, Leberanschwellungen und engbrüstige Beschwerden. Äußerlich dient er in Bähungen, Umschlägen, Waschungen, Bädern, Linimenten und Pflastern gegen veraltete Hautausschläge und gichtisch-rheumatische Affektionen, Drüsenanschwellungen, torpide, schlecht eiternde Geschwüre, scharfe Lokalschweiße, Ohrenflüsse, Schleimhämorrhoiden, hartnäckige Nervenschmerzen und Lähmungen, katarrhalische Affektionen des Seh- und Hörorgans, entzündliche Seitenschmerzen usw.

Caraba

Nach Fühner-Lithotherapie S. 60–66 beschreibt Dioskurides den Bernstein im Kap. Schwarzpappel (gegen Dysenterie und Bauchfluß). Blieb pharmakopöe-üblich bis DAB 1, 1872, dann Erg.B's (bis 1906). Nach Ph. Württemberg 1741 ist Succinum praeparatum (fein geschlämmt) mildes Adstringens, Calefaciens; bei Kopf- und Uterusleiden, Katarrhen. Galt um 1800 als obsolet. Verwendung nach Hager-Kommentar (1874) zu Räucherungen (gegen Rheuma).

Aus Bernstein – Bestandteil vieler Composita – wurden zahlreiche Präparate hergestellt:

1.) Oleum Succini (trockene Destillation von Bernstein). In T. Worms 1582 gibt es ein gelbes und ein weißes (dieses doppelt so teuer); pharmakopöe-üblich vom 17./19. Jh. (noch DAB 1, 1872, dann Erg.B's, noch 1941). Man führte rohes und rektifiziertes Öl. Nach Hager-Kommentar (1874) krampfstillendes Mittel, Bestandteil von Ohren- und Zahnmitteln. In der Homöopathie ist „Oleum Succini" ein weniger wichtiges Mittel.

2.) Sal (volatile) Succini. Chemiatrisches Mittel (Sublimation von Bernsteinsäure aus dem Harz); Ph. Nürnberg 1666 uf.; um 1800 kommt die Bezeichnung Acidum succinicum auf. Diese offizinell bis DAB 1, 1872; danach Erg.B's (noch 1941). Nach Hager-Kommentar (1874) wird die Bernsteinsäure „kaum noch für sich, meist als Ammonsalz (Liquor Ammonii succinici) angewendet. Die alten Ärzte hielten auf die von flüchtigem Brandöl durchtränkte, also auf die rohe Säure große Stücke, indem sie dieselbe als ein kräftiges, die Vitalität anregendes, die Nerventätigkeit belebendes, krampfstillendes, Schweiß- und Harnabsonderung beförderndes Mittel betrachteten". In der Homöopathie ist „Acidum succinicum" ein weniger wichtiges Mittel.

3.) Liquor Cornu Cervi succinatus. Siehe hierzu Wietschoreck-Nachchemiatrie S. 147–152. Nachchemiatrisches Mittel (nach Ph. Württemberg 1741 aus Spiritus Cornu Cervi und Sal volatilis Succini; Diureticum, Diaphoreticum, Antispasmodicum, Antepilepticum). Bezeichnung in Ph. Preußen 1799: Liquor Ammonii Succini (aus Acidum succinicum und Liquor Ammonii pyro-oleosi). Blieb pharmakopöe-üblich bis DAB 1, 1872; danach Erg.B's (noch 1916). In Ph. Hessen 1827 als Reagens verwandt (Niederschläge mit mehreren Metallionen).

4.) Essentia Succini alcalisata. Nachchemiatrisches Mittel, ähnlich (nach Ph. Württemberg 1741) gebraucht wie Essentia Succini (Anticatarrhalicum, Balsamicum, Nervinum, Vulnerarium). Statt der letzteren in Ph. Preußen (1799–1829) Tinctura Succini (alkoholische Bernsteinlösung). In Preußen auch offizinell: Tinctura Succini aetherea (= Tinctura Succini balsamica), mit Spiritus sulfurico-aethereus gemischt.

5.) Tinctura Moschi artificialis (Künstliche Moschustinktur). Alkoholischer Auszug aus Moschus artificialis, dieser aus Bernsteinöl und Salpetersäure; um 1800 vereinzelt in Pharmakopöen (Ph. Bremen 1792, Österreich 1794, Oldenburg 1801).

Carbo

In DAB 7, 1968, ist aufgenommen: Medizinische Kohle (Carbo medicinalis). Nach Böhme-Kommentar ist das Ausgangsmaterial für die Gewinnung relativ gleichgültig (beliebiges pflanzliches Material); Verwendung als Adsorbens, bes. im Darm. Wird auch unter Reagenzien geführt, für 2 Identitätsprüfungen (z. B. Calciumgluconat) und 3 Nachweisreaktionen (z. B. Samenöle in Olivenöl). Erstmalig als Pharmakopöe-Reagens in Hessen 1827 (zum Entfärben dunkler Flüssigkeiten). Ähnlich in DAB's (1910–1926).

Holzkohle als Reagens in DAB's (1910–1926) zur Identität von Sulfonal und Methylsulfonal.

Kohle wurde als Arzneimittel im 19. Jh. pharmakopöe-üblich. In Ph. Preußen 1799: Carbo purus (aus Lindenholz; Adsorbens, als solches besonders durch Lowitz, seit 1785, bekannt gemacht) und Carbo Spongiae (Kropfmittel). In DAB 1, 1872: Carbo animalis (Tierkohle, Fleischkohle) und Carbo pulveratus (Holzkohle). In DAB 6, 1926: Carbo medicinalis und Carbo Ligni pulveratus. Dazu in Erg.B. 6, 1941: Carbo animalis und Carbo Coffeae.

Cerussa

Bleiweiß, das schon um 300 v. Chr. von Theophrast beschrieben ist, hat bei Dioskurides ein Kapitel, in dem ausführlich die Herstellung und Zubereitung zum medizinischen Gebrauch (für sich, geröstet, gebrannt, gewaschen) beschrieben wird (das beste kommt zu Augenmitteln; hat kältende, hautbildende, erweichende, aus-

füllende, verdünnende Kraft, ist dabei etwas zurückdrängend und vernarbend, wenn es mit Wachssalbe, fetten Pflastern und Pastillen gemischt wird). Der Gebrauch als Schminke war üblich.
Cerussa, immer fabrikmäßig gewonnen, war pharmakopöe-üblich bis zum 20. Jh. (noch DAB 6, 1926: „Cerussa – Bleiweiß. Basisches Bleikarbonat"). Die T. Worms 1582 führte: Cerussa (Psimmithium. Bleyweiß). In Ph. Württemberg 1741 gibt es 2 Handelssorten: Cerussa Alba norica (weiß Bleyweiß; Siccans, Adstringens, Refrigerans; zu Pflastern und Salben; Malerfarbe) und Cerussa veneta (Venedisches Bleyweiß; Adstringens, Reprimans, Siccans; zu Pflastern, Salben und Collyrien).
Hagen, um 1780, beschreibt die Herstellung: Gerollte Bleiplatten werden in Töpfen, die mit Essig nicht ganz voll gefüllt worden und die in Mist oder in ein Sandbad gesetzt sind, so gestellt, daß der Dampf des Essigs an den Wandungen des Bleis frei herumgehen und die Oberfläche desselben zernagen kann. Wird dieser jedesmal von den Bleiplatten abgekratzt und selbige nachher immer aufs neue dem Essigdampf ausgestellt, so gibt es das gemeine Bleiweiß, zu dem, nachdem es fein zermahlen worden, meistens ein Zusatz von Kreide zu kommen pflegt. Wird aber die Bleiplatte solange darin erhalten, bis sie durch und durch zerfressen worden, so bekommt es den Namen Schieferweiß (Cerussa in lamellis seu Schifera alba).
Verwendung von Cerussa nach Hager-Kommentar (1874): nur äußerlich als Exsiccans.

In Ph. Württemberg 1741 (und anderen Pharmakopöen der Nachchemiatrie) ist ein Magisterium Saturni beschrieben (aus Bleiessig und Cineres clavellati = Kaliumcarbonat; Cosmeticum, zu Collyrien). Konnte nach Ph. Brandenburg 1698 auch mit Schwefelsäure aus Bleizuckerlösung gefällt werden (war dann Bleisulfat). Siehe hierzu Wietschoreck-Nachchemiatrie S. 222–229, Kap. „Magisterium saturni – Bleimagisterium".

Charta exploratoria

Reagenspapiere; verändern ihre Färbung beim Befeuchten mit zu untersuchender Substanz.

1.) Blaues und 2.) rotes Lackmuspapier in Länderpharmakopöen (1. ab Ph. Lippe 1792/94; 2. ab Ph. Hannover 1819) und allen DAB's. 1. schlägt mit Säuren nach rot um, 2. mit Alkalien nach blau.

3.) Gelbes (Kurkuma) Papier (mit Kurkumatinktur gefärbt [in Ph. Schleswig-Holstein 1831: Rhabarberpapier]); in Länderpharmakopöen (ab Ph. Hannover 1819) und DAB's (bis 1926); zum Nachweis von Alkalien und Borsäure.

4.) Kongopapier ist mit dem synthetischen Kongorot angefärbt; in DAB's (1910–1926), zur Untersuchung von Opium concentratum; Nachweis von HCl im Mageninhalt.

Harms-Reagenzien S. 86 uf., 82 uf.

Chininum

Siehe hierzu Schröder-Industrie S. 187–210, Kap. „Chinaalkaloide" (es ist dort richtigzustellen, daß – nach G. E. Dann, Pharmaz. Ztg. *106*, 1129–1137 (1961) – Chininum sulphuricum bereits 1824 in Hamburg offizinell beschrieben wurde. Die Entdeckung des Cinchonins ist – nach H. Real u. W. Schneider, Beiträge zur Geschichte der Pharmazie (Beilage der Dtsch. Ap. Ztg.) *22*, 17–19 (1970) – auf 1811, durch Gomes, anzusetzen).

Die erste Pharmakopöe, die sich ausführlicher – mit Vorschriften – um Chinarindenalkaloide bemühte, war die preußische von 1827. In ihr war Chinium sulphuricum (aus Königschinarinde auf umständliche Weise, schließlich mit Schwefelsäurezusatz), Chinium (aus dem Sulfat in Freiheit gesetzte Base) und Cinchonium sulphuricum (aus brauner oder gelber Chinarinde) aufgenommen. Danach wurden außer diesen Präparaten weitere Salze des Chinins und Cinchonins offizinell, auch ein Nebenprodukt der Alkaloidherstellung: Chinioidinum. Bis etwa 1870 war die Herstellung der Alkaloide ganz auf Fabriken übergegangen, auch die der meisten Salze. Näheres hierzu zeigt folgende Zusammenstellung:

I. 1.) Chininum. Seit Ph. Preußen 1827 teils mit Vorschriften (aus Sulfat) in Länderpharmakopöen, teils ohne Vorschrift (seit Ph. Hamburg 1852); in DAB 1, 1872, aufgenommen, dann wieder DAB 7, 1968. In der Homöopathie ist „Chininum" ein weniger wichtiges Mittel.

I. 2.) Chininum sulphuricum oder sulfuricum. Seit Hamburg 1842 teils mit Vorschrift (aus Droge) in Länderpharmakopöen, teils ohne Vorschrift (seit Ph. Preußen 1846); in DAB's (1872–1968). In der Homöopathie ist „Chininum sulfuricum – Chininsulfat" ein wichtiges Mittel.

I. 3.) Chininum bisulphuricum oder bisulfuricum. Mit Vorschrift (aus Sulfat) in Ph. Württemberg 1847, ohne Vorschrift in DAB's (1872–1882). Danach in Erg.B's (noch 1941).
I. 4.) Chininum hydrochloricum. Mit Vorschrift (aus Sulfat mit Salzsäure) in den Länderpharmakopöen des 19. Jh. (seit Ph. Schleswig-Holstein 1831), ohne Vorschrift in DAB's (1872–1968). In der Homöopathie ist „Chininum muriaticum – Chininhydrochlorid“ ein wichtiges Mittel.
I. 5.) Chininum aceticum. Mit Vorschrift (aus Base und Essigsäure) in Ph. Württemberg 1847.
I. 6.) Chininum tannicum. Mit Vorschrift (aus Sulfat mit Acidum tannicum) in DAB 1, 1872.
I. 7.) Chininum valerianicum. Mit Vorschrift (aus Base und Acidum valerianicum) in Ph. Hannover 1861, ohne Vorschrift im DAB 1, 1872; dann Erg.B's (noch 1941).
I. 8.) In der Homöopathie sind „Chininum arsenicicum – Chininarsenat“ und „Chininum arsenicosum – Chininarsenit“ wichtige, „Chininum salicylicum“ ein weniger wichtiges Mittel. Weitere Präparate sind in den Erg.B's aufgenommen.

Über die Verwendung der Chininpräparate schrieb Hager-Kommentar (1874): Chinin selbst kommt in der Rezeptur nicht vor (aufgenommen in die Pharmakopöe wegen der Vorschrift für Chinineisencitrat).
Chininsulfat ist das gebräuchlichste Chininsalz. Es ist ein die Gärung störendes, fäulniswidriges, antiseptisches Mittel, daher vortrefflich bei Diphtheritis, Keuchhusten, Trichinosis, in Einreibungen gegen Scabies. Es ist ein Kardinalmedikament bei allen Krankheiten, die auf Schwäche oder ungenügender Funktion geschwächter Organe beruhen; mächtiges Roborans, bes. mit Eisen zusammen. Stomachicum. Bei Hautkrankheiten, Wassersucht, krampfhaften Leiden; als Prophylaktikum bei Cholera und Typhus, bei Rheumatismus, Kopfschmerz, Zahnschmerz, kalten Füßen, Hämorrhoidalleiden, Epilepsie, Nervenleiden, Asthma, Helminthiasis, chronischem Durchfall, Hysterie, Bleichsucht, in der Rekonvaleszenz, nach Verwundungen. Chinin ist ferner das kräftigste Antiperiodicum, das wir kennen. Daher spezifisches Heilmittel aller intermittierender Krankheiten, besonders des Wechselfiebers.
Chininum bisulfuricum verdankt nur der Eigenschaft, sich leicht und klar in Wasser zu lösen, seinen Platz im Arzneischatz; Wirkung wie das Sulfat.
Chininum hydrochloricum wird wie das Sulfat angewendet.
Chininum tannicum vereinigt die Wirkung des Chinins und der Gerbsäure und läßt die des Chinins sich nur langsam entwickeln. Vor allem als Roborans. Äußerlich gegen Haarausfall.

Chininum valerianicum ist neben Chininsulfat sehr überflüssig; besonders gegen Hysterie verwandt.
Etwa 100 Jahre später wird in Böhme-Kommentar (1969) über die Anwendung von Chinin, dem Hydrochlorid und Sulfat, angegeben: 1. bei Malaria; andere chemotherapeutische Wirkungen (bei Grippe, Pneumonien) sind fraglich; 2. als Antipyreticum und Analgeticum; 3. bei Herzirregularitäten; 4. zur Wehenanregung; 5. als Stomachicum und Tonicum.

II. 1.) Cinchoninum. Mit Vorschrift in Ph. Baden 1841, Württemberg 1847; ohne Vorschrift in DAB 1, 1872.
II. 2.) C i n c h o n i n u m s u l p h u r i c u m oder sulfuricum. Teils mit Vorschrift (aus Droge) in Länderpharmakopöen (seit Ph. Preußen 1827), mit Vorschrift (aus Base) seit Ph. Hamburg 1835, ohne Vorschrift (seit Ph. Hamburg 1852, Preußen 1862). In DAB 1, 1872. In der Homöopathie ist „Cinchoninum“ (Cinchoninsulfat) ein weniger wichtiges Mittel.
II. 3.) C i n c h o n i n u m h y d r o c h l o r i c u m. Mit Vorschrift (aus Base) in Ph. Baden 1841, Württemberg 1847.
Hager-Kommentar (1874) schreibt über Anwendung des Cinchonins bzw. seiner Salze: Wird von den Ärzten fast gar nicht beachtet; Wirkung entspricht etwa der des Chinins; wegen des geringen Preises für Armenpraxis besonders geeignet.

III.) Chinioidinum. Mit Vorschrift in Ph. Hannover 1861 (aus Mutterlaugen der Chininsulfatherstellung), ohne Vorschrift in den Länderpharmakopöen seit Ph. Hamburg 1835. Noch DAB 1, 1872. Dann Erg.B's (noch 1941).
Nach Hager-Kommentar wurde dieses Nebenprodukt der Chininsulfaterzeugung als Fiebermittel empfohlen und seit etwa 1830 zu einem Handverkaufsartikel, auch in der Armen- und Hospitalpraxis viel gebraucht; in kleinen Dosen als Stomachicum verwendbar, aber nicht als Roborans.

Von den weiteren Chinaalkaloiden hat besonders das C h i n i d i n s u l f a t Bedeutung erlangt. In Erg.B's bis 1941, dann aufgenommen im Nachtrag (1959) zum DAB 6 und in DAB 7, 1968. Anwendung nach Böhme-Kommentar: Bei Irregularitäten des Herzens, insbesondere bei paroxysmaler Tachycardie und bei Vorhofflimmern.
Cinchonidinum sulfuricum (C i n c h o n i d i n s u l f a t) in Erg.B's (noch 1916). Anwendung wie Chininsulfat, mit weniger unangenehmen Nebenwirkungen.

Chloralum hydratum

Durch Liebig 1832 entdeckt, 1869 durch Liebreich als Schlafmittel eingeführt. In DAB's (1872–1968); Schlafmittel, zu Haarwässern. Auch als Reagens (1910–1968)

u. a. zur Prüfung von Perubalsam; zum Aufhellen von Drogenproben für Mikroskopie.

Harms-Reagenzien S. 33 uf.

Chloroformium

Nach Darmstaedter-Handbuch um 1830 entdeckt, seit 1847 zur Narkose bei Menschen benutzt. Danach pharmakopöe-üblich (noch DAB 7, 1968). Außer für Narkose äußerlich (Einreibungen usw.) und innerlich (Expectorans, gegen Bandwurm). Reagens seit Ph. Hannover 1861 bis Gegenwart; Lösungsmittel; für Isonitrilreaktion.

Harms-Reagenzien S. 36–38.

Chlorum

Chlor wurde 1774 von Scheele (aus Braunstein und Salzsäure) entdeckt. In den Länderpharmakopöen des 19. Jh. wurde das Gas meist aus Braunstein, Kochsalz und Schwefelsäure bereitet („Species pro fumigatione chlorata secundum Guyton-Morveau, Guyton-Morveau's Chlorräucherung" in Ph. Sachsen 1837). In preußischen Pharmakopöen: (1827/29) Gas Acidi muriatici oxygenati seu oxymuriatici seu Chlori (Herstellung wie oben), daraus zu bereiten: Aqua oxymuriatica (Liquor Chlori), durch Einleiten in Wasser. (1846) Liquor Chlori (Aqua oxymuriatica). (1862) Chlorum solutum (wie 1846 aus Braunstein und Salzsäure). In DAB's gab es die Monographie „Aqua chlorata" bis 1910 (ohne Herstellungsvorschrift). Dies Chlorwasser diente auch als Reagens; seit Ph. Hamburg 1845 in den meisten Länderpharmakopöen, in DAB's (1872–1910); zum Brom- und Jodnachweis, ab 1882 auch zur Identifizierung einiger Alkaloide durch Farbreaktionen.

Über Anwendung schreibt Döbereiner-Apothekerbuch (1847): sowohl in wäßrigem oder gasförmigem Zustand innerlich und äußerlich gegen fieberhafte und contagiöse Krankheiten, Nervenkrankheiten, chronische Hautausschläge und bei Blausäurevergiftungen; zu Räucherungen, behufs der Zerstörung von Miasmen, Contagien und stinkenden animalischen Effluvien manigfaltig vorgeschlagen. Nach

Hager-Handbuch, um 1930: [vom Clor selbst wird nur die toxische Wirkung beschrieben] Chlorwasser wirkt desinfizierend und wurde innerlich bei fieberhaften und entzündlichen Krankheiten mit Blutzersetzung, bei Scharlach, Blattern, Erysipel, Typhus, Ruhr, beginnender asiatischer Cholera, merkurieller Stomatitis, Vergiftung mit Wurst- oder Käsegift, gegeben, äußerlich bei Biß- und Stichwunden giftiger oder tollwütiger Tiere, zur Desinfektion jauchiger Wunden, zu Gurgelwässern, zu Umschlägen bei Leberkrankheiten; der medizinische Gebrauch ist sehr eingeschränkt. Als Reagens in der Analyse (vor allem bei Brom- und Jodnachweis).

Seit DAB 6, 1926, ist das desinfizierende Chlorwasser durch Chloramin ersetzt; DAB 7, „Chloramin-T“ (Natriumsalz des N-Chlor-toluol-4-sulfonamid). Nach Böhme-Kommentar (1969): Feindesinfektionsmittel (zur Händedesinfektion, Wund-, Schleimhaut-, Blasenspülungen; in Salben und Pudern); nach Reagenzienliste dient die Substanz als Oxidationsmittel und zum Nachweis von Bromid.

Clyssus Antimonii

Siehe hierzu Wietschoreck-Nachchemiatrie S. 133–138, Kap. „Antimonium clyssus – Antimon-Wasser“. Nachchemiatrisches Präparat ohne größere Bedeutung, hergestellt durch Verpuffen von Antimon(III)-sulfid, Salpeter und Schwefel, wobei die entstandenen Dämpfe in Wasser aufgefangen wurden. Diese Flüssigkeit ist nach Ph. Württemberg 1741 ein Mittel gegen bösartige Fieber.

Cobaltum nitricum

Seltenes Reagens in Länderpharmakopöen (Ph. Bayern 1856, Hannover 1861). In der qualitativen Analyse beim Nachweis von Al und Zn.

Collodium

Nach Darmstaedter-Handbuch wurde die Löslichkeit von Schießbaumwolle (Nitrozellulose) in Alkoholäther von Schönbein (1846) entdeckt, auch die

Verwendbarkeit für die Wundpflege. Aufgenommen in Länderpharmakopöen (z. B. Ph. Hamburg 1852) und DAB's (1872–1926); zur Herstellung (1926) von Collodium cantharidatum, C. elasticum. Verwendung nach Hager-Kommentar (1874) zum Schließen von Wunden, Bedecken wunder Hautstellen, von Brandwunden, bei Entzündungen, Frostbeulen. Reagens (1890–1910) für Kreosot-, 1926 für Jodoform-Prüfung.

Cremor Ptisanae

Eine wäßrige Auskochung von Gerste (auch Weizen) wird von Dioskurides beschrieben (diese schleimhaltige Ptisane ist wirksam gegen Schärfe, Rauheit und Geschwüre der Luftröhre; für Harn und Blähungen treibende Mittel; zum Reifen von Ödemen). Aufgenommen in die Augsburger Pharmakopöen des 16./17. Jh. (1565, noch 1675).

Crocus Metallorum

Siehe hierzu Schröder-Chemiatrie S. 103–107, Kap. „Crocus metallorum – Metallsafran". Ein chemiatrisches Präparat, seit Ph. Augsburg 1640 pharmakopöe-üblich; durch Verpuffen von reichlich Antimon(III)-sulfid mit Salpeter hergestellt [→ Antimonium diaphoreticum]. Nach Ph. Württemberg 1741 wurde Crocus Metallorum auch Hepar Antimonii genannt (heftiges Emeticum, niemals in Substanz zu geben, am besten mit Wein infundiert; Purgans für Pferde). Diverse frühe Länderpharmakopöen des 19. Jh. nahmen solche Präparate noch auf, so Ph. Preußen: (1799–1829) Stibium oxydulatum fuscum (= Crocus Metallorum; die rote Schmelze wird etwas ausgewaschen). Das Präparat wird nach Döbereiner-Apothekerbuch (1847) in der Pharmazie zur Bereitung mehrerer Antimonialpräparate benutzt.

Zu Spießglanzleber, Hepar Antimonii, berichtet Döbereiner, daß jede Verbindung von Schwefelantimon mit Schwefelalkalimetall so genannt wird; in der Vieharzneikunde wird noch dasjenige Schwefelantimonsalz, welches durch Verpuffen von gleichen Teilen Salpeter und Schwefelantimon und Pulvern der gesamten Masse erhalten wird [wie oben Ph. Württemberg, nicht ausgewaschen wie Ph. Preußen!] als Hepar Antimonii, Kali sulphurato-stibiatum angewendet und ist von der Pharm. würt., hass. und austriac. noch unter den Arzneimitteln aufgeführt worden.

Crocus Solis

Zur Herstellung des Goldkrokus gab es mehrere Vorschriften. Nach Ph. Augsburg 1675, wo dieses Präparat ein Bestandteil des Bezoardicum cervinum aureum war (zusammen mit Typhae cervinae [die jungen, runden Hirschhörner] und Essentia Citri), aus Gold, Salpeter, Alaun und Kochsalz (Sudoriferum, Cordiale). Nach Ph. Württemberg 1741 aus Gold und Quecksilber mit Schwefel (Bezoardicum, Cordiale).

Crystallus

Bergkristall hat medizinisch seit Antike keine große Rolle gespielt, fand sich aber in Pharmakopöen bis zum 18. Jh. Im 17. Jh. wurden mehrere Präparate daraus gemacht, wie Salz, Elixier, Essenz, Magisterium, Öl. Anwendung des Steins nach Ph. Württemberg 1741 als Absorbens; Spezificum bei galligen Diarrhöen der Kinder.

Führer-Lithotherapie S. 58–60.

Cuprum

Siehe hierzu Hickel-Chemikalien S. 57–61, Kap. „Aes – Kupfer“. Für Aes, das außer Kupfer ebensogut Bronze (Kupfer-Zinn-Legierung) oder ähnliches sein konnte, wird seit dem 18. Jh. die Bezeichnung Cuprum üblich und meint dann wirklich Kupfer, dessen bevorzugte Verwendung zur Herstellung von Arzneipräparaten schon seit dem 16. Jh. angenommen werden darf.

Elementares Kupfer – alchemistisch der Venus zugeordnet – war pharmakopöeüblich bis zu den Länderpharmakopöen des 19. Jh. (in preußischen Pharmakopöen bis 1846, in hannoverschen bis 1861). Dann nur noch als Reagens geführt (seit Ph. Hannover 1819, bis DAB 6, 1926); zuletzt zur Identifizierung von Salpetersäure. In DAB 7, 1968, wird Kupferfolie zum Nachweis von Silberionen in Silbereiweiß-Acetyltannat gebraucht.

Medizinische Verwendung des Metalls war nicht üblich, Dioskurides ließ es brennen (→ Cuprum oxydatum). In der Homöopathie ist „Cuprum – Metallisches Kupfer" (Hahnemann 1837) ein wichtiges Mittel.

Cuprum aceticum

In der chemiatrischen Zeit (siehe hierzu Schröder-Chemiatrie S. 147–150, Kap. „Vitriolum veneris – Kupfervitriol") verstand man unter Vitriolum Veneris entweder ein künstlich hergestelltes Kupfersulfat (aus Kupferplatten und Schwefel durch Glühen im Tiegel erhalten) oder ein Kupferacetat (aus Grünspan und Essigsäure), so in Ph. Nürnberg 1666. Ein entsprechendes Präparat heißt in Ph. Württemberg 1741: Aes viride crystallisatum (sive Aeris Flores; selten in Medizin gebraucht, zur Unguentum mundificans und zur Darstellung von Spiritus Veneris; Malerfarbe). Das Salz wurde in Länderpharmakopöen des 19. Jh. weitergeführt als Cuprum aceticum (z. B. Ph. Preußen – ohne Vorschrift – 1827 bis 1862), in DAB 1, 1872, dann Erg.B's, noch 1941.

Verwendung nach Hager-Kommentar (1874): Meist nur äußerlich als ein mildes Ätzmittel in Einstreupulvern, Salben, Lösungen. Früher als Antisyphiliticum und Antispasmodicum.
Kupferacetat dient als Reagens (DAB's 1926–1968) bei der Reinheitsprüfung von Perubalsam auf Kolophonium.
In der Homöopathie ist „Cuprum aceticum – Kupferacetat" (Allen 1876) ein wichtiges Mittel.

Cuprum aluminatum

Siehe hierzu Wietschoreck-Nachchemiatrie S. 204, Kap. „Lapis divinus sive ophthalmicus – Heiligen- bzw. Augenstein". Wurde – nach Hager-Kommentar (1874) – durch den Pariser Augenarzt Yves zu Beginn des 18. Jh. als Augenmittel eingeführt. In Pharmakopöen aufgenommen, z. B. Ph. Württemberg 1741, in preußischen Pharmakopöen (1813–1862, Cuprum aluminatum genannt), dann DAB's (1872–1926). Zusammensetzung blieb erhalten: Kupfervitriol, Alaun, Salpeter und Kampfer zusammenschmelzen.

Cuprum oxydatum

Siehe hierzu Hickel-Chemikalien S. 62–68, Kap. „Aes ustum – Gebranntes Kupfer". Kupfer, das je nach Handelsform legiert sein konnte (z. B. mit Zinn als

Bronze), wurde in oxydiertem Zustand in der Antike verschiedenartig als Medikament benutzt. Nach Berendes-Dioskurides gehören folgende Kapitel hierher:

1.) Kupferhammerschlag (adstringiert, ätzt, verdünnt, bewirkt Fäulnis, vernarbt; zu Augenmitteln, besonders wenn er auf genau beschriebene Weise gewaschen ist). Nach Plinius unterscheidet er sich von der Kupferblüte dadurch, daß diese von selbst, jener aber durch Schläge von den Kupferbarren abspringt.

Die T. Worms 1582 führt: Squama aeris craßior (Kupfferschlacken, Kupfferhammerschlacken) und Squama aeris tenuis (Kupfferbraun). Wird noch in Pharmakopöen des 17. Jh. genannt (z. B. Ph. Augsburg 1623: Squamma crassa, Kupfferschlag, und Squamma tenuis, Kupfferbraun oder Kesselbraun). Hübner-Lexikon, um 1750, erklärt: „Kupffer-Schlag, Squama aeris, ist grob und dünn; jener ist, was vom Kupffer, unterm Schlagen, als breite und dünne Schiefferlein abspringt; der letztere ist zärter, und wird auch Kesselbraun, Kupfferbraun genennet".

2.) Kupferblüte (adstringiert, hält Auswüchse zurück, entfernt Verdunkelungen von der Pupille; führt eingenommen dicke Säfte ab; zerstört Fleischgewächse in der Nase, heilt mit Wein Aftergeschwüre; wird gegen Taubheit eingeblasen; mit Honig gegen Geschwulste am Zäpfchen und den Mandeln).

Die T. Worms 1582 führt: Aeris flos (Kupfferblum, Kupfferkörnlein). In Ph. Augsburg 1621: Aeris flos, Kupfferkernle, Kupfferschaub. Hübner, um 1750, erläutert: „Kupffer-Blumen, Flores aeris, heißen bei den Alten diejenigen Körnlein, welche von abgelöschtem Kupffer abgesprungen, oder das kleine schönrothe, so daran hängen bleibt... da hingegen die neuen Scribenten Aeruginem, das Kupffer-Grün, darunter zu verstehen pflegen."

3.) Gebranntes Kupfer (adstringiert, trocknet aus, verdünnt, besänftigt, zieht heraus, reinigt, vernarbt Geschwüre, hält fressende Geschwüre auf).

Von den bei Dioskurides genannten Verfahren zur Herstellung wurde besonders das Glühen mit Schwefel übernommen, so in Ph. Nürnberg 1598. Das Präparat blieb pharmakopöe-üblich bis zum 18. Jh. Das Aes ustum der Ph. Württemberg 1741 wird durch längeres Glühen von Kupferplättchen in verschlossenem Tiegel hergestellt (für äußerlichen Gebrauch, vor allem zum Austrocknen von Geschwüren). Ein ähnliches Präparat war Crocus Veneris, das nach Ph. Brandenburg 1731 durch heftiges Glühen von Kupferhammerschlag gewonnen wurde [neben diesem gab es in dieser Pharmakopöe einen Crocus Veneris e Vitriolo: Aus Kupfervitriol wird mit Kaliumcarbonatlösung eine Fällung erzeugt, die getrocknet und dann geglüht wird]. Crocus Veneris der Ph. Württemberg

1741 wurde durch Glühen von Kupfervitriol gewonnen (nur äußerlich in trocknenden Salben und Pflastern).

Alle diese Präparate blieben von den Pharmakopöe-Herausgebern des 19. Jh. unbeachtet. Geiger, um 1830, wußte inzwischen, daß es ein Kupferoxydul (Cuprum oxydulatum, natürliches Rotkupfererz [Kupfer(I)-oxid]) und ein Kupferoxyd (Cuprum oxydatum, mit den Synonymen: Kupferhammerschlag, Kupferasche, Kupferblumen [Kupfer(II)-oxid]) gibt.
Offizinell wurde dann das schwarze Cuprum oxydatum (Ph. Hannover 1861; DAB's 1872–1882; dann Erg.B's, noch 1941); aus Kupfernitrat durch Glühen (so Hannover) oder Kupfersulfat mit Soda fällen, Niederschlag glühen (DAB 2). Anwendung nach Hager-Kommentar (1865): In früheren Zeiten wurde das Kupferoxid als Antepilepticum, Emeticum und Purgans angewendet [?], kam dann in Vergessenheit und ist wieder in neuerer Zeit durch Rademacher und andere als Medikament empfohlen worden; man gibt es als Wurmmittel und bei Rademacherschen Kupferkrankheiten. Äußerlich in Salbenform gebraucht man es behufs Resorption von Exsudaten, gegen Geschwülste, Drüsenverhärtungen, Hornhauttrübungen.

Cuprum sulfuricum

Siehe hierzu Hickel-Chemikalien S. 137–139, Kap. „Vitriolum coeruleum, Blauer Vitriol". Vitriole sind Mineralprodukte, die durch Oxidation von sulfidischen Erzen entstanden sind, meist im Gefolge menschlicher (Bergwerks-)Tätigkeit, weshalb sie in Bd. III zu den Pharmachemikalien gerechnet sind. Sie wurden seit der Antike medizinisch genutzt (→ Ferrum sulfuricum). Waren sie blau gefärbt, so wissen wir, daß sie kupfersulfathaltig waren. Dies trat in der Regel auf, wenn man es mit Vitriol schlechthin zu tun hatte. Eine ausgeprägt blaue Sorte (Vitriolum coeruleum) gab es schon in Arzneitaxen des 16. Jh. (z. B. T. Worms 1582: Vitriolum caeruleum seu pannonicum s. Hungaricum, Vitriolum stillatitium, Chalcanthum lonchoton s. lanceatum. Blawer Vitrill, Ungarisch Kupfferwasser), in Pharmakopöen seit dem 17. Jh. Die Ph. Württemberg 1741 beschreibt Vitriolum coeruleum (de Cypro dictum, blauer Vitriol, blauer Galitzenstein; Septicum, Adstringens; selten, dann äußerlich, in med. Gebrauch).
Eindeutigere Präparate kamen in chemiatrischer Zeit auf. Hickel a. a. O. (S. 154 uf.) beschreibt das Sal Vitrioli der Ph. Nürnberg 1598, Schröder-Chemiatrie (S. 147–150) den Vitriolum Veneris der Ph. Nürnberg 1666 (Kupfer mit Schwefel zusammen glühen, mit Wasser das Sulfat auslaugen und kristal-

lisieren; nach einer anderen Vorschrift konnte auch Acetat erhalten werden). Das Salz aus Kupfer und konzentrierter Schwefelsäure zu bereiten, wurde im 18. Jh. bekannt und im 19. Jh. pharmakopöe-üblich (Ph. Preußen 1799–1846), sofern Herstellungsvorschrift angegeben ist. Außer diesem Cuprum sulphuricum purum gab es Cuprum sulph. venale (Vitriolum de Cypro seu coeruleum); in Ausgabe 1862 nur Cuprum sulphuricum (= Cuprum sulph. purum, Vitriolum Cupri). In DAB's wieder nebeneinander Cuprum sulfuricum purum und Cuprum sulf. crudum (1872–1926). In DAB 7, 1968, „Kupfer(II)-sulfat" nur noch als Reagens. Als solches war das Salz auch in Länderpharmakopöen des 19. Jh. aufgeführt (seit Ph. Hannover 1819, Bayern 1822, Hessen 1827; z. B. Nachweis von arseniger Säure), in DAB's (1872, 1910, 1926; z. B. zur Biuretreaktion).
Über Wirkung von reinem Kupfersulfat schrieb Hager-Kommentar (1874): Adstringierend, blutstillend, ätzend; innerlich brechenerregend und nervenumstimmend; bei passiven Blutungen, Epilepsie, Veitstanz u. a. Nervenleiden. Das rohe Salz findet in der Veterinärpraxis als Ätzmittel und auch zu verschiedenen technischen Zwecken häufig Anwendung.
In der Homöopathie ist „Cuprum sulfuricum – Kupfersulfat" (Hahnemann 1805) ein wichtiges Mittel.

Cuprum sulfuricum ammoniatum

Nach Hager-Kommentar (1874) soll Boerhave zu Anfang des 18. Jh. eine ammoniakalische Kupfersulfatlösung als Arzneimittel angewendet haben; 1757 wurde von Weissmann eine Vorschrift zur Darstellung des Präparats in Kristallen gegeben, die 1790 durch Acoluth und 1808 durch Bucholz wesentlich verbessert wurde. Das kristalline Präparat kam zum Ende des 18. Jh. in Länderpharmakopöen (Cuprum ammoniacale) und blieb (Cuprum sulphurico-ammoniatum) bis DAB 1, 1872, pharmakopöe-üblich. Dann in die Erg.B's (noch 1941). Herstellung aus Kupfersulfat und Ammoniak, Fällung durch Alkoholzusatz. Nach Hager (1874) gibt man das Mittel in Pillen und Auflösung bei Nervenleiden, wie Epilepsie, Veitstanz, Asthma, Magenkrampf; äußerlich gegen Hornhautflecke, chronische Augenentzündungen, zu Einspritzungen gegen Tripper, Schleimflüsse usw. Das Salz diente auch als Reagens (Länderpharmakopöen von Ph. Lippe 1792/94 bis Hannover 1833); zum Nachweis von arseniger Säure.
Nach Döbereiner-Apothekerbuch (1847) schließt sich dem Mittel das Aqua coerulea (Aqua ophthalmica coerulea seu sapphirea, Aqua coelestis) an. Siehe hierzu Wietschoreck-Nachchemiatrie S. 89–102, Kap. „Aqua ophthalmica sapphirea – Blaues Augenwasser". Dieses beliebte Augenmittel des

18. Jh. (Ph. Württemberg 1741) wurde zunächst aus Kalkwasser und Salmiak in einem Kupferkessel bereitet, später (Ph. Hessen 1827 u. a. Länderpharmakopöen) aus Kalkwasser, Salmiak und Grünspan.

Digitalinum

Siehe hierzu Schröder-Industrie S. 108–117, Kap. „Digitalinum – Digitalin". Aufgenommen in Ph. Bayern 1856/59, mit Vorschrift (aus Digitalisblättern). Man hoffte, hiermit den Wirkstoff der Droge gefunden zu haben, wurde jedoch enttäuscht. In der Homöopathie ist „Digitalinum – Digitalin" ein wichtiges Mittel.

Größeren Erfolg hatte die Einführung des D i g i t o x i n s. Beschrieben in den Erg.B's von Ausgang 19. Jh. bis 1941, dann aufgenommen in DAB 6, 3. Nachtrag 1959, und DAB 7, 1968. Anwendung nach Böhme-Kommentar (1969): Bei Herzinsuffizienz und Herzdekompensation. Auch „Digitoxinum – Digitoxin" (Allen 1876) ist in der Homöopathie ein wichtiges Mittel.

Dimethylaminoazobenzol

Reagens in DAB 5, 1910 (Indikator), DAB 6, 1926, zum Nachweis von HCl in Narkosechloroform. Als „D i m e t h y l g e l b l ö s u n g" in DAB 7, 1968, bei 3 Gehaltsbestimmungen (z. B. Campher).

Harms-Reagenzien S. 39.

Dimethylaminobenzaldehyd

Reagens in DAB's (1910–1926): Bestandteil der E h r l i c h s c h e n L ö s u n g zum Nachweis von Urobilinogen; (1968): bei Prüfung von Pyramidon, Kakaobutter.

Diphenylamin

Reagens in DAB 6, 1926; als D.-Schwefelsäure zum Nachweis von HNO_3 und Nitraten.

Harms-Reagenzien S. 39.

Elixira

Siehe hierzu Krüger-Elixiere, besonders S. 54–56, 61 uf. In Pharmakopöen seit Ph. Köln 1565 (Elixir Vitae) bis DAB 6, 1926 (Elixir Aurantii comp. und El. e Succo Liquiritiae). Höchstzahl von Elixieren im 18. Jh. (in Ph. Württemberg 1798: 28 Vorschriften). Im 19. Jh. starke Verminderung (etwa 5 Vorschriften). Die meisten Elixiere waren Composita, einfache Elixiere nur vereinzelt vertreten.
Die Elixiere sind ursprünglich als „chemische" Präparate aufgefaßt worden, erst im Laufe des 19. Jh. wurden sie als „galenische" Präparate verstanden (siehe W. Schneider, Geschichte der pharmazeutischen Chemie (1972), S. 182–186, 281).

Emplastrum diachylon

Schelenz bezeichnet den Leibarzt von Tiberius: Menekrates (um 14. n. Chr.) als Erfinder des Diachylonpflasters, das bis ins 20. Jh. hinein offizinell blieb (volkstümliche Bezeichnung nach Schelenz u. a. Theakel, Triakel). Herstellung in der Regel aus Lithargyrum und fettem Öl (Olivenöl). Pharmakopöe-üblich wurden im 16. Jh. Vorschriften aus dem Grabadin von (Pseudo) Mesue (11.–12. Jh.). In Ph. Nürnberg 1546 gab es ein Emplastrum Diachylon paruum D. Mesuae (unter Zusatz von 4 Pflanzenschleimen bereitet), ein Empl. Diachylon simplex D. Mesuae (mit 3 Schleimen), ein Empl. Diachylon compositum (mit Zusatz von Schleimen, Harzen, Wachs, Terpentin) und ein Empl. Diachylon magnum D. Filij Zacchariae. In Ph. Württemberg 1741: Empl. Diachylon simpl. (Maturans für Tumoren) und Empl. Diachylon comp. sive cum Gummis (Emolliens, Maturans, Digerans). In DAB 1, 1872: Empl. Lithargyri simplex (Bleipflaster, Empl. Plumbi simpl., Empl. diachylon simpl.; aus Lithargyrum, Olivenöl und Schweineschmalz) und Empl. Lithargyri comp. (Gummipflaster, Zugpflaster, Empl. Plumbi comp., Empl. diachylon comp.; aus Empl. Lithargyri simpl., gelbem Wachs, Ammoniacum, Galbanum und Terebinthina). Dazu aufgenommen ein Empl. Lithargyri molle (Weißes Mutterpflaster). Bleipflaster und Gummipflaster letztmalig in DAB 6, 1926.
Aus dem Bleipflaster läßt diese Pharmakopöe, mit weißer Vaseline, eine Unguentum diachylon (Bleipflastersalbe) herstellen. Die Vorschrift geht zurück auf

Dr. Hebra (Hebrasche Salbe) und bestand ursprünglich aus Bleipflaster und Leinöl (so in DAB 1) ; Variation wegen besserer Haltbarkeit. Verwendung der Salbe gegen Fußschweiß, Ekzeme, Akne, Impetigo usw.

Eosin

Reagens in DAB's (1910–1926); Bestandteil der Jennerschen Lösung zur Färbung von Blutzellen.

Essentiae

Siehe hierzu Krüger-Elixiere, besonders S. 52 uf., 57, 62 uf. In Pharmakopöen seit Ph. Augsburg 1640 (6 Vorschriften: Essentia Ambrae Mindereri, Ess. Castorei Sennerti, Ess. Citri, Ess. Croci Martis Crollii, Ess. Martis liquida, Ess. saccharina Beguini) bis zu einigen Länderpharmakopöen des 19. Jh. (noch Ph. Hamburg 1852: Ess. Menthae piperitae Anglorum). Die meisten Essenzen gab es im 18. Jh. z. B. 76 Vorschriften in Ph. Brandenburg 1731 (davon waren 36 Simplicia und 40 Composita, d. h. Essenzen aus mehreren Drogen). Bei der starken Reduzierung der Arzneiform zu Beginn des 19. Jh. (bis zum baldigen völligen Verschwinden aus der offiziellen Therapie) ist zu beachten, daß viele Vorschriften unter der Bezeichnung Tinkturen weitergeführt worden sind.
Die Essenzen sind ursprünglich als „chemische" Präparate aufgefaßt worden, erst im Laufe des 19. Jh. wurden sie als „galenische" Präparate verstanden (siehe W. Schneider, Geschichte der pharmazeutischen Chemie (1972), S. 182–186, 281).

Essentia Sacchari

Ein chemiatrisches Präparat vom Anfang des 17. Jh., das bis ins 18. Jh. benutzt wurde. In Ph. Augsburg 1640: Essentia saccharina Beguini (Saccharum album wird mit Weingeist flambiert, dann Rosenwasser zugegeben; Corroborans, gegen Husten, Asthma, Brustleiden, befördert Verdauung). Die Vorschrift von Essentia Sacchari wurde in andere, z. B. brandenburgische Pharmakopöen übernommen (1731 u. a. Ausgaben).

In Hager-Handbuch, um 1930, ist Tinctura Sacchari tosti beschrieben (Zuckerfarbe, Zuckercouleur; aus Zucker, etwas Kaliumcarbonat, nach dem Karamelisieren Zugabe von verd. Spiritus; zum Braunfärben von Branntwein, Likören und Speisen gebräuchlich); diese Vorschrift steht schon in Hagers Manuale pharmaceuticum von 1859.

Essigsäureanhydrid

Reagens in DAB's (1910–1926); zur Acetylierung bei äther. Ölen; Prüfung von Perubalsam.

Harms-Reagenzien S. 49 uf.

Eucalyptolum

Aufgenommen in DAB 6, 1926 (davor in Erg.B's, schon vor 1900). Anwendung nach Hager-Handbuch, um 1930: äußerlich zu reizenden Einreibungen bei Rheumatismusneuralgien; zum desinfizierenden Wundverband bei atonischen Geschwüren, Hospitalbrand, Gangrän (Verbandspäckchen der britischen Kolonialtruppen), als Inhalation bei Asthma, foetider Bronchitis; innerlich bei chronischer Bronchitis, Lungengangrän, Asthma, katarrhalischen Affektionen der Harnwege und bei Intermittens (in Gelatinkapseln oder Emulsion). Für sich oder in Verbindung mit Santonin als Wurmmittel.

Extracta

Als Hagen, um 1780, sein Lehrbuch der Apothekerkunst schrieb, befand sich die Pharmazie in Deutschland als überwiegend empirisches Kunsthandwerk auf dem Höhepunkt. Zur uralten traditionellen Drogenverarbeitung war seit Beginn der Neuzeit (nach Anfängen im 15./16. Jh. als starker Einbruch im 17. Jh. durch die Chemiatrie) die Verwendung chemischer Methoden aufgekommen und hatte das Apothekenlaboratorium in ungeahnter Weise bereichert. An der wissenschaftlichen Durchdringung des neuen Gebietes waren viele Apotheker erfolgreich beteiligt, dadurch mitwirkend, daß die Apothekerkunst im Laufe des 19. Jh. zur wissenschaftlichen Pharmazie zu werden begann. Dieser Prozeß war vom Aufkommen der pharmazeutischen Industrie begleitet, die den Apothekern viele Arbeit abnahm. Als Äquivalent dafür steigerten sich die Ansprüche in bezug auf Analytik. Das war aber schon nicht mehr spezifische Apothekerkunst, sondern Anwendung der wissenschaftlichen Chemie (und Physik) für Zwecke der Pharmazie, also pharmazeutische Chemie (und Physik). Näheres über alle diese Zusammenhänge siehe bei Wolfgang Schneider, Geschichte der Pharmazeutischen Chemie, Weinheim/

Bergstr. 1972, sowie bei Eberhard Stecher, Pharmazeutische Technik, Beiträge zu ihrer Entwicklung als pharmazeutische Disziplin (vom ausgehenden 18. bis in die Mitte des 19. Jahrhunderts), Marburg 1972 (Dissertation Fachbereich Pharmazie und Lebensmittelchemie).

Hagens Lehrbuch steht noch ganz auf dem Boden der alten Kunst, in die alle Anfänge der pharmazeutischen Chemie – besonders seit der Chemiatrie des 17. Jh. – längst fest eingegliedert waren. Das Buch entstand gerade in der Zeit, als durch Lavoisier die Grundsteine für die Chemie als exakte Naturwissenschaft gelegt wurden. Da Hagen einen hervorragenden Überblick über sein Fach besaß und zugleich die Fähigkeit, sein Wissen systematisch zu ordnen und sich klar auszudrücken, hat er den Pharmaziehistorikern und dabei besonders denen, die sich mit Arzneimittelgeschichte beschäftigen, eine Quelle ersten Ranges hinterlassen.

Anhand dieses Buches soll nun gezeigt werden, welchen Platz die Extrakte zur Zeit Hagens im Zusammenhang mit verwandten Zubereitungen einnahmen. Dabei ist vorauszuschicken, daß es sich immer um Auszüge (extrahere = ausziehen) von Arzneirohstoffen handelte. Solche Extraktion war seit dem Altertum geläufig, Beispiele bieten die Drogenauszüge mit Wein (→ Vina). Auch das Extrahieren durch Destillation war in den Anfängen uralt (Gewinnung von Riechstoffen), erhielt jedoch erst im Mittelalter den entscheidenden Impuls durch alchemistische und kunsttechnische Arbeiten. Eine besondere Arzneimittelgruppe von Extrakten existierte im Bewußtsein der Apotheker nicht, und die Ärzte zu Beginn der Neuzeit kannten sie nicht bei ihren Verordnungen. Dies begann sich aber schon im Laufe des 16. Jh. zu ändern: Die Ph. Nürnberg 1546 und Köln 1565 enthielten noch keine Extrakte als Arzneiform, während Ph. Nürnberg 1598 bereits 2 Abschnitte enthielt: Extracta simplicia (mit der Nennung, ohne Herstellungsvorschrift, von 47 Pflanzenextrakten) und Extracta composita (mit der Nennung von 5 Vorschriften). Solche Extrakte wurden dann pharmakopöe-üblich (bis zum 20. Jh.).

Nun zur Sachlage zur Zeit Hagens (um 1780), wo es seit langem keine Pharmakopöe ohne Extrakte und zahlreiche andere Arzneiformen, die auf Extraktion beruhen, mehr gab.

Die pharmazeutischen Operationen (soviel wie Arbeitsgänge) werden eingeteilt in mechanische (wie Pulvern, Zerquetschen, Zerschneiden, Auspressen, Durchseihen, Abschäumen und Klären, mechanisches Mischen) und chemische. Zu diesen gehören Auflösung und Extraktion. Bei der ersten wird ein Körper in seinem ganzen Zusammenhange aufgelöst, bei der zweiten werden daraus nur ein oder mehrere Teile aufgelöst. Das Auflösungsmittel heißt Menstruum (Solvens), der aufzulösende Körper: Corpus solvendum. Die Auflösung kann auf nassem Wege (via humida, z. B. bei Zugabe von Schwefelsäure zu einer mit Kalk geschärften kochenden Lauge) oder auf trockenem Wege (via sicca, z. B. ein Zusammenschmelzen von Schwefel mit trockenem Laugensalz) geschehen. Die besondere Art der Auflösung von Metallen in Quecksilber nennt man Verquicken (Amalgamatio), die entstandene Vermischung: Amalgam.

Zur Auflösung und Extraktion gehören folgende Operationen:

1.) Aufgießen oder die Infusion (Infusio); man erhält ein Infusum;

2.) Digestion (Digestio; eine zeitlang bei gelinder Wärme stehenlassen); so stellt man Essenzen, Tinkturen, Elixiere usw. her;

3.) die Mazeration oder das Einweichen (Maceratio; wie die vorige, aber in der Kälte);

4.) das Kochen (Coctio, Decoctio; wie Digestion, aber in der Hitze, bis zum Kochen); man erhält einen Absud oder ein Decoctum;

5.) Auslaugen oder Aussüßen (Edulcoratio, soviel wie Auswaschen);

6.) Zergehen oder Zerlassen (Liquatio, Liquefactio), bei Metallen heißt es Schmelzen (Fusio);

7.) Zerfließen oder Selbstzerfließen (Deliquescentia, Solutio per deliquium; an feuchter Luft);

8.) Abdampfen oder Abrauchen (Evaporatio); wird es fortgesetzt, bis das Überbleibende trocken ist oder fest zu werden beginnt, so nennt man es Verdicken (Inspissatio);

9.) Destillation (Destillatio); man unterscheidet die gerade oder aufsteigende (Destillatio recta seu per adscensum), die schiefe oder nach der Seite zu gehende (Destillatio obliqua seu ad later), die absteigende (Destillatio per descendum), die in Apotheken nicht mehr gebräuchlich ist. Für die aufsteigende Destillation benutzt man Destillierblasen oder gläserne Kolben mit aufgesetzten Helmen (Alembiks), für die seitliche Retorten, die man entweder ins Sandbad setzt oder in das freie Feuer oder in den Reverberierofen (von Reverberatio spricht man, wenn die Flammen ungehindert um die Retorte herumschlagen);

10.) Rektifikation (Rectificatio), eine mit derselben Substanz mehrfach wiederholte Destillation;

11.) Abziehen (Abstractio), wenn man eine Flüssigkeit mit einer anderen Substanz, deren Kräfte man gewinnen will, destilliert;

12.) Kohobation (Cohobatio), wenn man das Abziehen wiederholt, indem man das Destillat mehrfach zurückgießt;

13.) Sublimation (Sublimatio); man erhält ein Sublimat, das, wenn es sich locker ansetzt, Blumen (Flores) genannt wird. Was nach Ende von Destillation oder Sublimation in dem Gefäß zurückbleibt, heißt Totenkopf (Caput mortuum);
14.) Folgeoperationen sind Verdicken, Koagulieren, Präzipitieren und Kristallisieren. Bei der Präzipitation erhält man ein Präzipitat oder Niederschlag (Praecipitatum, Magisterium); wenn es oben schwimmt, heißt es Rahm (Cremor); man unterscheidet Niederschlagung auf nassem Wege (Praecipitatio via humida) oder Niederschlagung auf trockenem Wege (Praecipitatio via sicca);
15.) Dephlegmieren (Dephlegmatio, besonders wäßriger Teile aus geistigen, sauren oder laugenhaften Feuchtigkeiten; sie werden dadurch konzentrierter);
16.) Gärung (Fermentatio), eine von selbst erfolgende innerliche Bewegung; was sich dabei dick abscheidet, sind die Hefen (Faeces);
17.) das Aufbrausen (Effervescens);
18.) die Kalzination (Calcinatio), wenn feste Körper, indem sie einiger ihrer Teile oder ihres Zusammenhanges verlustig gehen, zerreiblich werden; die so veränderten Körper heißen Kalke (Calces) oder Aschen (Cineres);
19.) Verpuffen (Detonatio), ist eine schleunige Entzündung mit einem starken Geräusch oder Knall;
20.) Zementation (Cementatio); wenn man Substanzen, bes. Metalle, der Wirkung eines Zementpulvers unter Glühen aussetzt.

Im Teil von den pharmazeutischen Präparaten schreibt Hagen nun speziell „Von den Extrakten". Wenn die Infuse, Dekokte oder Tinkturen, die nichts anderes als flüssige Extrakte sind, bis zur Honigdicke abgeraucht werden, so entstehen daraus Arzneimittel, die man eigentlich Extrakte oder Auszüge (Extracta) zu nennen pflegt; nach Beschaffenheit der Substanzen werden sie entweder mit Weingeist (Extracta spirituosa), Wein (Extracta vinosa) oder Wasser (Extracta aquosa) bereitet.
Die eingedickten Pflanzensäfte (Succi inspissati seu condensati, Extracta innominanda) werden gemeinhin, wiewohl unrichtig, auch Extrakte genannt, denn sie werden nicht mittels eines Auflösungsmittels, sondern aus den dünnen Pflanzensäften verfertigt.

Zur Zeit Hagens kannte man noch viele Extrakte, die wir heute als chemische Präparate auffassen (z. B. Extractum Martis). Diese unsere Einstellung, daß es „chemische Extrakte" gibt, ist an sich widersprüchlich, da alle Extrakte als chemische Präparate galten, das hat sich aber im 19. Jh. geändert, wie die folgenden Pharmakopöe-Definitionen zeigen. Außer der Aufnahme einiger besonderer Extraktvorschriften wurde es pharmakopöe-üblich, eine Monographie über Extrakte im allgemeinen aufzunehmen. So in Preußen seit 1862. Die Angaben dort stimmen

im wesentlichen mit denen im DAB 1, 1872, überein. Es werden die Bedingungen der Extraktion beschrieben (Zerkleinerung der Substanzen, Art der Mazeration, bei 10–20°, oder Digestion, bei 35–40°, eindampfen), Konsistenz der Extrakte: 1. dünne (wie Honig); 2. dicke (sie fließen nicht, ziehen mit einem Spatel Fäden); 3. trockene. In der Erklärung dazu schreibt Hager-Kommentar (1874): „Unter Extrakten versteht man im allgemeinen Arzneistoffe, welche durch Ausziehen (Extraktion) aus Vegetabilien mittels verschiedener Flüssigkeiten, wie Wasser, Weingeist, Äther etc. und Eindampfen des flüssigen Auszuges bis zur weicheren oder stärkeren Honigdicke oder Trockene gewonnen sind. Die Extrakte repräsentieren die Vegetabilien, aus denen sie bereitet sind, in so weit, als sie in einem geringeren Volumen die medizinisch-wirksamen Bestandteile derselben enthalten ... Man unterscheidet wäßrige, weingeistige oder ätherische Extrakte. Da die Säfte der frischen Vegetabilien gemeiniglich auch die wirksamen Bestandteile derselben enthalten, so werden viele der durch Pressen gewonnenen frischen Pflanzensäfte, nachdem daraus durch gewisse Behandlung die unwirksamen Stoffe (z. B. Schleim, Chlorphyll, Eiweiß etc.) entfernt sind, eingedickt.“
An speziellen Extraktvorschriften waren in DAB 1 aufgenommen: 17 Extrakte mit Wasser, 30 Extrakte mit Weingeist, 3 mit Äther hergestellt. Alles dieses waren Extracta simplicia, aus einer Droge. Hinzu kamen 2 Extracta composita, 2 „chemische“ Extrakte (Extr. Ferri pomatum, aus Apfelsaft und Eisen; Extr. Malti ferratum, aus Malzextrakt und Ferrum pyrophosphoricum cum Ammonio citrico) und als besondere Fälle Extr. Aloes Acido sulfurico correctum (aus Extr. Aloes, Wasser und etwas Schwefelsäure), Extr. Carnis Liebig (Fleischextrakt).

In DAB 3, 1890, kam zur Monographie „Extracta“ die Monographie „Extracta fluida – Fluidextrakte“ hinzu (sie werden so hergestellt, daß das Gewicht des Extraktes demjenigen der dazu verwendeten lufttrockenen, gepulverten Droge genau entspricht); die Herstellung mittels Perkolation für die beiden Möglichkeiten: Lösungsmittel mit oder ohne Glycerin, wird beschrieben.
Beide Monographien bis DAB 6, 1926. Einzelvorschriften gab es in dieser Pharmakopöe noch: 2 einfache Extrakte mit Wasser, 16 mit Weingeist, 1 mit Äther, 1 mit Chloroform; 1 zusammengesetztes Extrakt, dazu Extractum Faecis (aus Bierhefe durch Schlämmen mit Wasser, Entbittern mit Natriumcarbonatlösung, Selbstverdauung mit Salzsäure, Ausziehen mit Wasser, Eindampfen zur Trockne) und Extr. Ferri pomatum (aus Apfelbrei mit Eisen).
Im allgemeinen Kapitel „Extrakte“ des DAB 7, 1968, werden diese „konzentrierten, gegebenenfalls auf einen bestimmten Wirkstoffgehalt eingestellten Zubereitungen aus Drogen“ eingeteilt in: 1. Trockenextrakte (Extracta sicca); 2. Fluidextrakte (Extracta fluida); 3. zähflüssige Extrakte, Dickextrakte (Extracta spissa). Beschrieben wird die Herstellung durch 1. Mazeration; 2. durch Per-

kolation. Als Monographie über einzelne Extrakte gibt es noch sieben, davon 2 mit Wasser, 2 mit Äthanol, 2 Hefeextrakte (Trocken- und Dickextrakte), 1 (Thymian) Fluidextrakt.

Extractum Ferri pomati

Siehe hierzu Wehle-Chemiatrie S. 88–102, Kap. „Eisen-Apfelsaft-Präparate". Man kann 2 Gruppen unterscheiden, die apfelsauren Eisentinkturen (1698–1926; → Tinctura Martis) und die apfelsauren Eisenextrakte. Diese offizinell von Ph. Württemberg 1741 (Extractum Martis pomatum) bis DAB 6, 1926 (Extractum Ferri pomati); andere Bezeichnungen: Extractum Martis (Ph. Hessen 1827), Extractum Ferri (Ph. Hamburg 1852). Herstellung im 18. und Anfang 19. Jh. aus Eisen und Apfelsaft, Eindampfen; im 19./20. Jh. ähnlich oder Eindampfen der Tinktur. Anwendung nach Ph. Württemberg 1741: Tonicum, bei Hypochondrie, Cachexie.

Ferriammoniumsulfat

Reagens in DAB's (1900–1926); Indikator z. B. bei Senfölbestimmung nach Volhard.

Ferro-Ammonium sulphuricum

Seltenes Reagens in Länderpharmakopöen (Ph. Preußen 1862, Sachsen 1867); zur Chlorbestimmung.

Ferrum

Eisen – alchemistisch dem Mars zugeordnet – kommt schon in hippokratischen Schriften als Arzneimittel vor. Glühendes Eisen, mit Wein oder Wasser abgelöscht, wirkt getrunken – nach Dioskurides – bei Unterleibsleiden, Dysenterie, Milzsucht, Cholera und durch Durchfall angegriffenen Magen. War pharmakopöeüblich bis DAB 6, 1926 (Ferrum pulveratum). Es konnte als solches für die Eisentherapie dienen, ebenso wie daraus hergestellte Zubereitungen, besonders chemische

Präparate. Nach Hager-Handbuch, um 1930, „gelten Eisenpräparate und Eisenwässer als Heilmittel bei Bleichsucht, nach Blutverlust, bei anämischen Zuständen, Veitstanz, Körperschwäche, Gliederzittern, Migräne, Facialschmerz, Hysterie, Katarrhen, ferner bei allen Krankheiten, zu deren Heilung eine kräftige Blutbildung erforderlich ist, wie bei kachektischen Zuständen, Skrofeln, Rachitis usw.“. In der Homöopathie ist „Ferrum metallicum – Eisen“ (Allen 1876) ein wichtiges Mittel.

Zur Anwendung von metallischem Eisen wurde 1840 als besondere Form ein mit Wasserstoffgas behandeltes Eisenoxid (Ferrum reductum) in Frankreich (Quevenne und Miquelard) empfohlen. Aufgenommen in DAB's (1872–1926). Enthält neben Eisen noch etwa 10 % Fe_3O_4.

Eisen ist als Reagens in Länderpharmakopöen des 19. Jh. aufgeführt (Ph. Hannover 1819 u. a.), in DAB's (1890–1926); zur Prüfung des Broms auf Jod, Nachweis von Kupferionen. Siehe hierzu Harms-Reagenzien S. 44.

Die Qualität des verwendeten Eisens war, besonders in alten Zeiten, sehr unterschiedlich. Stahl war neben Gußeisen seit dem 16. Jh. reichlich verfügbar, sie wurden pharmazeutisch nicht unterschieden. Ph. Württemberg 1741 führte Chalybs limatura (Stahlfeil, gefeilter Stahl; man wählt Feile von reinem Eisen [Limatura Ferri puri] aus; für verschiedene medizinische und chemische Zwecke). Das Ferrum pulveratum des DAB 1, 1872, wurde – laut Kommentar – aus Gußeisen bereitet.

Die Präparierung des Eisens konnte durch Abspülen von Spänen mit Wasser, feines Zerstoßen im Eisenmörser und Schlämmen geschehen. So nach Ph. Württemberg 1741: Chalybis Praeparatio (das feine Pulver adstringiert, wird gegeben bei Magenschwäche, Cachexie, Menstruationsstörungen). Eine andere Art, Ferrum praeparatum herzustellen, geschah mit Essig, z. B. nach Ph. Nürnberg 1546: Praeparatio Limaturae Ferri. Ähnlich noch Ph. Augsburg 1734 (vgl. Wehle-Chemiatrie S. 37, 46–49, 63). In diesen Fällen erfolgte bereits Umsetzung des Eisens, so daß diese Präparate in die Gruppe der Eisen-Essigsäure-Präparate gehören.

Als Handelsprodukt mit metallischem Eisen (oxidhaltig) ist Squama Chalybis (Eisenschuppen = Hammerschlag) zu erwähnen. Hat ein Kap. bei Dioskurides (Verwendung wie Kupferhammerschlag: Adstringens; gegen Geschwüre; zu Augenmitteln; mit Honigmet getrunken wird das Wäßrige abgeführt). Findet sich in Arzneitaxen bis zum 17. Jh.

Ferrum arsenicicum

In wenigen Länderpharmakopöen des 19. Jh. aufgenommen (Ph. Hamburg 1852, Bayern 1859); aus Arsen(III)-oxid, Kaliumnitrat, schmelzen, wäßrige Lösung mit Eisen(II)-sulfat fällen. Nach Döbereiner-Apothekerbuch (1847) äußerlich bei Krebs angewandt.

Das wichtige Mittel der Homöopathie „Ferrum arsenicosum – Ferriarsenit" wird durch Fällen einer Eisen(III)-acetat-Lösung mit der Lösung eines Alkaliarsenats(III) hergestellt (nach HAB ungefähre Zusammensetzung: 4 Fe_2O_3, As_2O_3, 5 H_2O).

Ferrum chloratum

Eisenchloridhaltige Arzneizubereitungen beginnen in chemiatrischer Zeit. In Ph. Augsburg 1640 sind aufgenommen: Flores Armoniaci Salis, hergestellt durch Sublimation von Ammoniumchlorid mit Eisen (später auch Haematit oder Hammerschlag). Siehe hierzu Wietschoreck-Nachchemiatrie S. 282–288, Kap. „Flores Salis ammoniaci martiales – Eisensalmiak". Das Präparat blieb lange pharmakopöe-üblich, wobei die Vorschriften variierten. Verwendung nach Ph. Württemberg 1741: Incidans, Dissolvens, Tonicum, Anodynum; Specificum bei Rachitis, Fiebern, Kopfschmerzen; bei Unregelmäßigkeit der monatl. Reinigung, gegen Würmer usw. In Ph. Preußen 1799 heißt das Präparat: Ammonium muriaticum martiatum (aus Eisen, Salzsäure, Salpetersäure, Ammoniumchlorid, durch Sublimation). Noch in vielen Länderpharmakopöen des 19. Jh. (z. B. Ph. Hannover 1861: Ammonium chloratum martiatum, hergestellt aus Lösungen von Eisen(III)-chlorid, Ammoniumchlorid, zur Trockne eindampfen).

Aus diesem Präparat wurden auch andere bereitet, so besonders Eisentinkturen. Siehe hierzu Schröder-Chemiatrie S. 126–128, Kap. „Tinctura Martis – Eisentinktur". Das erste Pharmakopöe-Verfahren war allerdings anders (Ph. Nürnberg 1666; die Vorschriften wurden überhaupt vielfach variiert): Eisensulfat wurde zur Röte kalziniert; ausziehen mit salzsäurehaltigem Spiritus Vini und etwas eindampfen. Mynsicht dagegen zog die Tinktur aus einem, dem Eisensalmiak entsprechenden Präparat mit Alkohol aus. So auch Ph. Württemberg 1741: Tinctura Martis aperitiva (sive Aroph Paracelsi; gegen Schwindsucht, Hypochondrie, Gelbsucht, nach intermittierendem Fieber usw.). Noch in Länderpharmakopöen des 19. Jh. (z. B. Ph. Hessen 1827).

Ein Präparat der Brandenburger Pharmakopöen des 19. Jh. (z. B. Ausgabe 1731) war Liquor martialis (durch Luftfeuchtigkeit gelöster Rückstand von der Sublimation des Eisensalmiaks). Das Präparat kommt Anfang 19. Jh. noch vor (Ph. Sachsen 1820), als „Liquamen sive Oleum Martis". Es war ein Vorläufer des Liquor Ferri sesquichlorati, für den es in Länderpharmakopöen des 19. Jh. mehrere verschiedene Vorschriften gab (siehe hierzu Wehle-Chemiatrie S. 143). Seit DAB 1, 1872, keine Vorschriften mehr; noch aufgenommen in DAB 6, 1926. Hager-Kommentar (1874) schrieb zu dem Präparat: Um 1770 wurde die Aufmerksamkeit der Ärzte durch Loof u. a. auf die kräftige styptische Wirkung des oxydierten salzsauren Eisens gelenkt; wurde dann besonders durch den Engländer Reid (1827) eingeführt; äußerlich wegen seiner adstringierenden Eigenschaften gegen Geschwülste, Warzen, Blutungen, Geschwüre, Wunden; innerlich bei Blutungen und Schleimflüßen.

Eisen(III)-chlorid war nicht nur als Liquor sondern auch als Salz (Ferrum sesquichloratum) offizinell, nach verschiedenen Vorschriften herzustellen. In Länderpharmakopöen des 19. Jh. (z. B. Ph. Sachsen 1820: Ferrum salitum seu muriaticum), in DAB's (1872–1900; durch Eindampfen des Liquors gewonnen). In der Homöopathie ist „Ferrum sesquichloratum – Eisenchlorid" (Hahnemann 1816) ein wichtiges Mittel. Als Reagens wurde Eisen(III)-chlorid (seit Ph. Bayern 1822) bis zur Gegenwart vielfältig gebraucht (Niederschläge, Farbreaktionen).

Ein Präparat mit basischem Eisen(III)-chlorid wurde um 1867 in den Arzneischatz eingeführt. In DAB 3, 1890: Liquor Ferri oxychlorati (äußerlich bei Blutungen, innerlich zur milden Eisentherapie). Seit DAB 5, 1910 (noch DAB 6, 1926) durch Dialyse bereitet: Liquor Ferri oxychlorati dialysati.

Zu solchen Eisen(III)-chlorid-Präparaten kamen im 19. Jh. Eisen(II)-chlorid-Präparate hinzu. Das Eisen(II)-chlorid selbst, hergestellt aus einer Lösung von Eisen in Salzsäure, war in Länderpharmakopöen des 19. Jh. aufgenommen (seit Ph. Preußen 1827; „Ferrum muriaticum oxydulatum") und in DAB 1, 1872 („Ferrum chloratum, Eisenchlorür"). Kam dann in die Erg.B's (noch 1941). Anwendung nach Hager (1874) wie Ferrum sulfuricum, nur milder; äußerlich zu Gurgelwässern und Bädern.
Die salzsaure Lösung des Eisen(II)-chlorids war ebenfalls in Länderpharmakopöen aufgenommen (seit Ph. Preußen 1827), in DAB 1 und danach in Erg.B's (noch 1941): Liquor Ferri chlorati. Hieß in den ersten preußischen Pharmakopöen Liquor Ferri muriatici oxydulati und diente dort auch als Reagens (Grünfärbung von Chinarindenaufguß).

Ähnlich in der Zusammensetzung (alkoholhaltig), entsprechend anzuwenden, war Tinctura Ferri muriatici (oder chlorati). In Länderpharmakopöen (seit Ph. Preußen 1813), dann DAB 1 und Erg.B's (noch 1941).

Außer dieser Tinktur gab es noch eine ätherhaltige Zubereitung: Tinctura Ferri chlorati aetherea (DAB's 1872–1926); davor unter verschiedenen Namen (z. B. Ph. Hessen 1827: Tinctura Martis Klaprothii). Nach Hager (1874) wurde ein solches Präparat erstmalig um 1725 durch den Russen Bestuscheff hergestellt; eine einfachere Herstellung lehrte Klaproth 1782. Wird bei Chlorose und Nervenkrankheiten gegeben.

Ferrum citricum

Eisen(III)-citrat wurde – nach Hager-Kommentar (1874) – um 1840 in Frankreich als ein mildes, wenig styptisch schmeckendes Eisenpräparat in den Arzneischatz eingeführt. Die Vorschrift der Ph. Österreich 1855 (aus Citronensäure und Eisen(III)-hydroxid) wurde in DAB 1, 1872, übernommen. Außerdem wurde aufgenommen: Ferrum citricum ammoniatum (aus Citronensäure, Eisen(III)-hydroxid; zur Lösung Ammoniakzusatz, dann Eindampfen); von Béral und Haidlen (1844) eingeführt; schmeckt besser und ist milder in der Wirkung.

In Erg.B. 2, 1897, findet sich: Ferrum citricum ammoniatum (Ferri-Ammonium-citrat) und Ferrum citricum effervescens. In Ausgabe 1941: Ferrum citricum ammoniatum fuscum (Braunes Ferri-Ammoniumzitrat), Ferrum citricum ammoniatum viride (Grünes Ferri-Ammoniumzitrat), Ferrum citricum oxydatum (Ferrizitrat). In der Homöopathie ist „Ferrum citricum oxydatum – Ferricitrat" ein wichtiges Mittel.

Für eine kombinierte Eisen-Chinin-Therapie diente Chininum ferro-citricum. In DAB's (1872–1926); aus Citronensäure, Eisen und Chinin bzw. Chininsulfat. Wurde ebenfalls (um 1850) von Béral eingeführt; Roborans, Stomachicum, Blutbereitung verbessernd.

Ferrum cyanatum

Berliner Blau wurde 1704 von dem Berliner Farbenfabrikanten Diesbach entdeckt. Ist als „Ferrum cyanatum" (Ferrum borussicum) in einige Länderpharmakopöen des 19. Jh. aufgenommen (Ph. Baden 1841, Bayern 1859, Hannover 1861). Herstellung aus Gelbem Blutlaugensalz und Liquor Ferri sesquichlorati. Anwendung nach Döbereiner-Apothekerbuch (1847): Wirkt krampfstillend; innerlich in Pulvern und Pillen gegen Wechselfieber, Leberschwellungen, Nervenkrankheiten; äußerlich bei Augenleiden als Salbe.

Ferrum jodatum

Aufgenommen in einige Länderpharmakopöen des 19. Jh. (Ph. Baden 1841 u.f.), in DAB's (1872–1882); aus Eisen und Jod, etwas Wasser. Anwendung nach Döbereiner-Apothekerbuch (1847): innerlich und äußerlich gegen Skrofeln, Krebs, Ausbleiben der monatl. Reinigung, atonische Magenschwäche.

In DAB 3, 1890, folgte diesem Ferrum jodatum der Liquor Ferri jodati (bis 1910); entsprechende Darstellung.

Nach Ph. Bayern 1859 wurde durch Zusatz von mehr Jod zur Reaktionsflüssigkeit aus Eisen und Jod ein Ferrum sesquijodatum liquidum hergestellt.

Um das zersetzliche, immer frisch zu bereitende Ferrum jodatum haltbarer zu machen, kombinierte man es mit Milchzucker: Ferrum jodatum saccharatum (einige spätere Länderpharmakopöen des 19. Jh., z.B. Ph. Hannover 1861; in DAB 1, 1872). Verwendung nach Hager-Kommentar (1874): bei Skrofulose, Syphilis, gegen Kropf, Lungentuberkulose, Lungenphthisis, Milzhypertrophie, Lähmungen des Rückenmarks, Morbus Brightii.

In der Homöopathie ist „Ferrum jodatum – Eisenjodür" (Altschul 1853) ein wichtiges Mittel.

Ferrum lacticum

Aus Milchzucker, Molken und Eisen(II)-sulfat (Ph. Bayern 1859) oder Milchzukker, saurer Molke und Eisen (Ph. Hannover 1861) hergestellt, in DAB's (1872 bis 1926) ohne Vorschrift. In der Homöopathie ist „Ferrum lacticum – Ferrolaktat" ein wichtiges Mittel. Hager-Kommentar (1874) erklärt dazu: Als Barreswill und Bernard im Verdauungssaft Milchsäure festgestellt hatten, glaubte man, das Eisen an Milchsäure gebunden assimilierbarer machen zu können; übrigens wandte man schon in früherer Zeit ein Serum lactis chalybeatum an; Einführung des Eisenlaktats in die Medizin durch französische Ärzte (1838/39).

Ferrum oxydatum

Siehe hierzu Wehle-Chemiatrie S. 130–134, Kap. „Eisen-Sauerstoff-Verbindungen". Man kann sie in natürlich vorkommende und künstlich hergestellte einteilen.

I.) Zu den natürlich vorkommenden eisenoxidhaltigen Präparaten gehören:

1.) → Aetites.

2.) Chalcitis (→ Ferrum sulfuricum).

3.) Lapis Haematitis (siehe hierzu Fühner-Lithotherapie S. 89–91).
Seit ältesten Zeiten wegen der roten Farbe (Signaturenbeziehung zum Blut) benutzt. Anwendung nach Dioskurides: Augenmittel; mit Wein gegen Harnverhaltung und Frauenfluß, mit Granatapfelsaft gegen Blutspeien. In Apotheken geführt bis zum 18. Jh. In Ph. Württemberg 1741: Haematitis (Blut-Stein; Adstringens).

4.) Lapis Magnetis (Fühner-Lithotherapie S. 105–107). Nach Dioskurides führt er dicken Schleim ab, mit Honigmet getrunken; „einige brennen ihn und verkaufen ihn als Blutstein". In Apotheken geführt bis zum 18. Jh. In Ph. Württemberg 1741: Magnes lapis (Magnet-Stein; zu trocknenden Pflastern, selten gebraucht).

5.) Ochra. Nach Dioskurides hat er adstringierende, Fäulnis machende Kraft, verteilt Entzündungen und Geschwülste, hält Fleischwucherungen zurück, füllt mit Wachssalbe Kavernen aus und vertreibt Gichtknoten. Apothekenüblich bis zum 18. Jh., nach Ph. Württemberg 1741 von Malern gebraucht.

II.) Künstlich hergestellt:

1.) Rubigo. Nach Dioskurides wirkt Eisenrost adstringierend, stellt Fluß der Frauen, verhindert (eingenommen) die Empfängnis; äußerlich gegen Rose und Ausschlag, überwachsene Nägel, rauhe Augenlider und Geschwülste, macht Zahnfleisch fest; als Salbe bei Podagra, macht dichtes Haar. War in Apotheken des 16./17. Jh. gelegentlich vorrätig.

2.) Colcothar. Siehe hierzu Hickel-Chemikalien S. 150–153, Kap. „Vitriolum ustum – Gebrannter Vitriol" und Schröder-Chemiatrie S. 139–144, Kap.

„Colcothar – Englischrot". Ursprünglich bedeutete – bei den Arabern – Colcothar ein natürliches Mineralprodukt, entsprechend dem Roten Atrament (→ Ferrum sulfuricum). Dann wurde gegen Ende des 16. Jh. der Begriff auf künstlich rotgebrannten Vitriol übertragen (Bezeichnung auch Caput mortuum Vitrioli). Das Präparat Colcothar der Ph. Württemberg 1741 (zur Röte kalzinierter, grüner Vitriol) dient zu trocknenden Pflastern.

3.) Crocus Martis. Siehe hierzu Schröder a. a. O., S. 119–123, Kap. „Crocus martis [reverberatus] – [Reverberierter] Eisensafran" und S. 123–125, Kap. „Crocus martis aperitivus – Eröffnender Eisensafran". Man kannte solche Eisenoxidpräparate schon im Mittelalter (Crocus Martis bei Pseudo-Geber), sie waren rot(-gelb) gefärbt (wie die Droge „Crocus"). Für die Pharmazie wurden sie aber erst im Zeitalter der Chemiatrie eingeführt. Crocus Martis der Ph. Augsburg 1640 wird aus Eisenspänen gemacht, die bis zur bleibenden Röte im heftigen Feuer geglüht (reverberiert) wurden. Es gab außerdem zahlreiche andere Methoden. Crocus Martis aperitivus wurde meist durch Reverberieren von Eisenvitriol hergestellt, z. B. nach Ph. Augsburg 1640 durch Lösen von Eisen in Schwefelsäure, nach dem Eindampfen vorsichtiges Reverberieren, oder nach Ph. Nürnberg 1666 durch direktes Reverberieren von Vitriolum Martis.

Die Ph. Württemberg 1741 hat folgende Crocus Martis-Vorschriften:

a) Crocus Martis adstringens (aus Eisen, Schwefelsäure; trocknen, glühen); zu austrocknenden und adstringierenden Pflastern.

b) Crocus Martis aperitivus vulgaris (Eisen(II)-sulfatlösung wird mit Kaliumcarbonat gefällt, das Präzipitat ausgewaschen und geglüht); adstringiert stärker als das vorige.

c) Crocus Martis aperitivus antimoniatus Stahlii (hierzu siehe den folgenden (5.) Abschnitt.

4.) Aethiops martialis. Ein Nachchemiatricum. Anfangs (Ph. Brandenburg 1781) durch langes Behandeln von Eisen mit Wasser bis zum Zerfall in ein schwarzes Pulver hergestellt. Ende 18. und Anfangs 19. Jh. vollständiges Verbrennen einer Suspension von Lein- bzw. Olivenöl mit einer Fällung, gewonnen aus Eisen(II)-sulfat und Alkalicarbonat, zu einem schwarzen Pulver (z. B. Ph. Österreich 1794, Preußen 1799–1827, Sachsen 1837). Dann besteht das Präparat aus der gemeinsamen schwarzen Fällung einer Eisen(II)- (meist -sulfat) und einer Eisen(III)-Verbindung durch Ammoniak (Ph. Bayern 1859, Hannover 1861). Siehe hierzu den folgenden Abschnitt III. 2.

5.) Es gab im 17./18. Jh. mehrere Antimonpräparate, die zugleich Eisenoxide enthielten, z. B. Antimonium diaphoreticum martiale, Bezoardicum martiale, Crocus Martis aperitivus antimoniatus.
Zu Beginn des 19. Jh. verschwanden viele der Präparate; man hatte Übereinstimmungen erkannt, und der Wunsch, einen rationalen, chemischen Namen zu geben,

ließ unüberschaubar zusammengesetzte Präparate unter den Tisch fallen. In Ph. Preußen 1799 waren aufgenommen:

III. 1.) Ferrum oxydatum fuscum (= Crocus Martis aperitivus); aus Eisen(II)-sulfatlösungen mit Kaliumcarbonat gefällt, ausgewaschen und getrocknet. Das Präparat hieß in Ausgabe 1827 auch Ferrum carbonicum, Oxydum-ferroso-ferricum (hier Fällung mit Natriumcarbonatlösung). Ausgabe 1846: Ferrum hydricum (neben den anderen Bezeichnungen auch Hydras ferricus). In Ausgabe 1862 neue Vorschrift für Ferrum hydricum. In DAB 1, 1872, wieder Ferrum oxydatum fuscum (Eisenoxydhydrat); aus Liquor Ferri sulfurici oxydati und Liquor Ammonii caustici. Dann Erg.B's (noch 1941: Ferrrum oxydatum fuscum, Braunes Eisenoxydhydrat, besteht im wesentlichen aus $Fe(OH)_3$). Anwendung nach Hager-Kommentar (1874): „Mildes Eisenpräparat, welches sich besonders in Pulver, Pillen, Pastillen und Lecksäften geben läßt und die Zähne nicht angreift wie Eisenlösungen ... Äußerlich gebraucht man es als Einstreupulver in jauchige Wunden, Krebsgeschwüre."
Das alte Ferrum carbonicum blieb noch in einem anderen Präparat erhalten: Ferrum carbonicum saccharatum (aus Eisen(II)-sulfatlösung mit Natriumhydrogencarbonat gefällt, mit Zucker vermischt). So in DAB 1, 1872. Noch in DAB 6, 1926: Ferrum carbonicum cum Saccharo (Zuckerhaltiges Ferrokarbonat). Dieses Präparat ist in der Homöopathie als „Ferrum carbonicum – Ferrocarbonat" ein wichtiges Mittel.
2.) Ferrum oxydulatum nigrum (= Aethiops martialis; siehe oben unter II. 4.); Ferrum oxydatum fuscum wird mit Olivenöl getränkt und zur Trockne erhitzt. Noch in Ausgabe 1829. Bleibt weiter in einigen Länderpharmakopöen des 19. Jh. Anwendung nach Ph. Hannover 1833: Bei Darmverstopfung, nach Blutfluß, intermittierendem Fieber. Das Präparat heißt auch Ferrum oxydato-oxydulatum (Ph. Hamburg 1852).
In die 4. preußische Pharmakopöe (1827) wurde wieder aufgenommen:
3.] Ferrum oxydatum rubrum (= Crocus Martis adstringens; siehe oben unter II. 3. a); aus Eisen(II)-sulfat, Kaliumhydrat; leichtes Glühen, auswaschen. Steht auch in einigen anderen Länderpharmakopöen des 19. Jh. (z. B. Ph. Sachsen 1837).

Ferrum phosphoricum

In einigen späteren Länderpharmakopöen des 19. Jh. (z. B. Ph. Hamburg 1852) gibt es Ferrum phosphoricum oxydatum (aus Eisen(III)-chlorid, Dinatriumhydrogenphosphat, durch Fällung) und Ferrum phosphoricum oxydulatum (aus Eisen(II)sulfat und dem Natriumphosphat). Wenn vom Arzt nicht ausdrücklich „oxydatum" verlangt ist, muß das zweite gegeben werden. Dieses als Ferrum phosphoricum in DAB 1, 1872, dann Erg.B's. Dort sind noch 1941 verzeichnet: Ferrum phosphoricum oxydatum (Ferriphosphat, $FePO_4+4\,H_2O$), Ferrum phosphoricum oxydulatum (Ferrophosphat; im wesentlichen $Fe_3(PO_4)_2$; mit Vorschrift), Ferrum pyrophosphoricum (Eisenpyrophosphat, $Fe_4(P_2O_7)_3+9\,H_2O$) und Ferrum pyrophosphoricum cum Ammonio citrico.

Hager-Kommentar (1874) schrieb über Ferrum phosphoricum: „Als Fourcroy und Berzelius das Eisenphosphat als einen Bestandteil des Blutes angaben, wurden die Eisenphosphate beliebte Eisenmittel, heute jedoch sind sie ziemlich in Vergessenheit geraten"; eine Lösung des Eisenphosphats in Phosphorsäure ist der Liquor Schobelti, eine Flüssigkeit, die mittels Charpie in schmerzende kariöse Zähne eingeführt wird.

In der Homöopathie ist „Ferrum phosphoricum – Eisenoxydphosphat" ein wichtiges Mittel.

Ferrum sulfuratum

Ein natürliches Eisensulfid wurde – neben anderen Kiesen – im 16./17. Jh. als Marcasita gehandelt (→ Bismuthum). Künstliche Herstellung von Eisensulfid beginnt im chemiatrischen Zeitalter mit Chalybs cum Sulphure (Augsburger Pharmakopöen; Eisen mit Schwefel kalzinieren). Nach Ph. Württemberg 1741 ist „Chalybs sulphure praeparatus": Adstringens, Roborans, Adjuvans; absorbiert Magensäure, gegen Schwindsucht. Das Präparat wird im 19. Jh. fast durchgehend nur noch bei den Reagenzien erwähnt: Ferrum sulphuratum, zur Herstellung von Schwefelwasserstoff (ab Ph. Hannover 1819), noch DAB 1, 1872 (Ferrum sulfuratum).

Ferrum sulfuricum

Siehe hierzu Hickel-Chemikalien S. 124–132, Kap. „Vitriolum viride, grüner Vitriol". Das Mineralprodukt von wechselnder Zusammensetzung war von der Antike an gebräuchlich und bis zum 18. Jh. pharmakopöe-üblich. Verwendung nach Gart der Gesundheit (um 1500), wo zwischen den verschiedenen Vitriolen (hauptsächlich Eisen- oder Kupfer-haltige) noch nicht klar unterschieden wird: Vulnerarium; gegen Nasenbluten; innerlich als Brechmittel, mit Honig gegen Würmer; zur Rattenbekämpfung, mit gestoßenem Glas vermischt.

Die Ph. Württemberg 1741 führt: Vitriolum viride (Romanum, Hungaricum, Anglicum, Ungrischer grüner Vitriol) und Vitriolum vulgare (Gemeiner Vitriol, Kupfferwasser; zur Herstellung von Tinte). Nur wenn die grüne Farbe ausdrücklich hervorgehoben wird, ist mit Hauptanteil von Eisen(II)-sulfat zu rechnen, sonst dürfte der Anteil an Kupfer- und anderen Metallsulfaten beträchtlich gewesen sein.

Außer dem Vitriol haben eine Reihe weiterer Mineralprodukte ähnlicher Provenienz eine Rolle gespielt, die auch Eisen(II)-sulfat enthielten oder Verbindungen, die daraus auf natürlichem Wege entstanden waren, wie z. B. basische Eisen(III)-sulfate [da diese „Mineralien" ebenso wie die Vitriole an sich keine Naturprodukte sind, sondern erst im Zusammenhang mit der menschlichen Bergwerkstätigkeit entstanden, haben wir sie mit unserem Einteilungssystem als Pharmachemikalien eingeordnet]. Hickel a. a. O. hat davon beschrieben:

1.) (S. 140–143) „Atramentum rubrum, Chalcitis, Rotes Atrament". In Antike verwendet, im 16. Jh. nicht mehr recht bekannt. Es wurde dort als ein rotes, vitriolhaltiges Mineralprodukt gehandelt. Chalcitis mußte vorrätig sein, da Bestandteil des Theriaks; wurde im 18. Jh. (z. B. Brandenburger Pharmakopöen) durch grünen Vitriol ersetzt. Für Rotes Atrament wurde meist Colcothar = Vitriolum ustum, verwendet.

2.) (S. 144–146) „Misy". Die Kenntnis von diesem antiken Produkt war schon bei den Arabern verloren gegangen. Im 16. Jh. wurden dafür verschiedene gelbe, vitriolhaltige Mineralprodukte benutzt. Bis Mitte 17. Jh. noch in Pharmakopöen genannt.

3.) (S. 147–149) „Atramentum nigrum und Sory. Schwarzes und Graues Atrament." Sachlage ähnlich wie beim Misy. Weil in antiken Rezepten vorkommend, mußte ein Mineralprodukt gefunden werden, was man entsprechend verwenden konnte. Im 18. Jh. nur noch in Arzneitaxen zu finden. Anwendung von Sory nach Dioskurides (wie Melanteria, Misy): Als Ätzmittel; gegen Zahnschmerzen und lose Zähne; zum Klistier bei Ischias.

Ein Präparat der chemiatrischen Zeit war Vitriolum Martis. Siehe hierzu Schröder-Chemiatrie S. 150–152. Aufgenommen in Ph. Nürnberg 1666 (Eisen in Oleum Vitrioli lösen, eindampfen und kristallisieren). So auch in Ph. Württemberg 1741 (Adstringens, Roborans; gegen Würmer; Specificum bei Störungen der Lymphwege, Wassersucht). Die Ph. Preußen 1799 führt das Produkt als Ferrum sulphuricum crystallisatum. In Ausgabe 1846 gibt es neben dem selbstbereiteten Ferrum sulphuricum purum das Ferrum sulphuricum venale (= Vitriolum

Martis. Grüner Vitriol). In DAB 1, 1872, beide ohne Herstellungsvorschrift; dazu Ferrum sulfuricum siccum (Entwässertes schwefelsaures Eisenoxydul) mit Vorschrift. In Ausgabe 1882 wurde wieder Vorschrift für das reine Salz aufgenommen. So bis DAB 6, 1926 (enthält: Ferrum sulfuricum, Ferrum sulfuricum crudum = Eisenvitriol, Ferrum sulfuricum siccatum). In DAB 7, 1968: Eisen(II)-sulfat. Anwendung nach Böhme-Kommentar (1969): Zur Eisentherapie. Hager-Kommentar (1874) gab an: [Ferrum sulfuricum purum] bei inneren Blutungen, chronischen Katarrhen des Darmkanals, der Lungen- und Urogenitalorgane, Chlorose, Wurmleiden. Äußerlich als Adstringens in Einspritzungen, Waschungen bei Schleimflüssen, Nasenbluten, Augenleiden. [Ferrum sulfuricum siccum] Bestandteil der Pilulae Italicae nigrae (= Pilulae aloeticae ferratae, Rotebackenpillen; diese noch in DAB 6, 1926). [Ferrum sulfuricum crudum] zu Bädern.

In der Homöopathie ist „Ferrum sulfuricum – Ferrosulfat" (Allen 1876) ein wichtiges Mittel. Das Salz hat auch als Reagens vielfältige Verwendung gefunden. In Länderpharmakopöen des 19. Jh. (seit Ph. Hannover 1819), in allen DAB's. Wichtigste Verwendung beim Nitratnachweis (siehe hierzu Harms-Reagenzien S. 50 uf.).

Aus Eisen(II)-sulfat wurden Präparate mit Eisen(III)-sulfat hergestellt. In Ph. Hannover 1861 ist Ferrum oxydatum hydratum liquidum (= Antidotum Arsenici) beschrieben. Aus Eisen(II)-sulfat, Schwefelsäure und Salpetersäure wird zunächst Liquor Ferri sulphurici oxydati hergestellt; dieser Liquor wird verdünnt und mit Magnesia usta versetzt und dann als das Antidot gegeben. Aufgenommen in DAB's (1872–1882), dann Erg.B's (noch 1941). Das Präparat wurde schon vor seiner Einführung in den Arzneischatz (um 1850) als Reagens gebraucht (Ph. Hannover 1819, Bayern 1822, Hessen 1827), z. B. zur Prüfung auf Gerbsäuren.

Aus dem Liquor ließ DAB 1, 1872, Ferrum sulfuricum oxydatum ammoniatum herstellen. Hager schreibt dazu im Kommentar (1874): „Der Ammoneisenalaun ist seit einigen Jahren als ein die adstringierende Wirkung des Alauns übertreffendes Arzneimittel empfohlen ... ein recht überflüssiger Arzneikörper".

Flores Antimonii

Siehe hierzu Schröder-Chemiatrie S. 100–103, Kap. „Flores Antimonii – Antimonblüte". Aus alchemistischer Zeit waren bereits die weißen bis roten Sublimate bekannt, die beim Erhitzen von Antimon(III)-sulfid entstehen. Paracelsus führte sie in die Therapie ein. Die weißen Sublimate wurden seit chemiatrischer Zeit pharmakopöe-üblich. Aufgenommen in Ph. Augsburg 1640: Flores Antimonii. So auch in Ph. Brandenburg 1731, in der auf andere Herstellungsmethoden hingewiesen wird. Die Ph. Württemberg 1741 läßt Flores Antimonii Helmontii aus Antimonsulfid, gelöst in Königswasser, bereiten, eindampfen, mit Sal Armoniacum zusammen sublimieren. Diese Flores Antimonii sind Emeticum, auch wenn sie mit Wasser ausgewaschen werden. Die Tradition setzte sich im 19. Jh. fort. In Zusammenhang mit den alten Flores Antimonii setzt Döbereiner-Apothekerbuch (1847) die Präparate der preußischen Pharmakopöe: (1827/29) Stibium oxydatum griseum (= Oxydum stibicum), (1827–1862) Stibium oxydatum [verschiedene Vorschriften, so 1827/29 von Antimonmetall ausgehend, 1846/62 von Antimon(III)-sulfid]; Stibium oxydatum auch in Ph. Baden 1841, Hannover 1861 [wieder veränderte Vorschrift]. Döbereiner (1847) schreibt über Anwendung: Das Spießglanzoxyd wird für sich nicht als Arzneimittel angewendet; in der Pharmazie wird es zur Darstellung einiger Antimonialpräparate und bes. zur Darstellung des Brechweinsteins und des Antimonchlorürs verwendet. Hager-Handbuch, um 1930, schreibt zu Stibium oxydatum: Unter dieser Bezeichnung werden im Handel verschiedene Verbindungen des Antimons verstanden. Das eigentliche Antimonoxyd ist das Trioxyd, Sb_2O_3. Außer diesem werden aber auch das Pentoxyd, Sb_2O_5, ferner die Metaantimonsäure, $HSbO_3$, und Kaliumsalze der Antimonsäuren als Antimonoxyd bezeichnet. Für Stibium oxydatum emeticum (griseum), auch Stibium oxydatum praecipitatum, Acidum stibiosum genannt, wird die Formel Sb_2O_3 angegeben. Anwendung selten, ähnlich wie Brechweinstein. Daneben gibt es ein Stibium oxydatum via sicca paratum der gleichen Formel (Antimonblüte, Flores Antimonii).

Flores Benzoes

Siehe hierzu Schröder-Chemiatrie S. 183–185, Kap. „Flores Benzoes – Benzoeblüte“. Als Flores Benzoini in Ph. Augsburg 1640 (aus Benzoeharz durch Sublimation gewonnen [es gab auch Vorschriften, die sich der Destillation bedienten]). Wurde pharmakopöe-üblich, z. B. in Ph. Württemberg 1741 (Flores Benzoes; gegen Asthma und alle Lungenleiden, erregen Schweiß). Um 1800 wurde der Name in Acidum benzoicum geändert. Für die Herstellung gab es mehrere Varianten. Neben der Sublimation wurde ein nasses Verfahren üblich, das von Scheele (1775) im Prinzip stammte: Benzoe wird in ein Salz überführt (Calcium- oder Natriumsalz), dieses mit Schwefelsäure versetzt. Beide Methoden nebeneinander in

Ph. Preußen 1862: Acidum benzoicum crystallisatum (aus Benzoe und Calcaria usta usw.) und Acidum benzoicum sublimatum [in den vorangegangenen preußischen Pharmakopöen wechselten die Vorschriften, z. B. 1799: aus Benzoe, Soda, dann Schwefelsäure]. In DAB's (1872–1968) ohne Herstellungsvorschrift. Bis 1910 wurde Benzoesäure aus Benzoeharz gefordert, danach wurde Syntheseprodukt üblich.
Anwendung nach Hager-Kommentar (1874): bewirkt starken Schweiß und macht einen sauren Harn. Bei stockendem Auswurf, Asthma, Lungen-Katarrh und -Entzündung, Hysterie, Bleichsucht; gilt als Stimulans, Nervinum, Diaphoreticum; äußerlich als mildes Desinficiens. Nach Böhme-Kommentar (1969): 1. als Konservierungsmittel; 2. schwaches Desinfektionsmittel, in Salben und Mundwässern.

Als Präparate mit Benzoesäure nennt Döbereiner-Apothekerbuch (1847): Tinctura Benzoes (noch DAB 6, 1926) und Magisterium Benzoes (Jungfernmilch; Schönheitsmittel, aus der Tinktur und mehreren wohlriechenden Wässern bereitet).
In der Homöopathie ist „Acidum benzoicum – Benzoesäure" ein wichtiges Mittel. Ein wichtiges Mittel ist ferner „Ammonium benzoicum – Ammoniumbenzoat", während „Natrium benzoicum" ein weniger wichtiges Mittel in der Homöopathie ist.
Von diesen Salzen war Natriumbenzoat in DAB's aufgenommen (1926–1968). Anwendung nach Böhme (1969): 1. als Antisepticum, hpt. als Konservierungsmittel; 2. selten als Expectorans; 3. die Verwendung als Harndesinficiens und zur Ansäuerung des Harns ist umstritten. Zu Ammoniumbenzoat gibt Hager-Handbuch, um 1930, an: bei Katarrhen, Asthma, als Antispasmodicum, Diaphoreticum.

Flores Ferri

In Ph. Württemberg 1741 als weißes Produkt der Eisengruben beschrieben, das wenig Eisen enthalten soll (Adstringens). Flores martialis kann im 16. Jh. auch Synonym für Crocus Martis, im 18. Jh. für Flores Salis ammoniaci martiales sein.

Formaldehyd solutus

In den Arzneischatz 1892 eingeführt. Seit 1895 in DAB's (noch 1968). Desinfektionsmittel. Auch Reagens in DAB's (1910–1968); vor allem Formaldehyd-Schwefelsäure (Marquis Reagens) für Alkaloidnachweise.

Harms-Reagenzien S. 52.

Fossilia

Der Begriff „Fossilien" hat seinen Sinn mehrfach verändert (vgl. Räth-Mineralogie S. 3 uf.). Er wird bei der Arzneimitteleinteilung (Bd. III dieses Lexikons) im modernen Sinne gebraucht („Versteinerungen"). Zwei davon blieben bis zum 18. Jh. offizinell (Ph. Württemberg 1741):
1.) Lapis judaicus (Diureticum, Absorbens). Solche Seeigelstacheln kannte Dioskurides (gegen Harnverhaltung, Blasensteine).
2.) Lapis lyncis (Belemnites, Ceraunius, Dactylius idaeus, Katzenstein, Luchsstein, Donnerstein, Druydenfinger; Volksmittel gegen Wechselfieber). Solche Überreste fossiler Tintenfische spielten in germanischer Mythologie und Medizin eine Rolle; Plinius kannte sie.

Fühner-Lithotherapie S. 55 uf.

Fuchsin

Reagens in DAB's (1910–1926); zum Nachweis von Bakterien und Protozoen; (1926:) Weingeist in äther. Ölen.

Harms-Reagenzien S. 52 uf.

Fuligo

Siehe hierzu Wietschoreck-Nachchemiatrie S. 119–125, Kap. „Spiritus fuliginis – Rußspiritus und andere Rußpräparate". Schon bei Dioskurides wird Ruß (aus Harzen, wie Weihrauch, Myrrhe usw.) erwähnt, auch ein Ruß, den die Maler gebrauchen und der aus Glashütten geholt wird (er hat ätzende, adstringierende Kraft; mit Rosenwachssalbe bildet er bei Brüchen Narben). In Deutschland kommt Ruß in Apotheken seit Mitte 17. Jh. vor. Er wird seit Ph. Brandenburg 1698 zur Herstellung des Spiritus Fuliginis benutzt. Die Ph. Württemberg 1741 gibt Vorschriften für:
1.) Spiritus Fuliginis (aus Fuligo splendens, Glanzruß, durch Destillation aus der Retorte; Sudoriferum, Diureticum; von Hartmann gegen Epilepsie gelobt, auch gegen hysterische Krankheiten u. a.).

2.) Essentia Fuliginis Clauderi: alias Haemato-cathartica et alexipharmaca dicta (aus Kaliumcarbonat, Salmiak und Ruß durch Digestion; Resolvens, gegen chronische Krankheiten, viertägiges Fieber, Gelbsucht, Cachexie).

Im 19. Jh. hat die Ph. Hamburg 1835 aufgenommen: 1. Fuligo depurata; 2. Tinctura Fuliginis (= Tinctura Fuliginis Clauderi); Vorschrift wie oben; 3. Tinctura Fuliginis foetida (aus Fuligo, Asa foetida und Spiritus).

Döbereiner-Apothekerbuch (1847) schreibt zu Fuligo splendens: Ist schon früher als ein auflösendes und schweißtreibendes Mittel gegen Gicht angewandt und deshalb von der Pharm. univ., austriac., und badens. und dem Codex medic. hamb. in der Arzneiwissenschaft aufgenommen worden.

Furfurol

Reagens in DAB's (1910–1926) zur Prüfung auf Sesamöl.

Harms-Reagenzien S. 54 uf.

Gelatina

Aufgenommen in DAB 7, 1968: Gelatine (Gelatina alba); dient zur Blutstillung, als Blutersatzmittel, für galenische Zwecke; als Reagens bei Identitätsprüfung von Tannin. Ähnlich früher (Ph. Hessen 1827: Decoctum Collae piscium) zum Nachweis von Gerbsäure (so Ph. Sachsen 1867, DAB's 1910–1926).

Gentianaviolett (B)

Pararosanilinfarbstoff (Pyoktaninum coeruleum, Methylviolett). Verwendung nach Hager-Handbuch, um 1930, als Antisepticum in Streupulvern, Augenheilkunde; bei Tieren gegen Maul- und Klauenseuche; „wegen der starken Farbkraft wird es wenig mehr angewandt". Reagens in DAB's (1910–1926), für die Gramsche Färbung (von Bakterien und Protozonen).

Glandulae Thyreoideae siccatae

Getrocknete Schilddrüsen (von Rindern oder Schafen) waren aufgenommen in DAB 6, 1926. Sie sollten einen Mindestgehalt von 0,18 % Jod besitzen.

Glycerinum

Von Scheele um 1780 entdeckt. In einigen Länderpharmakopöen des 19. Jh. (Ph. Bayern 1859, Preußen 1862), dann DAB's (1872–1968). Nach Hager-Kommentar (1874) hat Glyzerin keine Heilkräfte, wird aber innerlich (gegen Dysenterie, als Zuckerersatz) und äußerlich (gegen spröde Haut, Hämorrhoiden, Ohrenleiden), auch in der Kosmetik verwandt. Als Reagens in DAB's (1890–1968), für mikroskopische Technik, als Lösungsmittel.

Harms-Reagenzien S. 56.

Goldschwefel

Siehe hierzu Wietschoreck-Nachchemiatrie S. 304, Kap. „Sulphur antimonii auratum – Goldschwefel". Wichtiges Präparat der nachchemiatrischen Zeit, dessen Herstellung aus den Schlacken des mit Weinstein gerösteten Schwefelantimons [vom Regulus Antimonii, → Antimonium] durch Auslaugen mit Wasser und Zersetzen durch Essig bereits Glauber (um 1650) gekannt hatte (= Panacea antimonialis, Sulphur purgans universalis). Die Vorschrift wurde vielfältig variiert. In deutschen Pharmakopöen kommt das Präparat seit Ph. Brandenburg 1698 vor. In Ph. Württemberg 1741: Sulphur auratum Antimonii; es wird fraktioniert gefällt [der 1. Niederschlag ist nach Hagen, um 1780, braun, der 2. heller, der 3. von blasser Orangefarbe], die 3. Fraktion verwendet (die 1., emetisch wirkende, wird selten gebraucht); gegen hartnäckige und chronische Affektionen, wirkt blutreinigend; bei Asthma, Katarrhen, Kopfschmerzen, intermittierenden Fiebern, Scabies, Lues; die Wirkung wird verstärkt, wenn mit Mercurius dulcis zusammen gegeben.
Das Antimon(V)-sulfid blieb pharmakopöe-üblich bis DAB 6, 1926. Bezeichnungen in preußischen Pharmakopöen und DAB's: (1799–1829) Sulphur stibiatum aurantiacum (aus Antimon(III)-sulfid, Schwefel und Kalilauge durch Kochen, dann Zersetzen mit Schwefelsäure). (1846–1862) Stibium sulphuratum aurantiacum (mit gebranntem Kalk bereitet). In DAB's, ohne Vorschrift: (1872–1926) Stibium sulfuratum aurantiacum. In der Homöopathie ist „Antimonium sulfuratum aurantiacum – Goldschwefel" ein wichtiges Mittel.

Anwendung nach Döbereiner-Apothekerbuch (1847): Wird innerlich in Pulvern, Trochisken, Bissen, Schüttelmixturen und Lecksäften gegen Fieber, Entzündungen der Atmungswege, gegen Schleimflüsse, chronischen Katarrh und bei schleimigem Zustand des Darmkanals, bei Leberverstopfungen, Milzauftreibungen, Pfortaderstockungen, Lähmung in der Unterleibszirkulation, dadurch bedingte Wassersuchten, Quartanfieber, skrofulösen Drüsenverhärtungen, gegen rheumatische und gichtische Affektionen, krätzige, flechtenartige gichtische und skrofulöse Hautleiden, Keuchhusten usw. angewendet. Hager-Kommentar (1874) schreibt demgegenüber: Seitdem man aus den Schwefelantimonpräparaten das Arsen verbannt hat, können diese ihren alten Heilwert nicht mehr behaupten. Selbst der berühmte Arzt Hebra glaubt, daß die Wirkung des reinen Goldschwefels über die des feinen Streusandes nicht hinausgeht. Was er bei katarrhalischen und krupösen Leiden leistet, verdankt er seinem geringen Gehalt an Antimonoxyd. Hager-Handbuch, um 1930, berichtet: Große Gaben wirken brechenerregend und abführend, kleine Gaben diaphoretisch und expectorierend. Man gibt ihn fast nur noch als Expectorans bei Bronchialkatarrhen. In der Tierheilkunde bei Druse und Katarrhen; technisch zum Färben roter Gummiwaren.

Guajacolum

Entsteht u. a. bei der trockenen Destillation von Guajakharz. Aufgenommen in Erg.B's (vor 1900): Guajacolum und Guajacolum carbonicum; (1906) nur Guajacolum, dazu Kalium sulfoguajacolicum; (1916) Guajacolum liquidum (= Guajakol), Guajacolum valerianinum und das Guajakolsulfonsaure Kalium; (1941) Flüssiges Guajakol und G. valerianicum. In DAB's: (1910–1926) Guajacolum carbonicum (= Duotal [→ Bd. IV, H 13]); (1926) Kalium sulfoguajacolicum (= Thiokol [→ Bd. IV, H 50]). Guajakol diente in DAB 6, (1926) als Reagens (zur Prüfung von alkoholischen Präparaten auf Methanol); siehe hierzu Harms-Reagenzien S. 56 uf.

Guajakharz

Reagens in DAB 6, 1926, zum Nachweis von Blut.

Haematoxylin

Reagens in DAB's (1900–1910); spezieller Indikator (Chinarinde, Brechwurzel).

Hepar Sulphuris

Siehe hierzu Krüger-Elixiere S. 206–247, Kap. „Schwefel-Tinkturen". Die Umsetzung von Schwefel mit Alkalilauge war schon in der Antike (Plinius) bekannt. Gesner (um 1550) macht so ein Oleum Sulphuris; im 17. Jh. weitere Vorschriften. In Pharmakopöen tritt zunächst eine Tinctura Sulphuris auf (Ph. Brandenburg 1698); erst wird Schwefel mit Kaliumcarbonat geschmolzen, dann mit Alkohol die Tinktur ausgezogen. Die Schwefelleber selbst war pharmakopöe-üblich seit Ph. Württemberg 1741: Hepar Sulphuris (aus Schwefel und Kaliumcarbonat; dient zur Herstellung von Tinctura Sulphuris und von Syrupus Sulphuris = Arcanum Bechicum Willisii, dieses gegen Asthma, Husten, Schwindsucht). Die Ph. Preußen 1799 hat das Präparat: Kali sulphuratum; in DAB's (1872–1926) Kalium sulfuratum, wobei 1872 zwischen einem normalen Präparat, hergestellt mit reinem Kaliumcarbonat, und einem Badepräparat (Kali sulfuratum ad balneum) mit rohem Kaliumcarbonat unterschieden wurde. Nach Hager-Kommentar (1874) wird reine Kalischwefelleber nur noch sehr selten gebraucht, in Pillen bei Hautleiden, Mercurialsalivation; bei chronischen Metallvergiftungen. Das unreine Präparat zu Bädern und Waschungen bei chron. Metallvergiftungen, Gicht, Rheuma, Hautleiden.

Zum Ausgang des 18. Jh. kam eine Calciumschwefelleber auf (aus Calciumoxid und Schwefel), in preußischen Pharmakopöen (1799–1829) als Calcaria sulphurata (= Hepar Sulphuris calcareum) bezeichnet. Anwendung wie Kalischwefelleber; zur Herstellung von Schwefelwasserstoffgas, für Hahnemannsche Weinprobe.
In der Homöopathie sind sowohl „Hepar sulfuris – Kalkschwefelleber" (Hahnemann 1818) als auch „Hepar sulfuris kalinum – Kalischwefelleber" (Allen 1877) wichtige Mittel.

Hexamethylentetraminum

Siehe hierzu Bd. IV, H 26 (Urotropin). Aufgenommen in DAB's (1910-1968); zur Nieren- und Blasendesinfektion, äußerlich als Adstringens. Reagens in DAB 5, 1910, für Heroinhydrochloridnachweis.

Homatropinum hydrobromicum

Aufgenommen in DAB's seit 1890 (noch 1968). Anwendung (wie Atropin) zur Pupillenerweiterung.

Lit.: W. Schneider, Albert Ladenburg und seine ersten alkaloidchemischen Untersuchungen, Pharmaz. Industrie *16*, 184–186 (1954).

Hydrargyrum

Dioskurides beschreibt die Gewinnung des Quecksilbers aus Kinnabari (durch trockenes Erhitzen); er gibt keine medizinische Verwendung an, lediglich Mittel gegen Quecksilbervergiftung. Die Alchemisten sahen Quecksilber im Zusammenhang mit dem Planeten Merkur. In Ap. Lüneburg 1475 waren 6½ lb. Argenti vivi vorrätig. Die T. Worms 1582 führt: Argentum viuum (Hydrargyrum, Argentum aqueum, Mercurius Chymistarum, Quecksilber, Wassersilber, Lebendig Silber). War pharmakopöe-üblich bis Mitte 20. Jh.
In Ph. Württemberg 1741: Argentum vivum (Mercurius vivus, Quecksilber; dient sowohl chemischen, medizinischen wie mechanischen Zwecken). Bezeichnungen in preußischen Pharmakopöen und DAB's: (1799–1846) Hydrargyrum (war ein Handelsprodukt); dazu (seit 1827) Hydrargyrum depuratum (Destillation unter Zusatz von Eisen); (1862) nur Hydrargyrum depuratum ohne Vorschrift. In DAB's: (1872) Hydrargyrum und Hydrargyrum depuratum (Waschen mit Salpetersäure); (1882–1926) Hydrargyrum; (1968) nur unter Reagenzien geführt (zur Herstellung von Millons Reagens; Lösung von Quecksilber in Salpetersäure; dient zum Nachweis von Konservierungsmitteln in Zuckersirup).
Nach Gart der Gesundheit, um 1500, Kap. Quecksilber, wird „getötetes Quecksilber", mit Rosen- und Lorbeeröl gemischt, gegen Läuse und Kopfgrind verwandt; gegen faules Fleisch in faulen Wunden, zerstört Fisteln, tötet Mäuse und andere Tiere. Man tötet das Quecksilber durch Verreiben mit Speichel oder Buchenasche dazu. Als Salbe gegen Kopfgrind dient nach Meister Paulus eine eingekochte Mischung von Nußöl, Bleiglätte, Bleiweiß und Essig; hat diese Honigkonsistenz, so wird Quecksilber untergerührt. Die spezielle Verwendung von Quecksilber gegen Syphilis begann – nach Darmstaedter-Handbuch – kurz vor 1500; Schmierkuren mit Quecksilber seit 1500.
Nach Schröder, 1685, ist Quecksilber natürlich und wird auch künstlich aus den Metallen gezogen (= Mercurium corporum). Reinigt das Geblüt von aller venerischen Unreinigkeit; Hauptmittel gegen Franzosenkrankheit (Syphilis); die Verwendung gegen Pest ist umstritten; vertreibt Würmer; befördert die schwere Geburt (getrunken); gegen Krätze und Räude, Läuse; zu Amuletten, in eine Haselnuß eingeschlossen, gegen Pest und Verzauberung. Außer Antimonium gibt es nichts mehr, aus dem man soviele Arzneimittel herstellen kann (Purgantien, Diaphoretica, Vulneraria); die innerliche Anwendung, meist in Pillenform, ist selten, die äußerliche häufig (in Salben, Pflastern).
Über die Anwendung metallischen Quecksilbers schreibt Döbereiner-Apothekerbuch (1847): zuweilen in Gaben von halben und ganzen Pfunden bei hartnäckigen

Verstopfungen, eine wäßrige Abkochung gegen Würmer. Mit anderen Stoffen innigst gemischt, dient es zur Darstellung verschiedener Heilmittel, die innerlich und äußerlich gegen syphilitische, skrophulöse und krätzartige Krankheiten benutzt werden. Nach Hager-Handbuch, um 1930, verwendet man Quecksilber zur Herstellung von Thermometern und Barometern und vieler anderer Apparate für wissenschaftliche und technische Zwecke; medizinisch hauptsächlich in Form von Quecksilbersalbe und Pflaster; zur Herstellung von Quecksilber-Verbindungen.
In der Homöopathie ist „Mercurius vivus – Quecksilber" ein wichtiges Mittel.

Unter den Heilmitteln mit met. Quecksilber nennt Döbereiner:
1.) Emplastrum mercuriale; wird nach verschiedenen Vorschriften hergestellt; meist wird Quecksilber mit Terpentin getötet, dann mit Bleipflaster und Wachs, auch anderen Harzen verarbeitet. Solch Pflaster heißt in Ph. Preußen: (1799–1862) Emplastrum Hydrargyri (= Empl. mercuriale); ebenso in DAB's (1872–1926). Anwendung von Emplastrum Hydrargyri nach Hager-Handbuch, um 1930: bei syphilitischer Initialsclerose mit geschwürigen Gummaten, sowie bei Drüsengeschwülsten. Nach Hager unterscheidet man einfaches und zusammengesetztes Quecksilberpflaster; letzteres ist unter dem Namen Empl. de Vigo cum Mercurio in der Schweiz, Spanien und Frankreich offizinell.
2.) Unguentum mercuriale, ebenfalls nach vielen Vorschriften herstellbar, die sich mit der Zeit vereinfachten. Pharmakopöe-üblich vom 17./20. Jh., so z. B. in Ph. Augsburg 1623 (aus Quecksilber, Schweineschmalz, vielen Harzen usw.). In Ph. Württemberg 1741 (nur aus Quecksilber, mit Terpentin getötet, und Schweineschmalz) heißt die Salbe Unguentum Neapolitanum (gegen Lues). In Preußen und DAB's heißt solche Salbe (1799–1926) Unguentum Hydrargyri cinereum (= Ungt. Neapolitanum, Quecksilbersalbe); in anderen Länderpharmakopöen (z. B. Ph. Hessen 1827) auch noch Bez. Unguentum mercuriale, Graue Quecksilbersalbe.

Hydrargyrum aceticum

War eine zeitlang in preußischen Pharmakopöen aufgenommen. Herstellung 1799 aus rotem Quecksilberoxyd und konz. Essig (auch Mercurius acetatus genannt) [also Quecksilber(II)-acetat], dann (1813–1829) aus Liquor Kali acetici und Liquor Hydrargyri nitrici oxydulati [Quecksilber(I)-acetat]. Anwendung nach Döbereiner-Apothekerbuch (1847) bei syphilitischen, mit Leiden der Harnorgane verbundenen Affektionen und chronischen Hautübeln, innerlich in Pulver- und pulveraufnehmender Form, äußerlich als Zusatz bei Salben. Quecksilber(II)-acetat wird nach Döbereiner jetzt wenig oder gar nicht gebraucht, ist Bestandteil der Keyser'schen Pillen und Trochisken. Nach Hager-Handbuch, um 1930, kann

Hydrargyrum aceticum oxydulatum (Mercuroacetat) bei Hautkrankheiten zu Waschungen, auch innerlich angewandt werden, Hydrargyrum aceticum oxydatum (Mercuriacetat) zu Waschungen gegen Sommersprossen, innerlich als Antisyphiliticum. Als „Quecksilberoxydacetat" in Reagenzienliste DAB 6, 1926 (Verwendung bei Gehaltsbestimmung von Kalium sulfoguajacolicum und zur Prüfung des Suprarenins; siehe Harms-Reagenzien S. 123).

Hydrargyrum chloratum

Im Zusammenhang der Metallchloride beschreibt Döbereiner-Apothekerbuch (1847) drei wichtige Präparate:

1.) Hydrargyrum muriaticum oxydatum [$HgCl_2$]. Siehe hierzu Schröder-Chemiatrie S. 70–72, Kap. „Mercurius sublimatus corrosivus – Ätzendes Quecksilbersublimat". Entstammt der mittelalterlich-alchemistischen Ära. Herstellung bei Pseudo-Geber (etwa 13. Jh.) durch Sublimation aus Quecksilber, Vitriol, Alaun, Kochsalz und Salpeter. War schon im 16. Jh. ein Handelsprodukt; seit daher pharmakopöe-üblich bis zum 20. Jh., teilweise mit Vorschriften zur Herstellung.

In Ap. Lüneburg 1475 waren 1 lb. Mercurii sublimati vorrätig. Die T. Worms 1582 führt: Mercurius sublimatus (Argentum viuum sublimatum, Hydrargyrum sublimatum, Argentum sublimatum, Sublimat). In Pharmakopöen des 17. Jh. wurden Herstellungsvorschriften aufgenommen, so Ph. Augsburg 1640: Mercurius sublimatus (aus Quecksilber, Vitriol, Kochsalz, etwas Salpetersäure) oder Ph. Nürnberg 1666 (aus Quecksilber und Salpetersäure, eindampfen, Rückstand mit kalziniertem Vitriol und Kochsalz sublimieren); das zweite Verfahren, schon bei Beguin, um 1610, beschrieben, setzte sich durch, z. B. in Ph. Württemberg 1741 beim Mercurius sublimatus corrosivus (ist das stärkste aller Gifte, dient zu chemischen Operationen, in Medizin und Chirurgie fast gar nicht, allenfalls zu den Aquis phagedaenicis [siehe unten]).

In preußischen Pharmakopöen und DAB's: (1799–1829) Hydrargyrum muriaticum corrosivum (aus Quecksilber und Schwefelsäure, nach dem Eindampfen mit Natriumchlorid sublimieren). (1846–1862) Hydrargyrum bichloratum corrosivum (1862 ohne Vorschrift). In DAB's: (1872) Bez. wie zuvor. (1882–1926) Hydrargyrum bichloratum. (1968) Quecksilber(II)-chlorid. Ist in dieser Pharmakopöe ein häufiger gebrauchtes Reagens; über seine Anwendung in DAB 6, 1926, siehe Harms-Reagenzien S. 120 uf. War als Reagens pharmakopöe-üblich seit Ph. Lippe 1792/94 (z. B. Nachweis von Alkalien, Alkaloiden; von Reduktionsmitteln wie Zinn(II)-salzen usw.).

In der Homöopathie ist „Mercurius sublimatus corrosivus – Quecksilberchlorid" (Hahnemann 1822) ein wichtiges Mittel.
Anwendung nach Döbereiner (1847): in sehr kleinen Gaben innerlich gegen Syphilis, gichtisch-rheumatische Affektionen, Nervenkrankheiten, bes. bei Kopf- und Gesichtsschmerzen, Lähmungen, Hautkrankheiten, Wassersucht, Skrofulose und Krebsleiden. Äußerlich als Streupulver zum Ätzen um sich fressender Geschwüre, als Wasch-, Verband-, Mund- und Gurgelwasser, zu Bädern, Klistieren, Salben. Nach Hager-Handbuch, um 1930: äußerlich in Substanz oder konz. Lösung als Ätzmittel bei syphilitischen Affektionen, in verdünnten Lösungen als Antisepticum in der Wundbehandlung (zur Erzielung neutraler Reaktion setzt man Natriumchlorid hinzu); innerlich meist in Pillenform, selten in Mixturen als Antisyphiliticum, bei Typhus. Nach Böhme-Kommentar (1969): Hautdesinfektion (innerlicher Gebrauch ist obsolet).

Als Präparate aus Quecksilbersublimat nennt Döbereiner (1847) außer den nachher unter 2.) und 3.) folgenden:
Lösung in Wasser zusammen mit Salmiak, war mit verschiedenen Zusammensetzungen pharmakopöe-üblich, z. B. Liquor Hydrargyri muriatici corrosivi bzw. Liquor Hydrargyri bichlorati der preußischen Pharmakopöen (1799–1846); war anstelle von Aqua phagedaenica aufgenommen. Dieses bestand nach Ph. Württemberg 1741 aus Kalkwasser, Sublimat und Weingeist. Mit ähnlicher Vorschrift (meist ohne Weingeist) in anderen Länderpharmakopöen des 19. Jh. und letztmalig im DAB 1, 1872: Aqua phagedaenica (Phagedaenisches Wasser. Altschadenwasser. Liquor Hydrargyri bichlorati corrosivi cum Calcaria usta); dann Erg.B's (noch 1916). Anwendung nach Hager-Kommentar (1874): zur Heilung syphilitischer Geschwüre, alter Geschwüre und Wunden, zum Einspritzen in Fisteln, gegen Ungeziefer.

Es ist hier zu erwähnen, daß ein „Aqua cum mercurio" (wäßrige Lösung von Mercurius sublimatus) bereits in den Augsburger Pharmakopöen des 16./17. Jh. aufgenommen war (z. B. Ph. Augsburg 1565, 1623). Das Aqua mercuriata der späteren Augsburger Pharmakopöen (z. B. 1685) enthielt neben Mercurius sublimatus: Bleiweiß, Alaun, Sal Nitri, Salmiak, Bleiglätte, Ingwer, Essig und einige Pflanzenwässer; Verwendung gegen viele Hautleiden, syphilitische Geschwüre, Pusteln, Fissuren usw.

Zur Erklärung des Liquor Hydrargyri muriatici corrosivi cum Sale Ammoniaco gibt Döbereiner an, daß die Flüssigkeit nicht Quecksilberchlorid und Salmiak nebeneinander gelöst enthält, sondern vielmehr ein aus beiden bestehendes Doppelsalz: Quecksilber-chlorid-Chlorammonium, „welches früher unter dem Namen: Alembrothsalz, Salz der Weisheit, Sal Alembrothae seu sapientiae, berühmt war [unter Sal Alembrot verstand man aber auch andere Präparate, so ist es nach Kräutermann-Chymist (1726) herzustellen aus Steinsalz, Sal alcali und Pflanzensäften; man soll es auch in Cypern natürlich finden]. In Ha-

ger-Handbuch, um 1930, wird Hydrargyrum-Ammonium bichloratum ($HgCl_2 \cdot 2\,NH_4Cl + 2\,H_2O$) als Alembrotsalz bezeichnet; seltene Anwendung, in gleicher Weise wie Quecksilberchlorid.
Bedeutung hatten auch Präparate aus Sublimat und Kochsalz trocken kombiniert: Pastilli Hydrargyri bichlorati (Sublimatpastillen). In DAB's (1900–1926), zur äußerlichen Anwendung.

2.) Hydrargyrum muriaticum oxydulatum [Hg_2Cl_2]. Siehe hierzu Schröder-Chemiatrie S. 78–82, Kap. „Mercurius dulcis – Versüßtes Quecksilber" und S. 72–75, Kap. „Mercurius praecipitatus – Quecksilberpräzipitat". Quecksilber(I)-chlorid war Hauptbestandteil von 2 chemiatrischen Präparaten:

a) auf trockenem Wege hergestellt (Sublimation von Mercurius sublimatus mit Quecksilber). In Ph. Köln 1628 als Panchymagogon Quercetani beschrieben, in Ph. Augsburg 1640 als Mercurius sublimatus dulcis. In Ph. Württemberg 1741 als Mercurius dulcis (eins der besten Mittel, das wir in der Medizin haben; Laxans, Blutreinigungsmittel; bei Krankheiten, die auf Drüsenverstopfung beruhen, gegen Luesgifte, Scabies und alte Geschwüre ist es ein Mittel, das seinesgleichen nicht hat; in Pillen, Boli, mit Rosenkonserven). In Ph. Preußen 1799–1829 unter der Bez. Hydrargyrum muriaticum mite (= Mercurius dulcis, Calomelas); (1846–1862) Hydrargyrum chloratum mite. Gleiche Bezeichnung in DAB 1, 1872. Seit 1862 ohne Herstellungsvorschrift. 1872 zusätzlich ein Hydrargyrum chloratum mite vapore paratum (besonders fein verteilt, ohne Vorschrift). (1882–1926) Hydrargyrum chloratum (Kalomel) und Hydrargyrum chloratum vapore paratum. (1968) Quecksilber(I)-chlorid. War als Reagens in DAB's (1910–1926) aufgeführt (1910 bei Identitätsprüfung von Kokain, Pilocarpin und Novocain). In der Homöopathie ist „Mercurius dulcis – Quecksilberchlorür" ein wichtiges Mittel.

Anwendung nach Döbereiner (1847): „Wirkt antiphlogistisch, antirheumatisch, abführend, auflösend, wurmwidrig und erregt oft Speichelfluß. Man gibt es gewöhnlich in Pulvern, seltener in Pillen oder Bissen und ganz unzweckmäßig in Mixturen, gegen Fieber..., in größeren Gaben bei dem in den Tropenländern herrschenden gelben Fieber, Sumpffiebern, bei venös-galligen Fiebern, bei catarrhalischen und rheumatischen Fiebern, bei hitzigen Rheumatismen, bei Typhus congestivus; gegen akute und chronische Entzündungen..., als treffliches ableitendes Mittel in Stuhlgang erregenden Gaben bei Hirnentzündung, Entzündung der Regenbogenhaut und in der Lungenkrankheit...; gegen akute Hautausschläge, namentlich im Scharlach, bei den Masern und Pocken; gegen Schleimflüsse der Respirationsorgane, des Alimentarkanals und der Harn- und Geschlechtswerkzeuge; gegen Wassersuchten, Verhärtungen drüsiger Organe, hartnäckige Vegetationskrankheiten, Syphilis, wo es ein Hauptmittel ist, Nervenkrankheiten, namentlich bei rheumatischem und

Wundstarrkrampf, Wasserscheu, Gesichtsschmerz, in der Bleikolik und bei Keuchhusten; äußerlich zu Augen- und Schnupfpulvern, Augen- und Verbandwässern, Salben und Einreibungen“. Nach Böhme-Kommentar (1969): 1. äußerlich (Vapore oder Via humida paratum) zum Einstäuben in den Bindehautsack bei Entzündungen, bes. bei Phlyktaenen; zur lokalen Behandlung luetischer Geschwüre. 2. innerlich als Abführmittel und galletreibendes Mittel.
Im Zusammenhang mit Quecksilberchlorür erwähnt Döbereiner den Mercurius cinereus (Mercurius praecipitatus Saunderi), eine Verreibung von Kalomel mit Salmiakgeist.

Mittels Kalomel wurde auch das Aqua phagedaenica nigra bereitet (nach DAB 1, 1872, dann Erg.B's, noch 1916, aus Quecksilberchlorür und Kalkwasser); Externum mit milderer Wirkung als das einfache Aqua phagedaenica.

b) auf nassem Wege hergestellt. In Ph. Augsburg 1640 ist die Herstellung des Mercurius cosmeticus seu praecipitatus albus beschrieben (Quecksilber in ausreichender Menge Salpetersäure lösen, mit Kochsalz fällen). So auch in Ph. Württemberg 1741 (äußerlich bei Flechten, Scabies usw.). Die Herstellung des Präparates wird bei Hagen, um 1780, noch ausführlich diskutiert (Mercurius praecipitatus albus, Weißes Präzipitat). Der Name ging dann auf das folgende (unter 3.) Mittel über, und das Präparat „Hydrargyrum muriaticum via humida paratum“ verschwand.

3.) Hydrargyrum ammoniato-muriaticum [$HgNH_2Cl$]. Seit der Zeit um 1800 ist es üblich, mit weißem Quecksilberpräzipitat nur die Fällung aus Quecksilber(II)-chlorid-Lösung mit Salmiak und Soda oder Ammoniak als weißes Quecksilberpräzipitat zu bezeichnen (nach Döbereiner ist das Verfahren schon den mittelalterl. Alchemisten (Lull) bekanntgewesen; Lemery hat es 1675 beschrieben). Bezeichnungen in preußischen Pharmakopöen und DAB's: (1799) Hydrargyrum muriaticum praecipitatum (= Mercurius praecipitatus albus). (1813–1829) Hydrargyrum ammoniato-muriaticum (bis dahin Herstellung aus Sublimat- und Salmiaklösung mit Zusatz von Soda). (1846–1862) Hydrargyrum amidatobichloratum (Zugabe von Ammoniak zu Sublimatlösung). In DAB's mit Vorschrift: (1872–1926) Hydrargyrum praecipitatum album. In DAB 7, 1968, nur „Quecksilberpräzipitatsalbe“, für deren Herstellung das Präparat frisch bereitet wird. (So stand die Salbe bereits in Ausgabe 1926: Unguentum Hydrargyri albi; davor wurde sie aus der Quecksilberverbindung durch Mischen mit Vaseline bzw. Schweineschmalz hergestellt: Unguentum Hydrargyri praecipitati albi (1872), Unguentum Hydrargyri amidato-bichlorati, Ph. Preußen 1862).
Anwendung von weißem Präzipitat nach Döbereiner (1847): „nur äußerlich zu Salben und als Streupulver gegen Flechten, eingewurzelte Krätze, langwierige ausschlagartige, besonders krätzige, fressende und flechtenartige Geschwüre, zur

Hervorrufung eines pustulösen Ausschlages, um innere Krankheitsprozesse abzuleiten, und in der Augenheilkunde gegen chronische Augenkrankheiten, Augenschleimflüsse, Hornhautflecke und Geschwüre, Augenfelle und kontagiöse Augenentzündung". Nach Hager, um 1930: Nur äußerlich, in Salben gegen Scabies, Ekzeme, syphilitische Ausschläge, Parasiten, sowie in der Augenheilkunde. Nach Böhme (1969) wird die Salbe bei parasitären und bakteriellen Hautinfektionen, bei Impetigo contagiosa und bei Psoriasis, bes. des behaarten Kopfes, angewandt.

Hydrargyrum cyanatum

In einige Länderpharmakopöen des 19. Jh. aufgenommen. Nach Döbereiner-Apothekerbuch (1847) bereitete man das Präparat gewöhnlich durch gegenseitige Zersetzung von Quecksilberoxyd und Berlinerblau (von Scheele eingeführtes Verfahren; in Ph. Hessen 1827: Mercurius hydrocyanicus) oder durch Lösen von Quecksilberoxyd in Blausäure (so in Ph. Baden 1841: Hydrargyrum cyanatum). Noch in Ph. Hannover 1861 verzeichnet. Dann einige DAB's, ohne Vorschrift (1882–1926).
Anwendung nach Döbereiner: statt des Quecksilberchlorides innerlich in Pulvern, Pillen und Lösungen gegen Syphilis, äußerlich zu Mund-, Gurgel- und Verbandwässern und Einspritzungen gegen syphilitische Mund- und Halsgeschwüre, Hitzblattern, hartnäckige Flechten und skrofulöse Augenkrankheiten. Nach Hager-Handbuch, um 1930: Innerlich für Kinder gegen Diphtherie, für Erwachsene bei Syphilis in Form subkutaner Injektionen. In der Homöopathie ist „Mercurius cyanatus – Quecksilbercyanid" (A.H.Z. 1869) ein wichtiges Mittel.
In DAB 6, 1926, war auch Hydrargyrum oxycyanatum aufgenommen. Dient nach Hager, um 1930, als Antisepticum; zur Desinfektion von Instrumenten. Diese Pharmakopöe führt zugleich Pastilli Hydrargyri oxycyanati (für äußerliche Zwecke).

Hydrargyrum nitricum

Als Quecksilbersalze mit Salpetersäure sind in Döbereiner-Apothekerbuch (1847), außer Hydrargyrum ammoniato-nitricum oxydulatum basicum (→ Hydrargyrum oxydatum unter 2.) beschrieben:

Hydrargyrum nitricum oxydulatum; „das Oxydulsalz entsteht, wenn Quecksilber mit kalter verdünnter Salpetersäure in Berührung gesetzt wird". Das Präparat war pharmakopöe-üblich im 19. Jh. (noch DAB 1, 1872, dann Erg.B's, noch 1941: Hydrargyrum nitricum oxydulatum). In preußischen Pharmakopöen

war das Salz erstmalig 1862 aufgenommen: Hydrargyrum oxydulatum nitricum crystallisatum, gleichzeitig mit Hydrargyrum oxydulatum nitricum solutum. Diese Lösung war als Liquor Hydrargyri nitrici (= Mercurius nitrosus) schon um 1800 offizinell geworden (in Ph. Preußen 1799 und später; auch noch in DAB 1, 1872). In der Homöopathie ist „Mercurius nitrosus – Quecksilberoxydulnitrat" ein wichtiges Mittel.
Über die Verwendung schreibt Döbereiner (1847): Die Lösung des salpetersauren Quecksilberoxyduls wird innerlich bei syphilitischen Übeln angewendet; dient als Reagens auf Chlor, Brom und Jod (so in einigen Länderpharmakopöen des 19. Jh., seit Ph. Lippe 1792/94).

Hydrargyrum nitricum oxydatum; „das salpetersaure Quecksilberoxyd entsteht, wenn Quecksilber mit überschüssiger Salpetersäure kochend behandelt wird". Als Salz in den Erg.B's (noch 1941, ohne Vorschrift), als Lösung schon in frühen Länderpharmakopöen des 19. Jh. z. B. in Preußen seit 1827: Liquor Hydrargyri nitrici oxydati, noch Ph. Hannover 1861, mit Vorschrift (als Synonym wird angegeben: Mercurius nitrosus calore paratus).
Anwendung des Liquors nach Döbereiner (1847) nur noch äußerlich als Ätzmittel und in Injektionen zur Zerstörung abnormer Höhlen, namentlich der geöffneten Lymph- und Hydatidalgeschwülste, bei Knochenfraß, zum Wegbeizen großer Afterproduktionen usw.

Hydrargyrum oxydatum

Im Zusammenhang der Oxyde metallischer Stoffe beschreibt Döbereiner-Apothekerbuch (1847) zwei Quecksilberverbindungen mit einigen zugehörigen Präparaten:

1.) Hydrargyrum oxydatum [HgO]. Siehe hierzu Schröder-Chemiatrie S. 76–78, Kap. „Mercurius praecipitatus ruber – Rotes Quecksilberpräzipitat". Das Synonym Pulvis Johannis de Vigo (bei Döbereiner) läßt erkennen, daß das Präparat bereits um 1500 in Gebrauch war. Die T. Worms 1582 führt: Mercurius praecipitatus (Pulvis angelicus, Argentum vivum praecipitatum. Precipitat); in Ph. Köln 1565 als Pulvis Mercurii (Quecksilber in Salpetersäure lösen, eindampfen, glühen). Blieb pharmakopöe-üblich bis zur Gegenwart.
Verschiedene Pharmakopöe-Bezeichnungen: Ph. Augsburg 1640, Württemberg 1741: Mercurius praecipitatus ruber (nur äußerliche Anwendung, zum Entfernen

fleischiger Auswüchse, Fleischwucherungen, zum Reinigen bösartiger Geschwüre). In preußischen Pharmakopöen: (1799–1862) Hydrargyrum oxydatum rubrum (bis 1846 mit der obigen Vorschrift, dann ohne). In DAB's (1872–1926) nebeneinander: Hydrargyrum oxydatum rubrum (ohne Vorschrift) und Hydrargyrum oxydatum rubrum via humida paratum (Fällung aus Quecksilber(II)-chlorid-Lösung mit Natronlauge). In DAB 7, 1968, nur „Gelbe Quecksilberoxidsalbe" (Unguentum Hydrargyri flavi); aufgenommen in DAB's seit 1926, damals neben Unguentum Hydrargyri rubrum (aus dem normalen roten HgO, nicht dem feinst verteilten gelben). Beide Salben sind zuvor in allen DAB's und in Preußen (Ungt. Hydrarg. oxydati rubri = Balsamum ophthalmicum rubrum) seit 1827 zu finden.

In der Homöopathie ist „Mercurius praecipitatus ruber – Rotes Quecksilberoxyd" ein wichtiges Mittel. Als Reagens wurde es in DAB's (1910–1926) für einige Spezialzwecke gebraucht, z. B. Nachweis von Halogenbenzoesäuren (siehe Harms-Reagenzien S. 121–122).

Anwendungen des roten Quecksilberoxyds nach Döbereiner (1847): wird in sehr kleinen Gaben innerlich, ausschließlich gegen tief eingewurzelte, sich auf die fibrösen Häute, das Knochensystem reflektierende und darin krankhafte Veränderungen hervorbringende syphilitische Affektionen angewendet; häufiger ist sein äußerlicher Gebrauch, indem man es als Ätzmittel gegen schmerzliche, sehr hartnäckige, mit kalösen Rändern versehene, umsichfressende Chanker, Feigwarzen, syphilitischen Knochenfraß und der Wunde des Bisses toller Hunde, gegen phagedänische Geschwürformen und als Salbe gegen verschiedene Augenkrankheiten benutzt. Nach Hager-Handbuch, um 1930: [Hydrargyrum oxydatum (rubrum)] wird innerlich kaum gegeben; äußerlich in Form von Salben oder als Streupuder bei syphilitischen oder eiternden Geschwüren, in der Augenheilkunde bei Entzündung der Augenlidränder. [Hydrargyrum oxydatum flavum = via humida paratum] wie das rote Quecksilberoxyd; zur Herstellung von Augensalben verwendet man frisch gefälltes Hydrargyrum oxydatum flavum pultiforme. Verwendung der Salbe nach Böhme-Kommentar (1969): Bei schlechtheilenden Hautgeschwüren; in der Augenheilkunde bei Entzündung der Lider und der Bindehaut.

2.) Hydrargyrum oxydulatum [Hg_2O]. Nach Döbereiner (1847) zuerst von Saunder aus Quecksilberchlorür und Ammoniumcarbonat, mit etwas Wasser zusammenreiben, dann Trocknen, hergestellt (Mercurius cinereus, → Hydrargyrum chloratum unter 2.). Moscati führte dann das Verfahren ein, Kalomel mit Ätzlauge zu behandeln; „gewöhnlich wird der von Hahnemann eingeführte Mercurius solubilis Hahnemanni von den Pharmakopöen als Hydrargyrum oxydulatum aufgeführt" [siehe unten]. Das Hydrargyrum oxydulatum nigrum (= Mercurius solubilis) der Ph. Preußen 1799 wird aus einer

Lösung von überschüssigem Quecksilber in Salpetersäure durch Fällung mit Ammoniakflüssigkeit hergestellt. So bis 1846. Noch in Ph. Hannover 1861.
Döbereiner bezeichnet die Namensgebung Hydrargyrum oxydulatum nigrum für das Hahnemannsche Präparat als „fälschlich", er wählt Hydrargyrum ammoniato-nitricum oxydulatum basicum. Mit der Ermittlung der besten Bereitungsart dieses im Jahr 1786 von Hahnemann dargestellten und in den Arzneischatz eingeführten Quecksilberpräparates haben sich viele Pharmazeuten und Chemiker beschäftigt; Herstellung aus einer wäßrigen Lösung von salpetersaurem Quecksilberoxydul mit Ammoniak. Anwendung innerlich in Pulvern und Pillen gegen leichtere syphilitische Affektionen, gegen Ausschläge kleiner Kinder, Croup, äußerlich als Schüttelmixtur oder Salbe gegen Augenkrankheiten. In der Homöopathie ist „Mercurius solubilis Hahnemanni" (Hahnemann 1822) ein wichtiges Mittel.

Hydrargyrum phosphoricum

In Ph. Baden 1841 aufgenommen: Hydrargyrum phosphoricum oxydulatum (aus Quecksilber(I)-nitrat-Lösung und Natriumphosphat); Resolvens, Discutans, Antisyphiliticum. Wird in Hager-Handbuch, um 1930, erwähnt (Bez. auch Mercurius phosphoratus Schaefer); früher als Antisyphiliticum gebraucht. Mercurius phosphoratus Fuchs ist Hydrargyrum phosphoricum oxydatum; Anwendung wie das vorige.

Hydrargyrum sulfuratum

Quecksilbersulfide werden in Döbereiner-Apothekerbuch (1847) in 3 Kapiteln beschrieben:

1.) Hydrargyrum sulphuratum rubrum. „Der Zinnober ist schon den Alten unter dem Namen Minium bekannt gewesen ... Auch die Araber und Chinesen kannten den Zinnober und stellten ihn auf trockenem Wege dar; seine Darstellung auf nassem Wege wurde zuerst im Jahre 1687 von Schulze ermittelt ... Er findet sich ziemlich häufig als Bergzinnober in der Erde." Hiernach ist zu unterscheiden zwischen a) mineralischem, b) synthetischem auf trockenem Wege und c) synthetischem auf nassem Wege gewonnenen.
a) Die älteste Form ist das mineralische Quecksilber(II)-sulfid, das in der Regel bis zum 18. Jh. als Cinnabaris benutzt wurde. In Ap. Lüneburg 1475 waren 2 lb. Cinabris vorrätig. Die T. Worms 1582 führt: Cinnabaris metallica (Miltos, Ammion, Cinnabaris foßilis, Cinnabrium metallicum seu natiuum, Mi-

nium natiuum, Bergzinober). In T. Frankfurt/M. 1687: Cinnabaris nativa (seu mineralis Hungarica, Ungarischer Zinnober) und Americana (Americanischer Zinnober). In Ph. Württemberg 1741: Cinnabaris nativa (Berg-Zinnober; der beste kommt aus Pensylvanien, Ungarn und Japan; häufiger Gebrauch in der Medizin; vor innerlichem Gebrauch soll er sublimiert werden). Unter Präparaten steht in der Pharmakopöe beschrieben: Cinnabaris nativae rectificatio: Gepulverter Zinnober wird aus dem Sandbad sublimiert. Durch Auswaschen mit Wasser erhält man Cinnabaris nativa praecipitata. Zinnober wird selten oder nie allein verschrieben, meist als Zusatz zu Antispasmodicis, Diapnoicis, mit Nitrum und neutralen Salzen vereinigt, meist in kleiner Dosierung; bei Kopfschmerzen und schweren Krampfzuständen jedoch in großer Dosis.
b) Künstlich hergestelltes rotes Quecksilbersulfid steht in T. Worms 1582: Cinnabaris factitia (Minium artificiale, Cinnabrium artificiale. Zinnober, Vermilion), dazu C. factitia praeparata (Bereyter Zinober oder Vermilion). In T. Frankfurt/M. 1687: Cinnabaris factitia (artificialis, cruda) und C. factitia praeparata. In Ph. Württemberg 1741: Cinnabaris factitia (Zinnober); aus Schwefel und Quecksilber (hat nicht geringere Tugenden als der natürliche; er wird in gleicher Weise präpariert).

Die Herstellung beschreibt Hagen, um 1780, folgendermaßen: In einem Tiegel wird Schwefel geschmolzen, Quecksilber zugemischt; man läßt etwas brennen, löscht dann aus. Die entstandene schwärzliche Masse heißt mineralischer Mohr (Aethiops mineralis); man läßt sie in einem Kolben im Sandbad sublimieren. Wenn man das rote Sublimat fein reibt, bekommt es erst die höchste Röte. Diese Herstellungsvorschrift ist noch in frühen Länderpharmakopöen des 19. Jh. zu finden, so in Preußen (1799–1813). In Ausgabe 1827–1846 wird ein entsprechendes Fabrikprodukt gefordert. Kapitelüberschrift immer Cinnabaris.
c) Die Herstellung von rotem Quecksilbersulfid auf nassem Wege (nach Hager-Kommentar, 1865, durch Digestion von Quecksilber, Schwefel und kaustischem Kali) war nicht pharmakopöe-üblich, wurde auch in Fabriken kaum geübt.

In DAB 1, 1872, steht noch einmal Zinnober, jetzt als Hydrargyrum sulfuratum rubrum bezeichnet (schon in einigen Länderpharmakopöen, z. B. Ph. Baden 1841 entsprechend – Hydrargyrum sulphuratum rubrum – genannt); dann Erg.B's (bis 1906). In der Homöopathie ist „Cinnabaris – Zinnober" ein wichtiges Mittel.
Über die Anwendung von Zinnober (natürlichem wie künstlichem) schreibt Döbereiner (1847): Jetzt nur noch als Malerfarbe, mitunter auch noch zum Färben einiger pulvriger Arzneimittel und zu Räucherungen bei syphilitischen Ausschlägen; in der Pharmazie zur Darstellung von reinem Quecksilber. Hager-Kommentar (1874) meint: Zinnober ist ohne allen Heilwert. Innerlich genommen geht er unverändert die Verdauungswege hindurch. Man benutzt ihn noch zum Bestreuen von Pillen, bei der Bereitung des Zittmannschen Decocts; in früheren Zeiten bei

syphilitischen Geschwüren als Räuchermittel. Entsprechendes in Hager-Handbuch, um 1930.

2.) Hydrargyrum sulphuratum nigrum. Siehe hierzu Wietschoreck-Nachchemiatrie S. 179–183, Kap. „Aethiops mineralis – Mineralischer Mohr". Schwarzes Quecksilber(II)-sulfid, hergestellt durch Verreiben von Hg mit S, wurde in der indischen Medizin seit dem Mittelalter gebraucht; in Europa erst im 18. Jh. pharmakopöe-üblich. In Ph. Würtemberg 1741: Aethiops mineralis (gegen Tumoren, Fisteln, Scabies, 4tägiges Fieber). In preußischen Pharmakopöen und DAB's: (1799–1862) Hydrargyrum sulphuratum nigrum (= Aethiops mineralis), mit Vorschrift wie oben angedeutet. In DAB 1, 1872, ebenfalls mit Vorschrift: Hydrargyrum sulfuratum nigrum. Dann Erg.B's (noch 1941). In der Homöopathie ist „Aethiops mineralis – Quecksilbermohr" ein wichtiges Mitel.

Anwendung nach Döbereiner (1847): wirkt reizend und lösend; gegen Verschleimung der Darm- und Brustorgane, Skrofulose, torpide Stockungen im Pfortadersystem, Leberverstockungen, Hautleiden, Flechtenausschlag, chronische Gicht und Rheumatismus; in Pulvern, Pillen, Bissen und Trochisken. Hager-Kommentar (1874) schreibt: gehört zu der Reihe unschuldiger Mittel, an denen der freie Schwefelgehalt der wirksamste Teil ist. Eine Quecksilberwirkung ist von ihm nicht zu erwarten. Gegen Skrofeln und als Vermifugum gibt man ihn in Pulvermischungen.

3.) Hydrargyrum sulphurato-stibiatum. Siehe hierzu Wietschoreck-Nachchemiatrie S. 184, Kap. „Aethiops antimonialis – Spießglanzmohr". Ein Präparat des 18. Jh., das noch in vielen Länderpharmakopöen des 19. Jh. verblieb. In Ph. Württemberg 1741: Aethiops antimonialis (Antimonium = Antimon(III)-sulfid, und Quecksilber werden feinst zerrieben; gleiche Tugenden wie Aethiops mineralis). Gleiche Vorschrift in Ph. Preußen 1799; Bezeichnung Hydrargyrum stibiato-sulphuratum. Ab Ausgabe 1813 kommt Schwefel dazu (bis 1829). (1846) Hydrargyrum et Stibium sulphurata (jetzt aus Antimon(III)-sulfid und schwarzem Quecksilber(II)-sulfid gemischt). Dieses Präparat, wieder unter der Bez. Hydrargyrum stibiato-sulfuratum, in Erg.B's (noch 1916). In der Homöopathie ist „Aethiops antimonialis – Spießglanzmohr" (Gemenge von Sb_2S_3, HgS, fein verteiltem Quecksilber und Schwefel) ein wichtiges Mittel.

Anwendung nach Döbereiner (1847): wirkt reizend und lösend; gegen skrofulöse Affektionen der Kinder, Augenkrankheiten, Ohrenflüsse, Drüsenanschwellungen und Verhärtungen, gegen chronische Hautausschläge, veraltete gichtisch-rheumatische Übel, syphilitische Krätze; in Pulvern, Pillen, Bissen, Trochisken. Hager-Kommentar (1865) schreibt zu dem Präparat: Solange das Schwefelantimon noch starke Spuren Arsen enthielt, war es ein sehr geschätztes Antiscrophulosum, jetzt wird es wenig mehr gebraucht.

Hydrastinin

In Erg.B. 2, 1897, sind aufgenommen: (1.) Hydrastininum hydrochloricum und (2.) Hydrastinum hydrochloricum. Davon kam (1.) in DAB 4, 1900 (bis DAB 6, 1926; dort Bez. Hydrastininum chloratum). In Erg.B's blieb (2.), noch 1941.
Angaben aus Hager-Handbuch, um 1930: Das aus Hydrastisextrakt – nach Abscheidung des Berberins – gewonnene H y d r a s t i n wird hauptsächlich als salzsaures Salz (Hydrastinum hydrochloricum) verwandt; Uterinum, gegen Metrorrhagien; innerlich (selten) bei typhösen Zuständen, Febris intermittens, dyspeptischen Leiden; äußerlich bei Hämorrhoiden, Aphthen, Hautkrankheiten; „als Uterinum ist es fast völlig durch das Hydrastinin verdrängt". Dieses entsteht aus Hydrastin durch oxidierende Spaltung. Verwendet wird das Hydrochlorid (Hydrastininum hydrochloricum bzw. chloratum); Uterinum (bei Blutungen, Dysmenorrhöe); ist im Gegensatz zu Hydrastin kein Herzgift.

Hydrogenium peroxydatum

Aufgenommen in DAB's: (1910) Hydrogenium peroxydatum solutum (W a s s e r s t o f f s u p e r o x y d l ö s u n g, W a s s e r s t o f f p e r o x y d l ö s u n g); (1926) außerdem Hydrogenium peroxydatum solutum concentratum [Handelsname: P e r h y d r o l]; (1968) „Konzentrierte Wasserstoffperoxid-Lösung" und „Verdünnte Wasserstoffperoxid-Lösung". Verwendung nach Böhme-Kommentar (1969): Äußerlich als Desinficiens und Desodorans, zur mechanischen Wundreinigung und zur Erleichterung des Verbandswechsels. Nach Hager-Handbuch, um 1930, auch innerlich bei Diphtherie, Diabetes und Ischias mit zweifelhaftem Erfolg; Gegengift bei Blausäurevergiftung.
Verwendung als Reagens seit DAB 5, 1910; häufig gebrauchtes Oxidationsmittel für Identitäts- und Reinheitsreaktionen, Gehaltsbestimmungen. Siehe hierzu Harms-Reagenzien S. 175–179.

Indigo

Nach Berendes ist im Dioskurides-Kapitel I n d i k o n der aus Indien kommende Farbstoff Indigo zu erkennen (leichtes Adstringens, reißt Geschwülste und Ödeme auf, reinigt Geschwüre). Verwendung nach Ph. Württemberg 1741: Als Malerfarbe; selten in Medizin gebraucht, mildes Adstringens, gegen Bauchfluß und zur Kindbettreinigung). Vereinzelt in Länderpharmakopöen des 19. Jh. als Präparat, als Reagens dagegen üblich (bis DAB 1, 1872, „Solutio Indici"), meist zur Prüfung auf Chlor, Salpeter- und salpetrige Säure. In den Hamburger Pharmakopöen (1835–1852) als Probelösung oder als Indikator für Chlorimetrie (vgl. Real-Arzneimittelprüfung S. 132–146).

In der Homöopathie ist „Indigo" (Buchner 1840) ein wichtiges Mittel.

Jodeosin

Reagens in DAB's (1900–1910); Indikator für Alkaloid-Titrationen.

Jodum

Nach Döbereiner-Apothekerbuch (1847) wurde Jod von dem Seifenfabrikanten Courtois im Jahre 1811 bei Behandlung der Mutterlauge der Seetangasche mit Schwefelsäure entdeckt; es wird in Fabriken hergestellt. Aufgenommen in Länderpharmakopöen des 19. Jh. (in Preußen seit 1827) und alle DAB's.

Anwendung nach Döbereiner: Teils innerlich in Weingeist gelöst als Tinctura Jodi, teils äußerlich in Salben; ist ein reizend lösendes Mittel, wird besonders gegen Drüsenkrankheiten, Skrofeln, Kröpfe und zur Beförderung der Menstruation angewendet. Döbereiner meint, es sollte Jod nie für sich, selbst nicht in Weingeist gelöst, sondern stets mit den Alkalimetallen oder Magnesium verbunden angewendet werden, eine Weise, die schon früher gebräuchlich war, indem die angeführten Verbindungen in den einst sehr geschätzten und große Wirksamkeit besitzenden Carbo spongiae und Aethiops vegetabilis (Meerschwamm- und Blasentangkohle) enthalten sind.

Angaben von Hager-Kommentar (1874): „Jod ist ein heroisch wirkender Arzneistoff"; man gibt es in Pulvern, Pillen, Solution gegen Kropf, Skrofulose, Tuberkulose, chronische Hautausschläge, Drüsenanschwellungen, bei Syphilis, chron. Gicht, Neuralgien, Wechselfiebern, Erbrechen der Schwangeren, Speckleber, Fettsucht etc. Äußerlich zu Inhalationen, Injektionen, Einreibungen, bes. zur Zerteilung von Geschwülsten. Nach Böhme-Kommentar (1969): 1. Äußerlich als Hautdesinficiens und zur lokalen Hyperaemisierung, wirkt bakterizid und fungizid; 2. innerlich zur Vorbereitung von Schilddrüsenoperationen (als Lugolsche Lösung) oder seltener in der Form der Jodtinktur verwendet.

Angaben zu den bisher genannten Präparaten:

1.) Carbo Spongiae = Spongia usta →Bd. I, Spongia.

2.) Aethiops vegetabilis; vereinzelt in Pharmakopöen um 1800: Verkohlter Blasentang.

3.) Tinctura Jodi. In allen Pharmakopöen, die Jod aufgenommen haben. In den Länderpharmakopöen und bis DAB 5, 1910, hergestellt durch Lösen von Jod in Weingeist; seit Ausgabe 1926 mit Kaliumjodidzusatz; so auch die „Alkoholische Jodlösung" des DAB 7, 1968. Dient der äußerlichen und innerlichen Jodtherapie.

Da die Hautfärbung durch Jodtinktur als lästig empfunden werden konnte, wurde eine Farblose Jodtinktur (Tinctura Iodi decolorata des DAB 1, 1872, dann Erg.B's, noch 1941: Tinctura Jodi decolorata; aus Jod, Natriumthiosulfat und Ammoniak) eingeführt. Sie wurde – nach Hager-Kommentar (1874) – um 1870 in Nordamerika (N. J. Akin) propagiert.

4.) Lugolsche Lösung (wäßrige Lösung von Jod mit Kaliumjodid); erst in den Erg.B's, dann in DAB 6, 1926, unter Reagenzien für die Gramsche Bakterienfärbung. Im DAB 7, 1968, als Monographie „Wäßrige Jodlösung"; für perorale Jodtherapie.

Als Reagens ist Jod in einigen Länderpharmakopöen (seit Ph. Bayern 1822) aufgenommen, dann in allen DAB's; vor allem zum Nachweis von Stärke; für Jodometrie (seit DAB 2, 1882). In Harms-Reagenzien S. 57–61 sind beschrieben: Jod, Jodbenzin, Jodlösung, Jodtinktur, Jodzinkstärkelösung. In der Homöopathie ist „Jodum – Jod" (Hahnemann 1837) ein wichtiges Mittel.

Das Jod diente bald nach seiner Entdeckung zur Herstellung von Jodiden, von denen einige als Arzneistoffe Bedeutung erlangten.

1.) Kaliumjodid (Kalium jodatum). In Länderpharmakopöen des 19. Jh.; in Preußen seit 1827: Kali hydroiodicum; aus Jod und Kalilauge. (1862) Kalium iodatum. In DAB's seit 1872 (ohne Vorschrift); Bezeichnung 1968: Kaliumjodid (= Kalium jodatum).

Nach Döbereiner (1847) wird das Salz wie Jod angewendet und verdient sogar den Vorzug; man nimmt es auch in Verbindung mit Jod, innerlich in Mixturen und äußerlich zu Salben, Pflastern, Linimenten, Fomentationen, Umschlägen, Augenwässern, örtlichen und allgemeinen Bädern. Anwendung nach Böhme (1969): 1. als Expectorans; 2. zur Verhütung der Jodmangelstruma; 3. bei Lues; 4. bei Arteriosklerose. Als Reagens in einigen Länderpharmakopöen (seit Ph. Hamburg 1845; Alkaloidreagens); in allen DAB's mit vielseitiger Anwendung. Siehe z. B. Harms-Reagenzien S. 70–73.

In der Homöopathie ist „Kalium jodatum – Kaliumjodid" (Allen 1877) ein wichtiges Mittel.

2.) Natriumjodid (Natrium jodatum). In Ph. Hessen 1827: Natrum hydroiodicum; Herstellung wie Kaliumjodid; hier als Reagens vielseitig verwendet. In DAB's, ohne Vorschrift (1890–1968). Verwendung wie Kaliumjodid, wirkt – nach Hager-Handbuch, um 1930 – nicht auf das Herz ein. In der Homöopathie ist „Natrium jodatum – Natriumjodid" (Hartlaub u. Trinks 1831) ein wichtiges Mittel.

3.) Ammoniumjodid (Ammonium jodatum). In Ph. Hannover 1861; aus Eisen, Jod, Ammoniak zu bereiten. Nach Hager-Kommentar (1865) wie Jodkalium anzuwenden, wirkt aber noch durchdringender und kräftiger, äußerlich auch reizender; Anwendung in der Fotografie. In der Homöopathie ist „Ammonium jodatum – Ammoniumjodid" ein wichtiges Mittel.

4.) Bleijodid (Plumbum jodatum). Vereinzelt in späteren Länderpharmakopöen des 19. Jh. (Ph. Hannover 1861; aus Kaliumjodid, Bleiacetat, Essigsäure), dann DAB's, ohne Vorschrift (1872–1882), dann Erg.B's (noch 1941). Hager-Kommentar (1874) schreibt dazu: „Die Einführung dieses überflüssigen Bleimittels in den Arzneischatz verdanken wir den Franzosen Cottereau und Verdé-Delisle (1831). Die guten Heilerfolge, welche diese Ärzte bei Scrophulose und Struma erzielt haben wollen, wurden von Guersant, ebenfalls einem französischen Arzte, bestätigt. Heute wendet man das Jodblei selten und nur äußerlich an"; Plumbum iodatum vereinigt in sich die Jod- und Bleiwirkung; bei Skrofeln, Phthisis, meist aber äußerlich, wo der Gebrauch von löslichen Jodpräparaten indiziert ist, diese aber zu reizend wirken würden.

5.) Quecksilberjodide. Die Ph. Baden 1841 nahm auf: Hydrargyrum jodatum flavum (Gelbes, einfach Jodquecksilber, Quecksilber-Jodür), herzustellen aus Quecksilber und Jod; außerdem Hydrargyrum iodatum rubrum (Rotes, doppelt Jod-Quecksilber), aus Quecksilber(II)-chlorid und Kaliumjodid. Döbereiner (1847) schreibt dazu: Beide werden hauptsächlich gegen syphilitische und skrofulöse Krankheiten angewendet; Quecksilberjodür wirkt mehr lösend, verflüssigend, resorptionssteigernd, säfteverdünnend und texturlockernd, das Jodid mehr reizend und ätzend.
In DAB's wurden aufgenommen:
(a) mit Vorschrift Hydrargyrum iodatum flavum (1872) bzw. Hydrargyrum jodatum (1882), dann Erg.B's (noch 1941, dort ohne Vorschrift).
(b) mit Vorschrift Hydrargyrum biiodatum rubrum (1872), Hydrargyrum bijodatum (1882–1926).
Anwendung nach Hager-Handbuch, um 1930: (a) Antisyphiliticum; zu Augensalben. (b) Äußerlich meist in Salben oder mit Hilfe von Kaliumjodid gelöst bei

syphilitischen, skrofulösen, krebsartigen Geschwüren, Lupus. Auch zu subkutanen Injektionen und zu Inhalationen. Innerlich als Antisyphiliticum oder Antiscrophulosum meist in Pillen.
In der Homöopathie sind „Mercurius jodatus flavus – Gelbes Quecksilberjodür" und „Mercurius bijodatus – Quecksilberjodid" (beide Allen 1877) wichtige Mittel.

6.) Über Eisenjodid → Ferrum jodatum, über Bariumjodid → Barium sulfuricum.

Salze der Jodsäure haben kaum pharmazeutische Bedeutung erlangt. In Erg.B's (1916–1941) ist Kalium jodicum aufgenommen. Anwendung nach Hager-Handbuch, um 1930, wie Kaliumjodid und Kaliumchlorat, mehrmals täglich in Lösungen oder Pillen. Als Reagens (in DAB's: 1910–1926; zur Herstellung von Kaliumjodatstärkepapier für Nachweis von SO_2, in Carrageen, Gelatina alba; bei Identität von Salvarsanen. Siehe hierzu Harms-Reagenzien S. 69 uf.).

Lit. zu Jodum: F. Merke, Die hundertjährige Leidensgeschichte der Jodsalzprophylaxe des endemischen Kropfes, Gesnerus *31,* 47–55 (1974).

Kalium aceticum

Siehe hierzu Wietschoreck-Nachchemiatrie S. 329, Kap. „Terra foliata tartari – Geblätterte Weinsteinerde". Kaliumacetat, zuerst hergestellt aus Essig und Kaliumcarbonat, das durch Glühen von Weinstein erhalten war, wurde um 1700 pharmakopöe-üblich (Ph. Brandenburg 1698) und blieb es als Substanz bis DAB 1, 1872 (danach Erg.B's, noch 1941), als Lösung bis DAB 6, 1926 (Liquor Kalii acetici, aus Kaliumcarbonat und verd. Essigsäure).
Neben dem Salz, das um 1800 statt Terra foliata Tartari (auch Arcanum Tartari in Ph. Württemberg 1741) Kali bzw. Kalium aceticum genannt wurde, war eine Lösung offizinell. So geht die Tradition des Liquor Kalii acetici auf Präparate zurück, wie den Liquor Terrae foliatae Tartari, der nach Ph. Württemberg 1741 aus dem Salz und Spiritus Vini gewonnen wurde. Später nahm man wäßrige Lösungen, z. B. Ph. Preußen 1799 (Liquor Kali acetici).
Angaben über die Verwendung in Ph. Württemberg: [Arcanum] Incidans, Abstergens, befördert Harn und Stuhlgang; [Liquor] ausgezeichnetes Antihypochondricum, Antarthriticum; gegen 4-tägiges Fieber. Nach Döbereiner-Apothekerbuch (1847) wird das zerteilend und harntreibend wirkende Essigsaure Kali innerlich in Lösungen bei Skrofulose, Hydrops, Erethismen und Stockungen im Lebersystem, leichten Magen- und Darmverhärtungen, äußerlich als Riechmittel (zusammen mit

Kaliumbisulfat) verwendet. Offizinell ist der Liquor Kali acetici; daneben gibt es den Liquor Kali acetici crudi (Saturatio Kali carbonici cum Aceto parata, Liquor digestivus Boerhavi), nach Ph. Hamburg (noch 1852) aus Kali carbonicum depuratum und Acetum crudum bereitet. Für Potio Riverii gibt die Ph. Hannover dieselbe Vorschrift.
Anwendung nach Hager-Handbuch, um 1930: Kaliumacetat wird meist in Form des Liquor Kalii acetici verwandt; als harntreibendes, gelind eröffnendes Mittel bei Wassersucht, Nierenleiden, Gicht- und Steinleiden, Milzanschwellungen, Entzündungen der Brustorgane.
In der Homöopathie ist „Kalium aceticum" ein weniger wichtiges Mittel. Als Reagens war Kali aceticum in Ph. Hamburg 1820 (zur Prüfung von Spir. sulphurico-aethereus) aufgenommen; vereinzelt in Länderpharmakopöen des 19. Jh., in DAB's (1872–1926); siehe Harms-Reagenzien S. 64 uf.

Kalium carbonicum

Siehe hierzu Hickel-Salze S. 18–19 („Nomenklatur einiger Salze in der Pharmazie"), S. 113–123 („Cineres"), S. 124–144 („Sal alkali"). Danach kann man zurückführen:
1.) Kalium carbonicum crudum des 19. Jh. auf Cineres (clavellati) der mittelalterl. Arzneibücher, bis ins 18. Jh. hinein, in Apotheken auch als Pottasche bezeichnet. Die Ph. Württemberg 1741 führt: Cineres clavellati (sal alkali vulgare, Potasche; vielseitiger Gebrauch, vor allen in Malerei und Glasmacherei; in der Medizin kann es anstelle von Sal Tartari verwandt werden).
2.) Kalium carbonicum des 19. Jh., hat 2 Wurzeln:
a) Aschensalz; bei den Alchemisten, in mittelalterl. Arzneibüchern und in Apotheken des 16. Jh. Alumen catinum oder Sal alkali; in alchem. Literatur des 16. Jh. auch Soda genannt; im 17. und 1. Hälfte 18. Jh. Cineres clavellati, Sal alkali, Pottasche; 2. Hälfte 18. Jh. Sal alcali vegetabile, Cineres clavellati, Pottasche. Die Ph. Württemberg 1741 schreibt vom Sal vegetabilium fixum im Zusammenhang mit den → Salia herbarum (Sal Absinthii u. a.).
b) Weinsteinsalz; in Antike, bei den Arabern, in mittelalterl. Arzneibüchern Faex vini usta; bei den Alchemisten Sal Tartari, so auch in mittelalterl. Arzneibüchern und Pharmakopöen bis zum 18. Jh.; im 16. Jh. auch Alumen faecis vini; im 18. Jh. auch Sal Tartari fixum, Sal alcali vegetabile. Die Ph. Württemberg 1741 beschreibt die Herstellung des Sal Tartari fixum (Glühen von Weinstein, umkristallisieren aus Wasser; ist das beste und reinste der salium alcalinorum; selten für med. Gebrauch, viel für chemische Arbeiten).

Kaliumcarbonat, oft nebeneinander in mehreren Qualitäten, blieb pharmakopöe-üblich im 19./20. Jh. In DAB 1, 1872, sind z. B. aufgenommen

1.) Kali carbonicum crudum (Rohes kohlensaures Kali, Rohe Pottasche, Cineres clavellati). Verwendung nach Hager-Kommentar (1874): sehr verbreitet in Technik und chemischer Industrie; als Arzneistoff kaum, hin und wieder als Zusatz zu Fuß- und Handbädern oder in Gemischen von Schleimstoffen, Honig etc. als Umschlag zur Reifung von Geschwüren und Panaritien etc. benutzt.

2.) Kali carbonicum depuratum (aus Wasser umkristallisierte rohe Pottasche). Verwendung meist nur zu Klistieren, Injektionen, Waschungen, Umschlägen, Bädern, Salben; selten zu Saturationen für die Armenpraxis.

3.) Kali carbonicum purum (Reines kohlensaures Kali, Sal Tartari); durch Erhitzen von Kaliumbicarbonat zu erhalten, früher aus Weinstein durch Verpuffen mit Kalisalpeter. Verwendung innerlich als Diureticum und Lithontripticum, bei skrofulösen, rachitischen, rheumatischen, gichtischen Leiden; zur Bereitung von Saturationen; äußerlich wirkt es erweichend, Geschwüre-reifend, reizend und ätzend, die Lösung wird auch gegen Sommersprossen, Muttermäler, Hautflecken usw. gebraucht.

Letztmalig in DAB's: 1926 sowohl Kalium carbonicum crudum (Pottasche) und Kalium carbonicum (Kaliumkarbonat). Verwendung nach Hager-Handbuch, um 1930: [Pottasche] zu erweichenden Bädern; im Haushalt wie Soda als Reinigungsmittel; [Kaliumkarbonat] als Diureticum, harnsäurelösendes Mittel bei Gicht und harnsaurer Diathese; früher war die Verwendung für Saturationen ganz allgemein.

Kaliumcarbonat (e Tartaro) fand als Reagens (seit Ph. Lippe 1792/94) vielseitige Anwendung; in den meisten Länderpharmakopöen des 19. Jh., in DAB's (1890–1926); siehe z. B. Harms-Reagenzien S. 73. In der Homöopathie ist „Kalium carbonicum – Kaliumcarbonat“ (Hahnemann 1830) ein wichtiges Mittel.

Kaliumcarbonathaltige Lösungen der älteren Zeit waren:

1.) Oleum Tartari; pharmakopöe-üblich im 16./17. Jh., durch Glühen von Weinstein und Zerfließenlassen des Rückstandes gewonnen. Dient nach Ph. Nürnberg 1546 zum Abwaschen und Glätten des Gesichts.

2.) Liquor Nitri fixi des 18. Jh., nach Ph. Württemberg 1741 durch Glühen von Nitrum (Kaliumnitrat) mit Kohle gewonnen, zerfließen lassen.

Im 19. Jh. verwandte man an deren Stelle Liquor Kali carbonici. Er wurde auf verschiedenen Wegen, in verschiedenen Konzentrationen, hergestellt, zuletzt durch Lösen von Kaliumcarbonat in Wasser. In vielen Länderpharmakopöen des 19. Jh., z. B. in Preußen: (1799–1846) Liquor Kali carbonici (Oleum Tartari per deliquium), wäßrige Lösung von Kali carbonicum e Tartaro. (1862) Kali carbonicum solutum. In DAB's: (1872) Liquor Kali carbonici.

(1882–1910) Liquor Kalii carbonici. Verwendung nach Hager-Kommentar (1874): Zu Saturationen, auch zu kosmetischen Waschwässern.

Im 19. Jh. kam ferner das Kaliumhydrogencarbonat in Gebrauch. Es war in viele Länderpharmakopöen des 19. Jh. aufgenommen und wurde nach einigen durch Einleiten von Kohlendioxid in eine gesättigte Kaliumcarbonatlösung hergestellt. Die DAB's (1872–1926) gaben keine Vorschrift mehr. Bezeichnungen in Preußen: (1827/29) Kali carbonicum acidulum (Bicarbonas kalicus cum Aqua); (1862) Kali bicarbonicum purum (Saures kohlensaures Kali). In DAB's: (1872) Kali bicarbonicum. (1882–1926) Kalium bicarbonicum (Kaliumbikarbonat).
Anwendung nach Döbereiner (1847): als ein mild auf die Digestionsorgane wirkendes, säurewidriges, harntreibendes, den Stuhlgang beförderndes und selbst gelinde purgierendes Mittel innerlich in Pulvern, Pillen, Trochisken und, am zweckmäßigsten, in Auflösungen bei anomaler Säurebildung in den ersten Wegen und dadurch bedingte krankhafte Zustände, bei übermäßigem Erbrechen, Giftaffektionen, harnsaurer Steinbildung, Skrofulose, galligen Ruhren, Unterleibsbeschwerden und Wassersucht, aber auch äußerlich gegen Hornhautverdunkelungen angewendet; sonst dient es noch zur Entwicklung von Kohlensäure, zur Bereitung von Mineralwässern und in der analytischen Chemie zur Zerlegung mehrerer Salze. Nach Hager-Handbuch, um 1930: Medizinisch nur selten wie Natriumbicarbonat; dient zur Darstellung des Liquor Kalii acetici, zur Herstellung künstlicher Mineralwässer.
Als Reagens ist Kaliumcarbonat vereinzelt benutzt worden, z. B. Ph. Hannover 1819; in DAB 6, 1926, als maßanalytischer Urtiter für Salzsäure.

Kalium causticum

Siehe hierzu Wietschoreck-Nachchemiatrie S. 277–281, Kap. „Cauterium potentiale – Ätzkali". Eine Art Kalilauge war in der Antike bekannt (Lixivium), sie wurde von Seifensiedern benutzt und konnte aus Pottasche und gebranntem Kalk bereitet werden. Solche Seifensiederlauge diente vor allem den Chirurgen und war zunächst nicht apothekenüblich. Erst im 17. Jh. wurde ein Ätzmittel solcher Art offizinell: Cauterium potentiale oder Lapis septicus (Ph. Augsburg 1623 und spätere); Pottasche und gebrannter Kalk werden mit Wasser übergossen, die filtrierte Lösung eingedampft. Die Ph. Württemberg 1741 geht von scharfer Seifensiederlauge, mit Calx vivum bereitet, aus (Cauterium potentiale dient zur Erzeugung von Fontanellen [kleine künstliche Geschwüre, die schlechte Säfte ableiten sollen], zum Entfernen von Auswüchsen).
Lewis-Dispensatorium (1783) beschreibt nach der Londoner Pharmakopöe 1. Lixivium saponarium (= Lixivium causticum), herzustellen aus Pottasche

und gebranntem Kalk; 2. Lapis septicus (= Cauterium potentiale, Lapis causticus chirurgorum, gelegentlich auch Lapis infernalis genannt); die Lauge aus Pottasche und Kalk wird zur Trockne eingedampft, die trockene Masse geschmolzen und ausgegossen; 3. zum Causticum commune fortius wird die eingekochte Seifensiederlauge noch mit etwas gebranntem Kalk versetzt; 4. ähnlich, aber mit anderen Gewichtsverhältnissen, wird das Causticum commune mitius hergestellt.
Seit dem Ausgang des 18. Jh. gab es stets nebeneinander die Lauge und feste Präparate. So in preußischen Pharmakopöen und DAB's:

1.) (1799–1829) Liquor Kali caustici (= Lixivium causticum). (1846) Liquor Kali hydrici. (1862) Kali hydricum solutum [alle diese aus Kaliumcarbonat und gebranntem Kalk bereitet]. In DAB's, ohne Vorschrift: (1872–1926) Liquor Kali caustici – Kalilauge. Seit DAB 2, 1882, eine Kalilauge für volumetrische Zwecke: (1882) Liquor Kalii hydrici volumetricus. (1890) Normal-Kalilauge und weingeistige Kalilauge. Blieben im Gebrauch. (1969) Kalilauge, 6 N – Kalilauge, 3 N – Kalilauge, äthanolische. Auch sonstige Verwendung als Reagens üblich seit Ph. Lippe 1792/94 (zum Nachweis von Säuren, Fällung von Metallen und für viele Spezialzwecke; siehe Harms-Reagenzien S. 61–64).

2.) (1799–1813) Kali causticum siccum (= Alkali causticum). (1827/29) Neben dem vorigen Präparat, das durch Eindampfen von Liquor Kali caustici gewonnen wird: Kali causticum fusum (= Lapis causticus Chirurgorum); geschmolzen und in Stäbchen gegossen. (1846–1862) Kali hydricum siccum und Kali hydricum fusum. In DAB's, ohne Vorschrift: (1872–1926) Kali causticum fusum (Aetzkali, Aetzstein, Kaliumhydroxyd). In der Homöopathie ist „Kalium causticum“ ein weniger wichtiges Mittel.

Über die Verwendung des Ätzkalis, auch als Lauge, schreibt Döbereiner-Apothekerbuch (1847): Ätzkali wirkt ätzend und zersetzend auf organische Gebilde und im konzentrierten Zustand auf die Haut korrosiv. Im verdünnten Zustand ist es ein Reizmittel für gelähmte und geschwächte Unterleibsnervengeflechte; wird innerlich in sehr verdünntem Zustand bei Skrofulose, Steinkrankheiten, Trommelsucht und gegen Schlangenbiß angewendet; als Ätzmittel zum Wegbeizen krankhafter Substanzwucherungen, zur Abszeßeröffnung, zu künstlicher Geschwürbildung, der Radikalkur der Wasserbrüche, gegen Viperngift, Wutgift, syphilitisches Gift, Milzbrand- und Karbunkelgift, bösartige Blutschwären; als Reizmittel in Bädern bei hartnäckigen Nervenübeln, wie bei Krämpfen, Convulsionen, Lähmungen, Starrkrampf und der asiatischen Cholera, bei Hautkrankheiten, zu Bädern und Waschungen bei chronischer Gicht und Gelenkentzündung, Podagra, als Einspritzung gegen Tripperkrankheiten. Hager-Kommentar (1874) berichtet nur vom Kaliätzstein: Man braucht ihn zum Zerstören von Warzen, zur Öffnung von

Abszessen, zum Ätzen von Schankern, schlecht eiternden Bubonen, vergifteten Wunden (vom Biß wütender Tiere), zur Bildung von künstlichen Geschwüren. Entsprechendes in Hager-Handbuch, um 1930.

Kalium chloratum

K a l i u m c h l o r i d war Hauptbestandteil chemiatrischer Präparate in Pharmakopöen des 17./18. Jh., z. B. Ph. Nürnberg 1666: S p i r i t u s S a l i s c o a g u l a t u s. Mit gleicher Vorschrift – aus Spiritus Salis = Salzsäure, und Sal Absinthii = Kaliumcarbonat – in Ph. Württemberg 1741 (Diureticum, Resolvens). Daneben in gleicher Pharmakopöe S a l f e b r i f u g u m S y l v i i (aus Rückstand von der Destillation des Spiritus Salis Ammoniaci, durch Zusatz von Sal alcali; Attenuans, Incidans, Resolvens; bei 4tägigem Fieber; Diureticum, Refrigerans). Siehe hierzu Wietschoreck-Nachchemiatrie S. 249, Kap. „Sal febrifugum Sylvii – Sylviussches Fiebersalz". Im 19. Jh. nur vereinzelt offizinell (in Ph. Württemberg, Bayern). Bezeichnung nach Ph. Bayern 1822: M u r i a s P o t a s s a e (S a l d i g e s t i v u s; aus Kaliumcarbonat und Salzsäure).
Nach Döbereiner-Apothekerbuch (1847) wurde salzsaures Kali früher als zerteilendes, erregendes und auflösendes Mittel in dem Quartanfieber benutzt und wird neuerlich in Verbindung mit Salmiak und Salpeter zu kalten Bähungen angewendet. Anwendung nach Hager-Handbuch, um 1930: früher als Antifebrile, heute kaum mehr therapeutisch gebräuchlich.
Als Reagens ist K a l i m u r i a t i c u m in Ph. Hannover 1819 zu finden; in DAB 6, 1926, steht es als einer der Bestandteile der R i n g e r s c h e n L ö s u n g. In der Homöopathie ist „Kalium chloratum – Kaliumchlorid" ein wichtiges Mittel.

Außer Kali muriaticum gibt es ein K a l i m u r i a t i c u m o x y g e n a t u m. Diese Bezeichnung für K a l i u m c h l o r a t [$KClO_3$] steht neben K a l i o x y m u r i a t i c u m und K a l i c h l o r i c u m venale in Ph. Preußen 1827/29 (aus Fabriken zu beziehen). In Ausgabe 1846 nebeneinander Kali chloricum crudum und, durch Umkristallisation gewonnenes, Kali chloricum depuratum. 1862 nur Kali chloricum (= Kali chloricum depuratum, ohne Vorschrift). In DAB's: (1872–1882) Kali chloricum. (1890–1926) K a l i u m c h l o r i c u m. In der Homöopathie ist „Kalium chloricum – Kaliumchlorat" (Allen 1877) ein wichtiges Mittel.
Anwendung nach Döbereiner (1847): innerlich in wäßriger Lösung gegen Unterleibsobstruktionen, Exulcerationen des Mundes und hartnäckigem nervösen Rheumatismus, bei Syphilis, skrofulösen und leprösen Hautkrankheiten, besonders aber gegen Gesichtsschmerz empfohlen. Die Hauptverwendung ist zur Darstellung des Sauerstoffgases und verschiedener entzündbarer Gemische, wie für Zündpulver, Zündhölzer usw. Nach Hager-Handbuch, um 1930: äußerlich als Mund- und

Gurgelwasser und in Zahnpasten, innerlich bei Diphtheritis, Blasenkatarrh. Als Reagens in DAB's (1910–1926) für wenige Spezialnachweise (siehe Harms-Reagenzien S. 66).

Kalium cyanatum

In Reagenzienlisten einiger Länderpharmakopöen (Ph. Württemberg 1847) bis 1861.

Kalium dichromicum

Als Monographie aufgenommen in DAB 2, 1882: Kalium bichromicum (ohne Vorschrift). Nach Hager-Kommentar (1884) im 2. Jahrzehnt des 19. Jh. entdeckt; als Hilfsmittel bei chirurgischen Operationen (zu Moxen, als Beizmittel) wurde dieses Salz erst in Mitte dieses Jh. versucht; man hat es als Antisyphiliticum und Expectorans empfohlen; äußerlich in Pulverform oder Lösung als Causticum.
Ab DAB 3, 1890, Bezeichnung Kalium dichromicum. So noch 1926. In DAB 7, 1968, Kaliumdichromat nur als Reagens und als 1/10 Normallösung. Als Reagens bereits in Ph. Hamburg 1835 (Prüfung auf Weinsäure in Bernsteinsäure), dann in den meisten Länderpharmakopöen und allen DAB's (meist Fällungsmittel für Barium- und Bleisalze und zur Identifizierung von Alkaloiden).
Auch Kali chromicum (Kalium chromicum, Kaliumchromat) war als Reagens aufgenommen: Ph. Hamburg 1845, vereinzelt in anderen Länderpharmakopöen, in DAB's seit 1882. Ist Indikator für Halogentitration nach Mohr (noch DAB 7, 1968).
Über Verwendung von Kaliumdichromat schreibt Hager-Handbuch, um 1930: zum Härten anatomischer Präparate, zu Ätzungen bei Kondylomen von syphilitischen und krebsigen Geschwüren. Auch als Hautarzneimittel in der Tierarzneikunde; in der Analytik als Oxydationsmittel.
Kalium chromicum flavum wird medizinisch sehr selten gebraucht (als Emeticum in wäßriger Lösung); äußerlich als Verbandwasser, Augenwasser.
In der Homöopathie ist „Kalium bichromicum – Kaliumdichromat" (Allen 1877) ein wichtiges, während „Kalium chromicum" ein weniger wichtiges Mittel ist.

Kalium ferrocyanatum

Die Entdeckung des Gelben Blutlaugensalzes hing – nach Hager-Kommentar (1874) – mit der Entdeckung des Berlinerblaus (1704) zusammen;

Darstellung des Salzes durch Macquer 1752. Rotes Blutlaugensalz wurde 1822 von Gmelin entdeckt. In einige Länderpharmakopöen des 19. Jh. war das gelbe Eisen(II)-salz aufgenommen, z. B. Ph. Hessen 1827 (Kali Ferreo-Borussicum; aus Berlinerblau und Kalilauge); in den anderen keine Herstellungsvorschrift. In DAB 1, 1872, dann Erg.B's (noch 1941). Wird nach Döbereiner-Apothekerbuch (1847) sehr selten in der Medizin angewandt (wirkt purgierend; als Eisenpräparat versucht).
Gelbes Blutlaugensalz ist seit Ph. Hannover 1819 in Pharmakopöen als Reagens zu finden (noch DAB 7, 1968: für Zinknachweis), früher zum Nachweis von Eisen(III)- und Eisen(II)-salzen, Kupfer-, Blei- und Silbersalzen. Auch Rotes Blutlaugensalz ist Pharmakopöe-Reagens (seit Ph. Hamburg 1845; noch DAB 7, hier zur Identität von Eisen(II)-salzen, Aneurin-, Ephedrin- u. a. Salzen); früher Tüpfelindikator in der Chlorimetrie (Ph. Württemberg 1847, Bayern 1859, Hessen 1860, Hannover 1861).

Kalium nitricum

Siehe hierzu Hickel-Salze S. 62–83, im Kap. „Nitrum", Übersicht (Nitrum = Baurach), Sal nitri. Die Bekanntschaft antiker Autoren mit Kaliumnitrat ist unwahrscheinlich, erst durch die Araber wurde Natursalpeter aus Indien ins Abendland gebracht, wo er große Bedeutung für die Schießpulverherstellung erlangte. Bezeichnungen wie Sal nitri, Sal petrae, Nitrum, Baurach gingen durcheinander. Im 16. Jh. kann Nitrum gewesen sein: 1. Borax bzw. Tinkal; 2. Kalisalpeter (Natursalpeter aus Indien oder Ungarn importiert, jetzt auch als Rohsalpeter in Plantagen erzeugt). 3. Mauersalpeter. 4. Aschensalze (Sal alcali). Gegenüber dieser Vielfalt war Sal Nitri in der Regel Kalisalpeter. Er war apotheken- bzw. pharmakopöe-üblich bis ins 20. Jh.

Cordus in Ph. Nürnberg 1546 erklärt bei Unguentum citrinum D. Nicolai den Bestandteil Nitrum mit „est Sal petrae". Die T. Worms 1582 führt (neben Nitrum = Litrum, Sal baurach. Nitersalz, Bergsalz) Nitrum factitium = Salpetrae, Salpeter. In T. Frankfurt/M. 1687: Sal Nitri (Salpeter). Die Ph. Württemberg 1741 beschreibt Nitrum (sal petrae, Saliter, Salpeter; Polychrestum, Refrigerans, Temperans, Diureticum). Die Länderpharmakopöen des 19. Jh. führten nebeneinander (z. B. Ph. Preußen 1799–1846) Kali nitricum crudum (= Nitrum crudum, Salpeter) und Kali nitricum (= Nitrum depuratum, mit Vorschrift zum Umkristallisieren des Rohsalpeters). In Ausgabe 1862 entfällt die Reinigungsvorschrift, und es gab Kali nitricum crudum und Kali nitricum depuratum. In DAB 1 (1872) Kali nitricum; (1882) Kalium nitricum, so bis DAB 6, 1926 (auch Kalisalpeter als Bezeichnung angegeben). In DAB 7,

1968, ist Kaliumnitrat nur noch als Reagens beschrieben (zur Prüfung von chirurgischem Nahtmaterial). Vereinzelt als Reagens in frühen Länderpharmakopöen (Ph. Hessen 1827, zu oxidierenden Verpuffungsreaktionen für Antimon, Schwefel usw.), in DAB 5 und 6 (vgl. Harms-Reagenzien S. 74). In der Homöopathie ist „Kalium nitricum – Kaliumnitrat" (Hahnemann 1838) ein wichtiges Mittel.

Döbereiner-Apothekerbuch (1847) schreibt über die Anwendung: Der Salpeter wird als ein kühlendes, entzündungswidriges und harntreibendes Mittel innerlich gewöhnlich in Auflösungen bei den verschiedenen Arten der Entzündung, des Blutflusses und der Wassersucht und in verschiedenen anderen Krankheiten, und äußerlich wegen seiner Kälte erregenden Eigenschaften zu Umschlägen bei entzündlichen Gehirnleiden, Gehirnerschütterungen und eingeklemmten Brüchen in Form der Schmuckerschen Bähungen (aus Kaliumnitrat, Ammoniumchlorid, Wasser und Weinessig), ferner als Gurgelwasser bei entzündlichen Bräunen und als Streupulver bei brandigen, septischen Geschwüren benutzt. Früher wurde der Salpeter in Zeltchen ausgegossen unter dem Namen Nitrum tabulatum oder Lapis Prunellae, getäfelter Salpeter, Mineralkrystall, in den Apotheken hergestellt; Nitrum perlatum ist ein Gemisch von Salpeter und präparierter Perlmutter, Nitrum Rosatum wird durch Kristallisation von Salpeter aus einem Auszug roter Rosen gewonnen. Aus Salpeter macht man Salpetersäure, Kältemischungen, Fleischbeize (zum Pökeln), Schmelzflußmittel, Schießpulver. Anwendung nach Hager-Handbuch, um 1930: Äußerlich als Mund- und Gurgelwasser, innerlich bei fieberhaften und entzündlichen Krankheiten, auch als Diureticum; jetzt wenig mehr gebräuchlich.

In DAB's (1872–1926) aufgenommen war: Charta nitrata (mit Kaliumnitratlösung getränktes Papier); davor Ph. Hannover 1861. Verwendung nach Hager-Kommentar (1874) zu Moxen, hauptsächlich aber gegen Asthma (in Zigarettenform); von den Franzosen in den Arzneischatz eingeführt.

Im 17./18. Jh. stellte man in Apotheken Präparate her, die aus der Therapie verschwanden, als klar wurde, daß sie mit Salpeter im wesentlichen identisch sind: 1.) Sal Prunellae (Lapis prunellae, Nitrum depuratum seu praeparatum seu sulphuratum, Sal nitri anodynum). Siehe hierzu Wietschoreck-Nachchemiatrie, S. 191–196, Kap. „Lapis prunellae – Prunellenstein". Salpeter wurde geschmolzen, Schwefel aufgestreut, die (etwas sulfathaltige) Schmelze ausgegossen. So seit Ph. Augsburg 1640. Verwendung nach Ph. Württemberg 1741: Temperans; zu Gurgelmitteln.

2.) Spiritus Nitri coagulatus. Aufgenommen in Ph. Nürnberg 1666. Bei Hellwig-Lexikon (1713) heißt das Präparat Spiritus Nitri fixi Tartarisati Riverii (Stärkungsmittel gegen Fieber), in Ph. Brandenburg 1731: Tartarus nitratus (seu potius Nitrum regeneratum; aus Oleum Tartari – Kaliumcarbonatlösung – und Salpetersäure).

Kaliumnitrit

Reagens in DAB 6, 1926; Zusatz zur Stärkelösung für den Jodnachweis.

Kalium permanganicum

Döbereiner-Apothekerbuch (1847) erwähnt nur Mangansaures Kali (Kali manganicum, sonst Chamaeleon minerale genannt, weil es beim Auflösen in Wasser seine Farbe ändert); für die pharm. Chemiker von Interesse, weil seine Bildung die Gegenwart von Mangan nachweist. In Ph. Lippe 1792/94 war Chamaeleon minerale als Reagens, ohne Angabe des Verwendungszweckes aufgeführt.

Als Monographie wurde Kalium hypermanganicum crystallisatum in DAB 1, 1872, ohne Herstellungsvorschrift, aufgenommen. Hager-Kommentar (1874) schreibt dazu: Wurde 1820 von Forchhammer entdeckt; man benutzte es als Reagens und Oxydationsmittel, bis es sich 1857 als mildes Causticum und Desinficiens in den Arzneischatz einführte; innerliche Anwendung bei Diphtheritis; in wäßriger Lösung als desinfizierendes Waschmittel, als Verband- und mildes Ätzmittel, auf Brandwunden, gegen Aphten, als Gurgelwasser; als Streupuder mit Bolus oder Kreide. Das flüssige Ozon der Engländer ist eine 0,2–0,3%ige wäßrige Lösung.

Seit DAB 2, 1882, Bezeichnung Kalium permanganicum. In DAB 7, 1969: Kaliumpermanganat. Verwendung nach Böhme-Kommentar (1969): 1. als Desinficiens und Desodorans an Haut- und Schleimhaut. 2. als Oxydans bei Magenspülungen. 3. bei Schlangenbiß.

Als Reagens seit Ph. Preußen 1862, in allen DAB's. Vor allem für die Maßanalyse. In DAB 2, 1882, erstmalig Liquor Kalii permanganici volumetricus (noch keine Normallösung, sondern 1g/1000); als 1/10-Kaliumpermanganatlösung erstmalig DAB 6, 1926.

Kalium rhodanatum

Reagens in Länderpharmakopöen (ab Ph. Hamburg 1845) und DAB's (1872–1882) auf Eisen(III)-salze; anfangs auch zur Identifizierung von Strychninsalzen.

Kalium sulfuricum

Siehe hierzu Schröder-Chemiatrie S. 172–175, Kap. „Spiritus coagulati". Kaliumsulfat war pharmakopöe-üblich seit der chemiatrischen Zeit bis zum 20. Jh. Zuerst brachte Ph. Augsburg 1640 eine Vorschrift für Spiritus Vitrioli coagulatus (aus Sal Absinthii und Spiritus Vitrioli). In Ph. Nürnberg 1666 hieß ein Präparat aus Sal Nitri und Spiritus Vitrioli, eingedampft und nochmals mit Oleum Vitrioli abgeraucht: Sal Vitrioli coagulatus. In Ph. Württemberg 1741 wieder Spiritus Vitrioli coagulatus (kommt mit Tartarus vitriolatus überein; Aperiens, Resolvens, Incidans, Diureticum).

Über Tartarus vitriolatus siehe Schröder-Chemiatrie S. 136–139. War ebenfalls in die obigen Augsburger und Nürnberger Pharmakopöen aufgenommen (aus Oleum Tartari und Spiritus Vitrioli). Gleiche Vorschrift in Ph. Württemberg 1741 für Tartarus vitriolatus, dazu ein Tartarus vitriolatus Tackenii (aus Cineres clavellati und Vitriolum Hungaricum; gilt als universales Digestivum; gegen Hypochondrie, Milzleiden, Cachexie, Icterus und Hydrops; von höchstem Nutzen bei Fiebern).

In preußischen Pharmakopöen: (1799–1813) Kali sulphuricum (= Arcanum duplicatum, Tartarus vitriolatus); aus den Rückständen der Salpetersäuredestillation, mit Kaliumcarbonat. (1827–1846) Kali sulphuricum crudum (aus Fabriken) und umkristallisiertes Kali sulphuricum depuratum. (1862) nur Kali sulphuricum (entsprechend der Qualität: depuratum). In DAB's, ohne Vorschrift: (1872) Kali sulfuricum. (1882–1926) Kalium sulfuricum. (1969) Kaliumsulfat nur noch unter Reagenzien (zur Chininprüfung). Verschiedene andere analytische Zwecke (z. B. Bleizusatz in Essig) seit Ph. Hamburg 1820; in DAB's (1872, 1910–1926); siehe hierzu Harms-Reagenzien S. 80 uf. In der Homöopathie ist „Kalium sulfuricum – Kaliumsulfat" ein wichtiges Mittel.

Anwendung nach Döbereiner-Apothekerbuch (1847): innerlich als ein zerteilendes, kühlendes und abführendes Mittel in verschiedenen Krankheiten, ist ein Bestandteil des Pulv. temperans und Doveri und dient zur Bereitung des Alauns. Nach Hager-Handbuch, um 1930: Wirkt in Pulver, Pillen oder Lösung gelinde eröffnend; größere Gaben stark abführend.

Das Kaliumhydrogensulfat (Kaliumbisulfat) wird von Döbereiner (1847) als Kali sulphuricum acidum beschrieben (aufgenommen in Pharm. boruss. und badens., Codex hamb.). In Preußen nur 1829 (aus Kaliumsulfat und Schwefelsäure). Nach Döbereiner (1847) dient eine Mischung von ihm mit essigsaurem Salz als saures Riechsalz. Als Reagens in DAB 6 zur Prüfung von Fruchtsirup auf Teerfarbstoffe. Sonst in der chemischen Analyse zum Aufschließen von Mineralien und Reinigen von Platingeräten.

Kermes minerale

Siehe hierzu Wietschoreck-Nachchemiatrie S. 290, Kap. „Kermes minerale – Mineralkermes". Wurde im 17. Jh. als Medikament empfohlen (nach Glauber ein Universalmittel), kam 1741 in die Ph. Württemberg: Antimon(III)-sulfid wird mehrfach mit Kaliumcarbonatlösung ausgekocht, aus Filtrat entsteht ein brauner Niederschlag, der ausgewaschen und getrocknet wird (das Präparat wird auch Sulphur Antimonii rubrum genannt; Blutreinigungsmittel, Diureticum; bei intermittierenden Fiebern, Hydrops, Asthma); wurde besonders durch den Vertrieb von einem pariser Karthäuserkloster aus (seit 1714) berühmt und hieß danach Pulvis Carthusianorum, Karthäuserpulver. Blieb im 19. Jh. pharmakopöe-üblich, mit zahlreichen Varianten der Herstellung, z. B. in Preußen: (1799–1846) Sulphur stibiatum rubeum (= Kermes minerale; mit Natriumcarbonat hergestellt). In DAB 1, 1872, mit Vorschrift: Stibium sulfuratum rubeum; dann Erg.B's (bis 1906).
Anwendung nach Döbereiner-Apothekerbuch (1847): Wird in Pulvern und pulveraufnehmenden Formen innerlich besonders gegen Krankheiten der Atmungswerkzeuge, wie bei Keuchhusten, Kroup, Anfällen von Stickfluß usw. angewendet, jetzt aber weit seltener als früher. Nach Hager-Handbuch, um 1930: Anwendung von Mineralkermes (Stibium sulfuratum rubeum, Stibium oxysulfuratum – ein Gemisch aus rotem Antimontrisulfid und Natriumpyroantimoniat) wie Goldschwefel. Beschrieben wird auch Stibium sulfuratum rubrum (Oxydfreier Mineralkermes, Sb_2S_3); dient als Malerfarbe.

Lapis medicamentosus

Siehe hierzu Wietschoreck-Nachchemiatrie S. 197–203, Kap. „Lapis medicamentosus – Medizinischer Stein". Nach Crolls Vorschrift (1609) werden diverse Salze (Vitriole, Alaun, Sal Tartari) und Drogen in Rosenessig eingeweicht, dann Bleiweiß und Bolus armenus zugegeben. In Pharmakopöen aufgenommen (Ph. Nürnberg 1666), Vorschrift später vereinfacht, so Ph. Württemberg 1741 (nur noch Vitriolum album, Sal ammoniacum, Cerussa, Bolus armenus, Acetum Vini); gegen Geschwüre, Scabies, Gangräne, Fisteln.

Liquor Ammonii acetici

Nach Döbereiner-Apothekerbuch (1847) wurde die Darstellung der essigsauren Ammoniakflüssigkeit zuerst von Boerhave beschrieben (aus Essigsäure und Ammoniumcarbonat); durch Minderer als Arzneimittel, vorzüglich in Schottland, empfohlen. Wurde gegen Ende des 18. Jh. pharmakopöe-üblich. In preußischen Pharmakopöen: (1799–1846) Liquor Ammonii acetici (= Spiritus Mindereri). (1862) Ammoniacum aceticum solutum. In DAB's: (1872–1900) Liquor Ammonii acetici. Dann Erg.B's, noch 1941. Die Herstellungsvorschriften variierten im Laufe der Zeit, zuletzt Mischung aus Ammoniakflüssigkeit und Essigsäure.

Verwendung des Liquors nach Döbereiner (1847): Sehr häufig als ein schweißtreibendes Mittel bei verschiedenen Fiebern, katarrhalischen und rheumatischen Affektionen und in der Wassersucht; äußerlich zu Gurgelwässern, Injektionen, Linimenten und Pinselsäften bei frischen Drüsenanschwellungen, lymphatischen Exsudaten, rheumatischem Kopfschmerz usw. und gegen Hornhautverdunkelungen und chronische Augenentzündung. Nach Hager-Handbuch, um 1930: Äußerlich zu Umschlägen unverdünnt bei Quetschungen, Drüsengeschwülsten, Mumps; in Verdünnung mit Wasser bei chronischen Augenentzündungen, als Gurgelwasser bei Anginen. Innerlich regt es die Schweißsekretion an, in Mixturen bei fieberhaften Katarrhen, Neuralgien, Rheumatismus.

Liquor Ferri acetici

Siehe hierzu Wehle-Chemiatrie S. 36–65, Kap. „Eisen-Essigsäure-Präparate". Unter diesen waren die Eisenliquoren Präparate des 19. Jh. Offizinell von Ph. Preußen 1846 bis DAB 3, 1890 (Eisen(III)-salze werden mit Ammoniak gefällt, das Hydroxid in Essigsäure gelöst). Die Präparate hießen auch: Tinctura Ferri acetici (Ph. Hamburg 1852), Ferrum aceticum liquidum (Ph. Bayern 1859); ein ähnliches Präparat war Ferrum oxydatum hydrato-aceticum in aqua (Ph. Bayern 1859). Verwendung des Liquor Ferri acetici nach Hager-Kommentar (1874): Mit Wein oder Zuckerwasser verdünnt wie andere milde Eisensalze, äußerlich zu Umschlägen; zur Bereitung der Tinctura Ferri acetici aetherea (→ Tinctura Martis); früher als Antidot bei Arsenvergiftung gerühmt.

Chemiatrische Präparate waren die Eisenessenzen. Offizinell von Ph. Augsburg 1640 bis 1734 (Essentia Martis liquida, Essentia Croci Martis Crollii, Crocus Martis Crollii; aus Eisenfeile und Essig).

Ein nachchemiatrisches Präparat war Extractum Martis (Ph. Brandenburg 1781, Lippe 1792/94; ähnliche Bereitung wie vorangehende).

Liquor Natrii silicici

Die Natronwasserglaslösung war ohne Herstellungsvorschrift in DAB's (1882–1926) aufgenommen. Nach Hager-Kommentar (1884) innerlich bei arthritischen Geschwülsten anzuwenden, als Causticum bei hohlen Zähnen, gegen Stich und Biß von Insekten und gegen Erysipel; zur Verhärtung von Gipsverbänden; in der Hauswirtschaft zum Weichmachen von Quellwasser; zur Herstellung von Kitten. Technisch, um Holz usw. feuerfest zu machen. Nach Hager-Handbuch, um 1930: Zu steifen Verbänden (Wasserglasverbände), indem man Pappe, Leinwand oder Verbandmull mit der Lösung tränkt; zum Einlegen von Eiern, zur Herstellung von Kitten, für Anstrichfarben, Herstellung von unbrennbarem Material.

Liquor probatorius alcalimetricus

Siehe hierzu Real-Arzneimittelprüfung S. 65–67, 69–81. Verdünnte, gegen Natriumcarbonat eingestellte Schwefelsäure. Reagens in Ph. Hamburg 1845, 1852; zur volumentitrimetrischen Gehaltsbestimmung von Basen (Gehaltsforderungen in Graden des Alkalimeters). Schon in Ph. Bayern 1822 war verd. Schwefelsäure (eingestellt nach dem spez. Gewicht) zu Basizitätsbestimmungen (gewichtstitrimetrisch) verwandt worden. Eine gegen Natriumcarbonatlösung eingestellte Schwefelsäure fand in Ph. Württemberg 1847 ebenfalls zu Basizitätsbestimmungen Verwendung. In diesen beiden Pharmakopöen wurden die Probesäuren nicht unter obigem Namen und nicht in Reagenzienlisten geführt.

Liquor probatorius chlorometricus

Siehe hierzu Real-Arzneimittelprüfung S. 139–146. Salzsaure Lösung von arseniger Säure; Einstellung nach der Herstellung der Probelösung. Reagens in Ph. Hamburg 1845, 1852; Verwendung zur Chlorimetrie, d. h. zu volumentitrimetrischen Gehaltsbestimmungen von Chlorwasser und Hypochloriten. Gehaltsforderungen in chlorometrischen Graden.

Lithium carbonicum

Aufgenommen in DAB's (1872–1926). Nach Hager-Kommentar (1874) fanden Lipowitz und auch Ure, daß Lithiumoxid mit Harnsäure einigermaßen in Wasser leicht auflösliche Verbindungen bildet; man zog daraus den Schluß, daß es ein

vorzügliches Lithontripticum sein müsse; Anwendung bei Gicht, Harnsäurediathesis, Blasen- und Nierensteinen; innerlich, aber auch in Injektionen. Anwendung nach Hager-Handbuch, um 1930, in Pulvern, Pillen, Pastillen und Lösung und in Form von Injektionen in die Blase gegen Uratsteine. In der Homöopathie ist „Lithium carbonicum – Lithiumcarbonat" ein wichtiges, „Lithium hydrojodicum" (LiJ) und „Lithium salicylicum" sind weniger wichtige Mittel.
In DAB 4, 1900, war auch Lithium salicylicum (Lithiumsalicylat) aufgenommen; danach in Erg.B's (noch 1941). Verwendung nach Hager, um 1930: Vervollständigt die Wirkung des Natriumsalicylats; bei Gicht und harnsaurer Diathese, Gelenkrheumatismus und rheumatischen Affektionen der Sehnen.

Lobelinum hydrochloricum

Aufgenommen in DAB's (1926, 1968). Anwendung nach Hager-Handbuch, um 1930: gegen Atemlähmungen, bei Vergiftungen durch Morphin, Leuchtgas, Speisen, bei Asphyxie der Neugeborenen. Entsprechendes in Böhme-Kommentar, 1969.

Magnes arsenicalis

Siehe hierzu Wietschoreck-Nachchemiatrie S. 190, Kap. „Lapis magnes arsenicalis – Arsenikalischer Magnetstein". In Augsburger Pharmakopöen (1640 uf.), Bestandteil des Emplastrum magneticum Salae. Hergestellt aus Spießglanz, Schwefel, Arsen(III)-oxid, zusammenschmelzen nach Pulvern und Mischen. Soll (nach Ph. Würtemberg 1741) die Bösartigkeit aus Leistenbeulen (Bubonen) herausziehen.

Magnesium carbonicum

Siehe hierzu Wietschoreck-Nachchemiatrie S. 296–302, Kap. „Magnesia alba – Weiße Magnesia". Nach Döbereiner-Apothekerbuch (1847) wurde Anfang 18. Jh. ein weißes, alle Krankheiten heilendes Pulver als Magnesia alba von einem Domherrn in Rom in den Handel gebracht. Herstellung aus Salpetermutterlauge; 1707 fand Slevogt, daß die Magnesia daraus durch Pottasche fällbar ist. Aufgenommen in Ph. Württemberg 1741: Magnesia alba (aus der „mater Nitri", d. h. der Lauge von der Salpeterkristallisation; Fällung mit Sal Alcali oder Cineres clavellati; kam erst zu uns als Polychrestum, Universale gegen alle Krankheiten, Panacee gerühmt; Anwendung als Absorbens, zuweilen als Diureticum, Diaphoreticum; in großen Dosen wirkt es laxierend). Wurde pharmakopöe-üblich. Die Ph. Preußen 1799 ließ Magnesia carbonica aus Magnesiumsulfat und Natriumcarbonat herstellen. Ab Ausgabe 1846 (Bezeichnung hier: Magnesia hydrico-carbonica, Kohlensaure Bittererde, Magnesia) keine Vorschrift mehr. Bezeichnungen in DAB's: (1872) Magnesia carbonica. (1882–1926) Magnesium carbonicum. (1968) Basisches Magnesiumcarbonat. In der Homöopathie ist „Magnesium carbonicum – Basisches Magnesiumcarbonat" (Hahnemann 1838) ein wichtiges Mittel.

Nach Döbereiner (1847) wirkt Magnesia alba wie Calciumcarbonat, dazu aber eröffnend und purgierend. Gegen Säure in den ersten Wegen und dadurch bedingte Krankheiten und Krämpfe der Kinder in Pulvern und Schüttelmixturen; Antidot bei Mercurialvergiftungen. Nach Hager-Kommentar (1874): Antacidum bei übermäßiger Magensäure; mildes Abführmittel; äußerlich als Dentifricium. Nach Böhme-Kommentar (1969): Antacidum und mildes Laxans.

Gegen Ende des 18. Jh. kam die Gebrannte Magnesia auf: Magnesia usta. In preußischen Pharmakopöen (1799–1862), durch Glühen von Magnesia carbonica zu bereiten. In DAB's (1872–1926) als Magnesia usta ohne Vorschrift, 1968 als Magnesiumoxid. In DAB 6, 1926, als Reagens bei der Gehaltsbestimmung von Mutterkorn benutzt.

Anwendung nach Döbereiner (1847) wie kohlensaure Magnesia; man zieht sie bei blähsüchtigen Personen der letzteren vor. Nach Hager (1874): Säuretilgendes, Steinbildung verhinderndes Mittel, in der Gicht usw.; Purgans. Besser zu nehmen und besonders als Gegengift bei Arsenvergiftungen wirkt Magnesia hydrica (schwach gebrannte Magnesia wird mit Wasser gekocht und getrocknet) [in DAB 2, 1882, wird Magnesium hydricum pultiforme als Reagens bei Blausäurebestimmung (zum Klären) benutzt]. Nach Böhme (1969) wirkt Magnesiumoxid als Antacidum mit leicht laxierender Wirkung.

In DAB's (1926–1968) ist außerdem ein Magnesium peroxydatum bzw. Magnesiumperoxid aufgenommen. Verwendung nach Böhme (1969): 1. als Antacidum, evtl. mit antibakterieller Wirkung (durch Abspaltung des Sauerstoffs); 2. Antisepticum und Desodorans in Zahnpasten.

Magnesiumchlorid

Reagens in DAB 6, 1926; zum Nachweis von Arsenat bei Identitätsprüfung der Salvarsane.

Magnesium sulfuricum

Magnesiumsulfat wurde zunächst als natürliches Brunnensalz benutzt (Ebsamer, Seidlitzer- oder Saidschützer-Salz, Laxirsalz); Bezug nur aus dem Handel. Da es anfangs oft andere Begleitsalze hatte, wurde es meist durch Kristallisation gereinigt und dann als „depurata" oder „purum" bezeichnet.
In Ph. Württemberg 1741 steht: Sal anglicum laxativum (Ebshamense, Englisches Laxier-Saltz; erst aus dem englischen Heilwasser von Ebsham gewonnen, jetzt aus Küchensalzlaugen und Schwefelsäure; kommt aus England; bewegt den Darm, auch bei Fieber). Die neue Nomenklatur war dann (z. B. Ph. Preußen 1799–1813) Magnesia sulphurica (= Sal amarum). In Ausgaben 1827–1846: Magnesia sulphurica cruda seu Sal amarus crudus, und Magnesia sulphurica depurata. (1862) Nur Magnesia sulphurica (= Magnesia sulphurica bis depurata). In DAB's: (1872) Magnesia sulfurica (Bittersalz) und Magnesia sulfurica sicca. Danach Bezeichnung (1882–1926) Magnesium sulfuricum und Magnesium sulfuricum siccum bzw. siccatum. (1968) Magnesiumsulfat und Getrocknetes Magnesiumsulfat. Ist für verschiedene Zwecke seit Ph. Hamburg 1820 bis 1968 als Reagens benutzt worden. In der Homöopathie ist „Magnesium sulfuricum – Magnesiumsulfat" (getrocknetes) ein wichtiges Mittel.
Nach Döbereiner-Apothekerbuch (1847) stimmt die Wirkung des Bittersalzes mit der des Glaubersalzes überein, ist aber milder und ziemlich rasch purgierend wirkend; innerlich in Auflösungen, Mixturen und Emulsionen, äußerlich in Klistieren bei hartnäckigen Verstopfungen, eingeklemmten Brüchen, Darmgicht, gastrischen galligen Fiebern, gastrischem Scharlach, bei Bleikolik. Nach Hager-Kommentar (1874): Purgativ. Nach Böhme-Kommentar (1969) (für wasserhaltiges und getrocknetes Magnesiumsulfat): 1. als Laxans, gut geeignet bei Vergiftungen und akuter Obstipation; 2. zu diagnostischen Zwecken bei Erkrankungen der Gallenblase.

Mercurius praecipitatus viridis

Siehe hierzu Wietschoreck-Nachchemiatrie S. 303, Kap. „Mercurius praecipitatus viridis – Grünes Quecksilberpräzipitat". Ein Präparat der Württemberger Pharmakopöen (seit Ausgabe 1741): Lösungen von Quecksilber und Kupfer in Salpetersäure werden gemischt, eingedampft, ein essigsaurer Auszug hergestellt und dieser wiederum eingedampft. Specificum bei Gonorrhöe, auch anderen venerischen Krankheiten, innerlich zu nehmen; äußerlich zum Reinigen von Geschwüren. Nach Döbereiner-Apothekerbuch (1847) gegen syphilitische Krankheiten.

Methylalkohol

Reagens in DAB's (1910–1968), als Lösungsmittel verwandt.

Methylenum caeruleum

Nach Darmstaedter-Handbuch von Caro 1877 hergestellt; 1891 von Ehrlich und Guttmann als Mittel gegen Neuralgien, Rheuma, Malaria empfohlen. Aufgenommen in DAB's: (1926) Methylenum caeruleum; (1968) Methylenblau; vor 1926 in Erg.B's (seit 1906: Methylenblau medicinale). Verwendung nach Böhme-Kommentar (1969) äußerlich als Desinfiziens, innerlich bei Vergiftung durch methämoglobinbildende Substanzen; als Farbstoff in der Bakteriologie und Hämatologie. Reagens in DAB's (1910–1968); siehe Harms-Reagenzien S. 91.

Methylorange

Einige Handelsbezeichnungen dieses Azofarbstoffes: Helianthin, Orange III, Tropäolin D, Goldorange; durch G. Lunge (1878) als Titrations-Indikator eingeführt. Als solcher in DAB's (seit 1926).

Das chemisch ähnliche Methylrot (ebenfalls in DAB's seit 1926; besonders bei Umschlägen in sehr schwach saurem Medium – Alkaloidtitrationen – benutzt) wurde durch Rupp und Loose (1908) in die Analytik eingeführt.

Minera Martis solaris

In Ph. Württemberg 1741 als „Hessischer Eisen-Vitriol-Kieß" beschrieben (kann wie andere Eisenpräparate in Substanz gegeben werden).

Mixtura sulfurica acida

Diese Mixtur der DAB's (1870–1910, dann Erg.B's, noch 1941) ist, als Mischung von Schwefelsäure und Weingeist, ein vereinfachtes Haller'sches Elixier. In dieser Art stand es bereits in allen preußischen Pharmakopöen (seit 1799: Mixtura sulphurico-acida = Elixir acidum) und auch in den meisten anderen Länderpharmakopöen des 19. Jh. Früher kamen noch Kermeskörner und Safran dazu (Elixir acidum Dippelii et Halleri der Ph. Württemberg 1785 bzw. 1798).

Anwendung nach Döbereiner-Apothekerbuch (1847): bei Nerven-, Faul- und Ausschlagsfiebern, krampfhaften und übermäßigen Mutterblutungen, bei beginnender Bleichsucht usw. Nach Hager-Kommentar (1874) in Wasser verdünnt als Adstringens, Haemostaticum und Antisepticum bei Blutungen, Congestionen, Schwäche; äußerlich als Einreibung.
Ein ähnliches Präparat, mit Honigzusatz, ist die Mixtura vulneraria acida (Theden'sches Wundwasser, braune Arquebusade [die weiße Arquebusade siehe Nachtrag unten], Aqua scolopetria) des DAB 1, 1872 (nach Hager-Kommentar nur noch im Handverkauf geforderte Mischung). War in die meisten Länderpharmakopöen des 19. Jh. aufgenommen, z. B. in Preußen 1799–1846 (mit Essigzusatz). Verwendung nach Döbereiner (1847): nur äußerlich, mit viel Wasser vermischt, bei offenen Verletzungen blutarmer Teile, Schußwunden, gequetschten und gerissenen Wunden, Blutaustretungen, Kontusionen und Verrenkungen als Verbandwasser.
Über Tinctura aromatica cum Acido sulphurico (Elixir Vitrioli Mynsichti) berichtet Döbereiner (1847): Die ursprüngliche Vorschrift des Mynsicht'schen Sauerelixiers ist von der Pharm. würt. und univ. aufgenommen worden (mehrere Drogen wie Kalmuswurzel, Galgantwurzel, Salbei usw. werden mit Weingeist, der Spiritus Vitrioli enthält, extrahiert). Nach Ph. Württemberg 1741 ein ausgezeichnetes Stomachicum, appetitanregend. War in viele Länderpharmakopöen des 19. Jh. aufgenommen, meist bezüglich der Drogen in vereinfachter Form, z. B. in Preußen (1799), in Baden 1842 usw. Anwendung nach Döbereiner (1847): bei übermäßigen, erschöpfenden Mutterblutungen, Profluvien, Typhus putridus, bei Verdauungsbeschwerden und gastrischen Fiebern.

Nachtrag: Die weiße Arkebusade ist das Aqua vulneraria spirituosa des DAB 1, 1872; ein Auszug aus 6 Drogen, wie Pfefferminzblättern, Rosenblättern, Salbei, Lavendel, mit verdünntem Spiritus und destilliert. Zuvor in Länderpharmakopöen des 19. Jh. z. B. in Preußen 1799–1829. Die ursprüngliche französische Vorschrift sah viel mehr Drogen vor, sie ist in Ph. Württemberg 1741 doppelt vertreten: Aqua vulneraria, Gallis Eau d'arquebusade dictu, und Aqua Vulneraria descriptio Pharmacopoeae Parisiensis, beide gegen Kontusionen, Sugillationen, Luxationen, Verbrennungen, Gangräne; innerlich gegen Blähungen und Leibschmerzen.

Morphinum

Siehe hierzu Schröder-Industrie S. 142–160, Kap. „Morphinum – Morphin" (zu ergänzen ist dort, daß Morphinum aceticum schon 1824 in einer Pharmakopöe von

Hamburg beschrieben war, wie G. E. Dann – Pharmaz. Ztg. *106*, 1126–1137 (1961) – festgestellt hat). Der 1817 durch Sertürner entgültig bekanntgemachte Hauptwirkstoff des Opiums setzte sich als Arzneimittel schnell durch. Die 4. preußische Pharmakopöe von 1827 nahm zweierlei auf:
1.) Morphium seu Morphinum (mit Vorschrift aus Opium). Pharmakopöe-üblich danach in den Länderpharmakopöen (in einigen, nach Ph. Hamburg 1852, ohne Vorschrift), in DAB 1, 1872 (ohne Vorschrift).
2.) Morphium aceticum (mit Vorschrift, aus der Base und Essigsäure). Danach pharmakopöe-üblich, meist mit Vorschrift. In DAB 1 (Morphinum aceticum) ohne Vorschrift. Danach Erg.B's (bis 1906).

An die Seite des zunächst am häufigsten gebrauchten Acetats trat besonders das salzsaure Salz, zeitweilig auch das schwefelsaure Salz.
3.] Morphinum hydrochloricum. Mit Vorschrift (aus Base und Salzsäure) in den hannoverschen (seit 1833) und bayrischen Pharmakopöen, mit Vorschrift aus Opium in Ph. Württemberg 1847, ohne Vorschrift in Ph. Preußen 1862 [anstelle des Acetats]. Dann in DAB's (1872–1968).
4.] Morphinum sulphuricum bzw. sulfuricum. Mit Vorschrift (aus Base und Schwefelsäure) in Ph. Sachsen 1837, Baden 1841; ohne Vorschrift in DAB's (1872–1882), dann Erg.B's (noch 1941).

Über die Anwendung schreibt Hager-Kommentar (1874): „Morphin und die offizinellen Morphinsalze wirken dem Opium analog, aber weniger erregend, weniger stuhlverstopfend, nicht schweißtreibend, das Sensorium geringer affizierend, die Sekretionen der Schleimhäute nicht störend, und stimmen erhöhte Sensibilität herab. Sie bewähren sich als schmerzstillende, beruhigende, krampfstillende, schlafmachende Mittel und finden daher in krampfhaften und konvulsivischen Leiden, Neuralgien, Herzkrankheiten, Husten, Asthma, Wahnsinn, Delirium tremens etc. innerlich, äußerlich zu hypodermatischen Injektionen Anwendung". Nach Böhme-Kommentar (1969): Morphinhydrochlorid ist in erster Linie „starkes Analgeticum bei allen schmerzhaften Zuständen, bei denen mit anderen schmerzstillenden Mitteln nicht auszukommen ist. Hauptindikationen sind Wundschmerz, akute Spasmen glattmuskulärer Organe, Schmerzen bei inoperablen Carcinomen, Operationsvorbereitungen. Morphium wird weiter als Beruhigungsmittel bei starken Erregungszuständen in der Psychiatrie und zur Dämpfung starken Hustens gebraucht".

Naphtholum

Bekannt seit etwa 1870. Aufgenommen in DAB's (1890–1926). Nach Kommentar (1892) zu DAB 3 von Kaposi anstelle von Teer bei Hautkrankheiten empfohlen;

in der Technik zur Herstellung von Azofarbstoffen. So auch als Reagens in DAB's (1910–1968), zum Kuppeln mit diazotiertem Novocain usw.

Narkotinhydrochlorid

Reagens in DAB 6, 1926; zur Alkalitätsprüfung von Arzneigläsern.

Natrium

Das Metall, 1807 von Davy entdeckt, dient nach Döbereiner-Apothekerbuch (1847) nur bei wissenschaftlichen Untersuchungen. War als Reagens in DAB 2, 1882, aufgenommen. Hager schreibt im Kommentar (1884) dazu: „Man gebraucht das Natrium teils zur Darstellung des Natriumamalgams, teils zur Reduktion von Schwermetalloxyden, und bei Prüfung verschiedener ätherischer Öle."

Natrium aceticum

Nach Döbereiner-Apothekerbuch (1847) scheint Natriumacetat zuerst 1767 von Friedr. Mayer durch direkte Verbindung von dest. Essig mit kohlensaurem Natron dargestellt worden zu sein, ein Verfahren, das sich durchgesetzt hat und in die Pharmakopöen aufgenommen worden ist. Die Verbindung hieß zunächst Terra foliata Tartari sicca, dann Natrum bzw. Natrium aceticum. So in zahlreichen Länderpharmakopöen (in Preußen bis 1846 mit Selbstherstellung in genannter Art). In DAB's (1872–1926). In Ausgabe 1968 nur noch als Reagens (für Acetat-Pufferlösungen u. a.), als Reagens schon in Ph. Hannover 1861, dann DAB's (seit 1882; siehe Harms-Reagenzien S. 91 uf.).
Über die Verwendung schreibt Döbereiner (1847): wird wie das Kalisalz innerlich und, da es nicht zerfließlich ist, auch in Pulvern gegeben. Nach Hager-Handbuch, um 1930: Gegen Magen- und Darmkatarrhe und anstelle des Kaliumacetats als Diureticum.
In der Homöopathie ist „Natrium aceticum" ein weniger wichtiges Mittel.

Natriumbisulfit

Reagens in DAB's (1900–1926) zur Bestimmung von Zimtaldehyd in äther. Ölen.

Siehe Harms-Reagenzien S. 93.

Natrium carbonicum

Siehe hierzu Hickel-Salze S. 18–19 („Nomenklatur einiger Salze in der Pharmazie"), S. 62–83 („Nitrum = Baurach"), S. 84–99 („Sal nitri"). Danach kann man das Natrium carbonicum des 19. Jh. zurückführen auf:
1.) Mineralische Soda; in Antike und bei den Arabern Nitrum, bei letzteren auch Baurach; im 16. Jh. Nitrum verum; im 18. Jh. Soda, in der 2. Hälfte Sal alcali minerale.
2.) Pflanzensoda; bei den Arabern Kali, Sal nitri, Sodra; bei mittelalterl. Alchemisten Sal alkali, Sosa, Zoza; in mittelalterl. Arzneibüchern Kali, Alkali; im 16. Jh. Sal alkali, Alumen catinum, Soda; im 17./18. Jh. Soda bzw. Soda hispanica.
Die Ph. Württemberg 1741 führt: Soda hispanica (Gallis Soude, Spanisches Aschensalz; keine medizinische Verwendung, nur zur Herstellung des Sal Seignette; viel in Malerei und Glasmacherkunst).

Natriumcarbonat, oft nebeneinander in mehreren Qualitäten, blieb pharmakopöe-üblich im 19./20. Jh. In DAB 1, 1872, sind aufgenommen:
1.) Natrum carbonicum crudum (Soda, Sal Sodae crudus); wird – nach Hager-Kommentar (1874) – mitunter in Bädern benutzt, meist zu chemischen Operationen und zur Reinigung der Siebe, Gefäße etc.
2.) Natrum carbonicum purum (Sal Sodae depuratum); nach Hager (1874) schleim- und säuretilgendes Mittel, Diureticum, zur Entsäuerung des Harns, bei Gicht und Steinkrankheiten, fieberhaften Entzündungen, Gelenkrheumatismen, Croup, Gelbsucht, Reizungszuständen der Magennerven; äußerlich in Waschungen und Bädern bei Hautleiden.

Bezeichnungen zuvor und danach (in preußischen Pharmakopöen, dann DAB's):
1.) (1799–1813) Natrum carbonicum seu Soda (Soda Hispanica aus veraschten Meerespflanzen, oder mineralische Soda Hungarica; bei Ausgabe 1813 auch genannt: Soda venalis, die „heute meist" aus Natriumsulfat mit Kalk und Kohle bereitet wird; in Ausgabe 1827 nur noch letzteres erwähnt). (1827–1846) Natrum carbonicum crudum (Alkali minerale crudum). (1862) Natrum carbonicum crystallisatum crudum (Krystallisierte Soda). In DAB's (1882–1910) Natrium carbonicum crudum.
2.) (1799–1813) Natrum carbonicum crystallisatum (Alkali minerale, Sal Sodae; aus Wasser umkristallisiert). (1827–1862) Natrum carbonicum depuratum. In DAB's: (1882–1926) Natrium carbonicum. (1968) Natriumcarbonat.
3.) (1799–1813) Natrum carbonicum siccatum (getrocknet). (1827–1862) Natrum carbonicum depuratum siccum. In DAB's: (1882–1910) Natrium carbonicum siccum. (1926) Natrium carbonicum siccatum. (1968) Natriumcarbonat-Monohydrat.

Anwendung nach Böhme-Kommentar (1969): 1. Äußerlich zur Erweichung von Verhornungen; zu Augenspülungen; 2. innerlich selten bei Hypersekretion des Magens; 3. zum Auskochen und Reinigen von Instrumenten.
Als sehr häufig gebrauchtes Reagens ist Natriumcarbonat seit Ph. Hannover 1819 in allen Pharmakopöen (bis DAB 7, 1968) zu finden (siehe z. B. Harms-Reagenzien, S. 97 uf.).

Im 19. Jh. kam auch das Natriumhydrogencarbonat in Gebrauch. Es war in viele Länderpharmakopöen des 19. Jh. aufgenommen, meist ohne Herstellungsvorschrift, da es frühzeitig sehr rein zu beziehen war. Bezeichnungen in Preußen: (1827/29) Natrum carbonicum acidulum (Bicarbonas natricus cum Aqua; durch Einleiten von Kohlendioxid in Sodalösung gewonnen). (1846) ebenso bezeichnet, aber ohne Vorschrift. (1862) Natrum bicarbonicum (Saures kohlensaures Natron). In DAB's: (1872) Natrum bicarbonicum. (1882–1926) Natrium bicarbonicum. (1969) Natriumhydrogencarbonat (und Natriumhydrogencarbonat-Tabletten).
Anwendung nach Döbereiner-Apothekerbuch (1847): als ein beruhigendes, reizminderndes, krampfstillendes, auflösendes, die Verdauung beförderndes und steinlösendes Mittel innerlich in Pulvern, Pillen, Trochisken und Auflösungen bei Digestionsstörungen und freier Säure oder acider Galle in den ersten Wegen, gegen übermäßiges Erbrechen, Cholera, Magenruhr, anomale Gicht, Skrofulose, veraltete Drüsenverhärtungen, Gallensteine, Harnbrennen in der Harnröhre, hartnäckige Wechselfieber, Hautausschläge und Kropfgeschwulste; ferner dient es zur Bereitung der Brausepulver und schäumenden Getränke (Sodawasser usw.). Nach Böhme-Kommentar (1969): 1. als Antacidum; 2. bei metabolischer Acidose, bes. im Koma diabeticum.
Als Reagens in Ph. Hannover 1819 aufgeführt, dann in einigen Länderpharmakopöen, ab DAB 3, 1890, in allen weiteren (siehe z. B. Harms-Reagenzien S. 92).

Natrium causticum

Nachdem man aus dem Alcali vegetabile (Kaliumcarbonat) mit gebranntem Kalk ein Lixivium causticum Alcali vegetabilis (Kalilauge) in Apotheken zu bereiten gewöhnt war (im 18. Jh. → Kalium causticum), stellte man entsprechend ein Lixivium causticum Alcali minerale aus Soda her, auch ein festes Alkali minerale causticum (gegen Ende des 18. Jh.). Daraus resultierten Natriumhydroxid-Präparate vor allem in flüssiger Form, so in preußischen Pharmakopöen und DAB's die folgenden:
1.) (1827/29) Liquor Natri caustici. (1846) Liquor Natri hydrici. (1862) Natrum hydricum solutum [immer Herstellung analog

Kalilauge, aus Natriumcarbonat und frisch gebranntem Kalk]. In DAB's, ohne Vorschrift: (1872–1926) Liquor Natri caustici.
Als Reagens in einigen Länderpharmakopöen (z. B. Preußen 1846), in allen DAB's; in Ausgabe 1969 in mehreren Konzentrationen (siehe zu DAB 6: Harms-Reagenzien S. 105–109).
2.) In preußischen Pharmakopöen und DAB's war festes Natriumhydroxid bis um 1950 als Monographie nicht aufgenommen, eine solche in DAB 7, 1968 (Natriumhydroxid). Verwendung nach Böhme-Kommentar nur als Reagens. Als solches war es auch in früheren DAB's geführt (1910, 1926).
Anwendung nach Döbereiner-Apothekerbuch (1847): In der Medizin wird weder das feste noch das flüssige ätzende Natron verwendet, in der Pharmazie benutzt man die Lauge zur Darstellung der medizinischen Seife und einiger anderer Präparate. Nach Hager-Handbuch, um 1930: [Natriumhydroxyd] Zur Herstellung von Seife und vieler anderer chemischer Präparate; als Reinigungsmittel. [Natronlauge] zur Darstellung chemischer und pharm. Präparate, in der Analyse; medizinisch nur selten als Zusatz zu Bädern oder, mit Kalkwasser gemischt, zu Pinselungen bei Diphtherie.

Natrium chloratum

Siehe hierzu Hickel-Salze S. 20–47, Kap. „Sal“ mit den Abschnitten Sal gemmae (Sal fossile), Sal marinum, Sal commune und Sal finum, Sal Indum, Sal ustum. Weitere Sal-Arten: Muria, Spuma salis, Flos salis, Sal lacustris, Sal naphthicus. Über die verwickelte ältere Geschichte siehe dort bei Hickel. Pharmakopöe-üblich waren im 16./18. Jh.:
1.) Sal gemmae, bergmännisch gewonnenes Stein- oder Bergsalz, bis ins 18. Jh. hinein die gebräuchliche Form des Natriumchlorids. Sal gemmeus der T. Worms 1582 heißt auch: Sal natiuus, Sal foßitius, Sal cristallinus, Sal gemmae officinarum. Nach Ph. Württemberg 1741 ist der Gebrauch weniger in der Medizin als in der Küche.
2.) Sal marinum, durch Verdunsten von Meerwasser gewonnen. In T. Worms 1582 wird Sal marinus auch als Meersaltz, Niderländischsaltz bezeichnet (der Preis betrug 1/4 des vorigen). Die Ph. Württemberg 1741 beschreibt zu dieser Sorte den med. Gebrauch: Incidans, Discutiens, Diureticum.
Bei Dioskurides war die Verwendung beider Salzarten sehr vielseitig (sie adstringieren, machen geschmeidig, reinigen, zerteilen, besänftigen, verdünnen und bilden Wundschorf; halten Fäulnis ab, werden Krätzemitteln zugesetzt, beseitigen Auswüchse in den Augen, verhindern das Überwachsen der Nägel, beseitigen Fleischwucherungen; Zusatz zu Klistieren; sie beruhigen Jucken, mit Essig und Öl; in gleicher Weise bei Flechten, Krätze, Aussatz und Schlundmuskelentzündung; gegen

Mandelentzündung mit Honig gekocht; gegen Soor, schwammiges Zahnfleisch, krebsige Geschwüre; gegen Feigwarzen und Geschwulste mit Rinderfett; zum Zerteilen von Furunkeln; gegen Skorpionstiche, Schlangenbisse und andere Tiere; bei Verrenkungen, Podagra, Verbrennungen, mit Öl aufgelegt; bei Ohrenschmerzen, Rose usw., usw.

Verwendung nach Döbereiner-Apothekerbuch (1847): Der hauptsächlichste Gebrauch des Salzes besteht in seiner diätetischen Benutzung und in Künsten und Gewerben; medizinisch wird es als ein reizendes, die Verdauung beförderndes, eröffnendes, kühlendes und wurmwidriges Mittel innerlich, jedoch im ganzen nur selten, gegen übermäßige Blutflüsse, Verschleimungen des Darmkanals, Stockungen und Ansammlungen in den Gekrösedrüsen, Leibesverstopfungen, Kropfgeschwülste, Drüsenkrankheit, schleimige Engbrüstigkeit, Wurmsucht, Magenruhr, Harnruhr, Wassersucht, Epilepsie und Syphilis angewendet. Äußerlich wird es sehr häufig als Bähung oder Waschung benutzt gegen chronische Flechtenausschläge, als trockener Umschlag gegen Wasserbruch, Wasserkopf, kalte Drüsengeschwülste, wassersüchtige Anschwellungen, in Klistierform bei scheintoten und apoplektischen Zufällen, zu Injektionen in die Venen asphyktischer Cholera, zu kalten Bädern behufs der Hervorrufung eines regeren Lebensprozesses und Aufregung der peripherischen Nerven und Gefäße, zu warmen Bädern behufs der Ableitung einer erethischen Reizung der Haut und Ausgleichung krampfhafter Empfindlichkeit; in der Augenheilkunde gegen Flecken und fleckenartige Verdunkelung der Hornhaut.

Angaben in Böhme-Kommentar (1969): 1. Zur Herstellung der physiologischen Kochsalzlösung und anderer isotonischer Salzlösungen für Injektionen und Infusionen; 2. zur Inhalation bei akuter und chronischer Bronchitis; 3. zur Venenverödung bei Varicosis in hochkonzentrierter Lösung.

Natriumchlorid blieb pharmakopöe-üblich bis zur Gegenwart (noch DAB 7, 1968). Bezeichnungen in preußischen Pharmakopöen: (1799–1829) Natrium muriaticum seu Sal culinare, Küchensalz (durch Eindampfen von Salzlake – Muria – gewonnen). (1846) Natrium chloratum. In DAB's: (1872) Natrium chloratum purum. (1882–1926) Natrium chloratum. (1968) Natriumchlorid. Über die Herkunft sind seit etwa 1850 keine Angaben mehr gemacht.

Natriumchlorid gehört zu den sehr häufig gebrauchten Reagenzien (seit Ph. Hamburg 1820; noch DAB 7, 1968). Siehe hierzu Harms-Reagenzien S. 93 uf. In der Homöopathie ist „Natrium chloratum – Natriumchlorid“ (Hahnemann 1838) ein wichtiges Mittel.

Als Liquor Natri chlorati wurde in DAB 1, 1872, eine Bleichflüssigkeit (Liquor Natri hypochlorosi der Ph. Hannover 1861, Liqueur de Labarraque), aus Clorkalk, Natriumcarbonat und Wasser bereitet, bezeichnet. Eine echte Kochsalzlösung ist dagegen die Solutio Natrii chlorati physiologica (0,9%ig), aufgenommen in DAB's (1910–1926). Anwendung nach Kommentar (1911): Am häufigsten zur Ausspülung von Körperhöhlen und zur Aufbesserung der Zirkulation bei akuten Schwächezuständen (z. B. starken Blutverlusten, septischen Erkrankungen), subcutan, intravenös, als Klistier.

Nicht zu verwechseln mit Natriumchlorid (Natrium chloratum) ist Natriumchlorat (Natrium chloricum), das vereinzelt offizinell war, z. B. Ph. Hannover 1861 (aus Kaliumchlorat mit Natriumbitartrat). Anwendung nach Hager-Handbuch, um 1930: Innerlich als Alterans und Antiphlogisticum mit der gleichen Vorsicht wie Kaliumchlorat. Äußerlich zu Mund-, Gurgel- und Verbandwässern wie Kaliumchlorat.

Natriumhypophosphit

Reagens in DAB's (1926–1968) zum Nachweis von Arsen- (und Selen-) Verbindungen.

Harms-Reagenzien S. 95 uf.

Natrium kakodylicum

Das Natriumkakodylat war nur in DAB 6, 1926, aufgenommen. Anwendung nach Hager-Handbuch, um 1930: wie Arsentrioxyd, innerlich und subkutan bei Psoriasis und Bluterkrankungen.

Natriumkobaltnitrit

Reagens in DAB's (1926–1968) für Kaliumionen.

Harms-Reagenzien S. 98 uf.

Natrium nitricum

Natriumnitrat wurde in einige Länderpharmakopöen des 19. Jh. aufgenommen, so in Preußen: (1827/29) Natrum nitricum (Nitrum cubicum), aus Natriumcarbonatlösung und Salpetersäure; (1846; ohne Vorschrift) Natrum nitricum crudum (Chili-Salpeter) und Natrum nitricum depuratum (aus Wasser umkristallisiert); (1862) Natrum nitricum. So auch DAB 1, 1872. Dann (1882–

1926) Natrium nitricum. Verwendung als Reagens in Ph. Hannover 1862, dann DAB's (1910–1926); zur Soda-Salpeterschmelze von organischen Substanzen. Verwendung nach Döbereiner-Apothekerbuch (1847): Das salpetersaure Natron ist statt des Salpeters zur medizinischen Anwendung vorgeschlagen und bes. gegen Ruhren gerühmt worden, hat aber keine rechte Aufnahme finden wollen. Nach Hager-Kommentar (1874): Die Wirkung ist der des Kalisalpeters wenig ähnlich. Seine Wirkung ist eine sehr milde, entzündungswidrige; harntreibendes und gelinde eröffnendes Mittel. Nach Hager-Handbuch, um 1930: ist lange Zeit anstelle des Kaliumnitrats bei fieberhaften und entzündlichen Krankheiten gegeben worden, doch wirkt es nicht in gleichem Maße die Temperatur und den Puls herabsetzend, auch weniger diuretisch; größere Gaben wirken abführend.

Natrium nitrosum

In DAB's (1910–1926) Natrium nitrosum, (1968) Natriumnitrit. Dient in den DAB's auch als Reagens (z. B. zu Diazotierungen, Elaidinprobe). Anwendung nach DAB-Kommentar (1911): wie Amylnitrit, Wirkung tritt aber langsamer ein; wird selten gebraucht. Nach Hager-Handbuch, um 1930: Innerlich mit zweifelhaftem Erfolg in Lösung gegen Asthma, Epilepsie, Hemikranie, Angina. Nach Böhme-Kommentar (1969): 1. zur Behandlung der Angina pectoris, nichtmehr bei Asthma bronchiale. 2. bei Blausäurevergiftung. 3. in Pökelsalz und zu technischen Zwecken.

Natrium phosphoricum

Nach Döbereiner-Apothekerbuch (1847) war Natrum phosphoricum lange bekannt, ehe man seine chemische Natur wußte; Hellot fand es 1737 im Harn, und Haupt nannte es wegen seines Verhaltens vor dem Lötrohr Perlsalz (Sal mirabile perlatum; von Rouelle 1776 als phosphorsaures Natron erkannt). Von Pearson zuerst 1788 medizinisch benutzt (Sal catharticum Pearsonii). Begann als Soda phosphorata etwas vor 1800 in Pharmakopöen; dann als Natrum phosphoricum in den meisten Länderpharmakopöen des 19. Jh., z. B. in Preußen 1799–1862 (bis 1846 mit Herstellungsvorschrift, aus Soda und Phosphorsäure). In DAB's: (1872) Natrum phosphoricum. (1882–1926) Natrium phosphoricum. (1968) Natrium monohydrogenphosphat.
Als Reagens in Länderpharmakopöen seit Ph. Württemberg 1847 (Calciumnachweis), in DAB's (1872–1926); auch Zinknachweis (siehe Harms-Reagenzien S. 102). In der Homöopathie ist „Natrium phosphoricum – Natriumphosphat“ ein wichtiges Mittel.

Anwendung nach Döbereiner (1847): innerlich als ein gelinde abführendes, kühlendes, lösendes und Digestiv-Mittel. Nach Hager-Kommentar (1874): mildes Abführmittel; bei Gicht, Rheuma, Rachitis, Skrofulose, Tuberkulose, Steinkrankheit; äußerlich ersetzt es teilweise den Borax. Nach Böhme-Kommentar (1969): 1. Mildes Laxans. 2. bei metabolischer Acidose innerlich oder als intravenöse Darmtropfinfusion.

In DAB 1, 1872, war auch aufgenommen: Natrum pyrophosphoricum; danach Erg.B's, noch 1941 ($Na_4P_2O_7 + 10\,H_2O$). Hager (1874) schreibt dazu: therapeutische Anwendung hat es bis jetzt nicht gefunden, wird jedoch im pharm. Laboratorium zur Darstellung anderer Pyrophosphate, bes. des Ferripyrophosphats verwendet.
Das letztere, „Natrum pyrophosphoricum ferratum" des **DAB 1** (dann Erg.B's, noch 1916), hergestellt aus Natriumpyrophosphat, Eisen(III)-chlorid in Wasser, mit Weingeist fällen, ist nach Hager: genau genommen ein Produkt französischer Spezialitätenkrämer, welches in Folge der Reklame in den Arzneischatz Aufnahme fand. Der Franzose Leras (um 1850) erwarb sich mit der Eisenpyrophosphatspezialität einen Weltruf.
Für die chemische Analytik von einigem Wert ist das Natrium-Ammoniumphosphat (Phosphorsalz). Es war aufgenommen in Ph. Hannover 1861: Natrum phosphoricum ammoniatum (zur Herstellung gefärbter Perlen mit Metalloxiden).

Natriumsulfid

Reagens in DAB's. War in Ausgabe 1926 (als Lösung) Ersatz für H_2S-Wasser, zur Prüfung auf Schwermetalle, für Identitätsfällungen. In Ausgabe 1968 bei Bestimmung von Zink in Insulin.

Harms-Reagenzien S. 103 uf.

Natriumsulfit

Reagens in DAB's für verschiedene Zwecke. In Ausgabe 1882 – nach Hagers Kommentar – als „Desoxydationsmittel", 1890–1910 zum Selennachweis, 1910 auch für Bestimmung von Formaldehyd solutus. 1926 zur Carvonbestimmung (in Oleum Carvi), zur Identitätsprüfung von $KMnO_4$. 1968 für Gehaltsbestimmung von 2 Barbituraten.

Neben Natriumsulfit als DAB-Reagens (1890–1926) Schweflige Säure (Acidum sulfurosum; siehe Harms-Reagenzien S. 165 uf.); Reduktionsmittel, zur Entfernung der Jodfarbe bei Nachweis von Zyan in Jod; zur Herstellung von Schiffs Reagens. Die Schweflige Säure wird aus Natriumsulfit und Schwefelsäure gewonnen.

Natrium sulfuricum

Siehe hierzu Wietschoreck-Nachchemiatrie S. 250–257, Kap. „Sal mirabilis Glauberi – Glaubers Wundersalz". Nach Döbereiner-Apothekerbuch (1847) wurde schwefelsaures Natron 1658 von Rud. Glauber bei der Behandlung des Rückstandes von der Bereitung der Salzsäure (aus Kochsalz mittels Schwefelsäure) entdeckt und als „Wundersalz" beschrieben. Seit Ph. Württemberg 1741 pharmakopöe-üblich. Dort wird das Sal mirabile Glauberi in oben genannter Weise hergestellt (innerlich sanftes Stimulans, treibt Harn, bewegt Stuhlgang, Resolvens). In den Pharmakopöen des 19./20. Jh. unter den Bezeichnungen Natrum sulphuricum bzw. Natrium sulfuricum. In Preußen bis 1813 mit Vorschrift zur Selbstherstellung, dann (1827–1846) nebeneinander Natrum sulphuricum crudum (aus Fabriken) und durch Umkristallisieren erhaltenes Natrum sulphuricum depuratum; 1846 auch noch Natr. sulph. dep. siccum. (1862) Natrum sulphuricum und Natr. sulph. siccum. In DAB's: (1872) ebenso. (1882–1926) Natrium sulfuricum und Natr. sulf. siccum bzw. (1926) siccatum. (1968) Natriumsulfat und Entwässertes Natriumsulfat. Auch in Reagenzienlisten (bes. das getrocknete als Trockenmittel). Als Reagens schon seit Ph. Hannover 1819 aufgeführt, in einigen Länderpharmakopöen (zum Nachweis von Erdalkalien und Blei) und DAB's (1910–1926; siehe hierzu Harms-Reagenzien S. 103). In der Homöopathie ist „Natrium sulfuricum – Natriumsulfat, Glaubersalz" ein wichtiges Mittel.
Anwendung nach Döbereiner-Apothekerbuch (1847): als abführendes, kühlendes und harntreibendes Mittel; bei Nasenbluten, Darmverschleimung, gegen Bandwurm; gewöhnlich in Auflösungen, das zerfallene auch in Pulver und Pillen, meist als Digestiv-Mittel. Nach Hager-Kommentar (1874): als mildes und kühlendes Abführmittel, heute aber wenig beachtet, da es eine Menge anderer rivalisierender Mittel gibt. Nach Böhme-Kommentar (1969): Als Laxans bes. bei Vergiftungen, Intoxikationen durch verdorbene Nahrungsmittel, akuter Obstipation; wirkt anregend auf die Diurese.

Natrium thiosulfuricum

Erstmalig in DAB 1, 1872, aufgenommen, unter der irreführenden Bezeichnung: Natrum subsulfurosum (Unterschwefligsaures Natron, Na-

trum hyposulfurosum). In E. Schmidts Lehrbuch der Pharm. Chemie, 1879, Kap. Unterschwefligsaures Natron, wird als Formel $Na_2S_2O_3 + 5\,H_2O$ angegeben, als Synonym u. a. Natrium thiosulfuricum, Antichlor. In DAB 2, 1882, findet man unter Maßlösungen den Liquor Natrii thiosulfurici volumetricus. Ab DAB 3, 1890, dann Monographie Natrium thiosulfuricum (bis 1926). (1968) Natriumthiosulfat; dort auch als Reagens, sowie n/10 und n/100-Maßlösung (für Jodometrie). Seit Ph. Sachsen 1867 pharmakopöe-übliches Reagens. Siehe hierzu Harms-Reagenzien S. 105.
Anwendung nach Hager-Kommentar (1874): Um dem Organismus Schwefel in status nascendi zuzuführen, hat man es als Arzneisubstanz angewendet; bei Leberleiden, Unterleibsschmerzen, Hautkrankheiten; zu mildem Schwefelbad. Nach Hager-Handbuch, um 1930: innerlich sehr selten; äußerlich als Reduktionsmittel bei parasitären Hauterkrankungen (Krätze). Neuerdings intravenös zur Bekämpfung der Salvarsanschäden. Nach Böhme-Kommentar (1969): 1. als Antidot bei Blausäurevergiftung; Verabreichung bei Schwermetallvergiftung ist heute weitgehend verlassen. 2. äußerlich als Krätzmittel und bei anderen Hauterkrankungen.

Nitroprussidnatrium

Reagens in DAB's (1910–1968) zum Acetonnachweis (Legalsche Probe). 1968 auch bei Identitätsprüfung von Methionin und Salbeiblättern.

Olea

In unserem Einteilungssystem (→ Bd. III) haben wir die Öle nach ihrer Herstellung in folgende Gruppen eingeteilt:
1.) Olea expressa (durch Auspressen gewonnene Öle). Sie können „einfach" (Olea expressa simplicia, aus einer Droge bereitet, wie z. B. Ricinusöl aus Samen) oder „zusammengesetzt" sein (Olea expressa composita, aus mehreren Drogen, z. B. Salböle). Dioskurides gibt viele Vorschriften. Solche Öle wurden am Ort des Verbrauchs hergestellt oder im Großen (als Handelsprodukte). Noch Länderpharmakopöen des 19. Jh. gaben Herstellungsvorschriften, z. B. in Ph. Preußen 1827 für Oleum Amygdalarum, O. Lini, O. Nucum Juglandis, O. Papaveris; eingekauft wurde O. Olivarum, O. Ricini. Seit Mitte 19. Jh. ist der Einkauf durch Apotheker das übliche, im 20. Jh. das ausschließliche Verfahren.
Die ausgepreßten Öle sind meistens Fette Öle aus Pflanzen; sie können auch aus Tierteilen stammen (z. B. Lebertran), vereinzelt werden auch Ätherische Öle ausgepreßt (Citronenöl).

2.) Olea per Infusionum (Infundierte Öle); sie hießen auch Olea cocta (Gekochte Öle). Die einfachen (Olea cocta simpl.) wurden meist durch Kochen aus einer – meist pflanzlichen – Droge mit Öl hergestellt, die zusammengesetzten (Olea cocta comp.) aus mehreren Drogen und Öl. Dioskurides gibt viele Vorschriften, z.B. Dillöl (Dillblüten werden mit Olivenöl mazeriert, dann das Öl ausgepreßt), Myrtenöl (aus Myrtenblättern wird der Saft gepreßt, dieser mit Olivenöl gekocht), Rosenöl (aus Bartgras und Öl wird ein Auszug unter Kochen bereitet, dann kommen Rosenblütenblätter dazu, und man preßt nach einiger Zeit aus). Solche Öle blieben lange pharmakopöe-üblich. Viele Vorschriften für einfache und zusammengesetzte Olea cocta sind in Ph. Nürnberg 1546 nach Mesue angegeben; aus Tieren werden bereitet: Oleum Formicarum (Ameisenöl) und O. Lumbricorum terrestrium (Regenwurmöl) [beide noch in Ph. Württemberg 1741]. In Länderpharmakopöen des 19. Jh. gab es nur noch einfache gekochte Öle, z. B. in Ph. Preußen 1827: Oleum Absinthii coctum, O. Chamomillae coct., O. Hyoscyami coct. Das Oleum Hyoscyami als letzter Vertreter der gekochten Öle (aus Bilsenkrautblättern, Spiritus, etwas Ammoniak und Erdnußöl) noch in DAB 6, 1926, mit Herstellungsvorschrift [das alte Oleum Hyoscyami (16./18. Jh.) wurde aus Bilsenkrautsamen gepreßt].

3.) Olea destillata. Ihre Herstellung wurde erst durch die Einführung alchemistischer Arbeitsmethoden möglich, sie waren schon im 16. Jh. üblich im Gebrauch. Wir teilen die destillierten Öle folgendermaßen ein (→ Bd. III):

a) Olea destillata simplicia (aus einer Droge erhalten; die Herstellung zusammengesetzter destillierter Öle, gleichzeitig aus mehreren Drogen gewonnen, war für pharm. Zwecke nicht üblich). Bis zu den Länderpharmakopöen des 19. Jh. sind Herstellungsangaben gemacht, ab DAB 1, 1872, nicht mehr (seither immer aus dem Handel bezogen). Auch in alten Zeiten gab es Sorten, die einzukaufen waren, so kam nach Ph. Nürnberg 1546 das Oleum Spicae aus Gallien.

Solche Öle werden heute als „Ätherische Öle" bezeichnet. Der Ausdruck kommt in Ph. Preußen 1799 (und früher) vor, es wird dort ein Oleum Absinthii aethereum vom Ol. Absinthii coctum unterschieden.

b) Olea destillata chemica (ein von uns, in Hinblick auf chemische Umsetzungen, die bei der Destillation eintreten, geprägter Sammelbegriff). Die ältesten Vorschriften stammen aus arabisch-alchemistischer Zeit, z.B. Oleum de Lateribus (Oleum Philosophorum). Siehe hierzu Wietschoreck-Nachchemiatrie S. 162–171, Kap. „Oleum de lateribus – Ziegelsteinöl". Herstellung durch trockene Destillation von Olivenöl, das in Ziegelsteinpulver aufgesogen war. Pharmakopöe-üblich bis zum 18. Jh. (z. B. Ph. Nürnberg 1546; Württemberg 1741: Anwendung als Resolvens, Attenuans, Septicum, Mundificans).

Die Gruppe der Olea destillata umfaßte im 16. bis Anfang 18. Jh. auch Produkte, die wir als ausgesprochen chemische Präparate betrachten, wie z. B. Schwefelsäurepräparate (Oleum und Spiritus Vitrioli). Diese stehen ebenso wie Spiritus Vini in T. Worms 1582 im Kap. „De oleis stillatitiis seu chymica arte expressis (Öle, die durch die Alchymistische kunst der Destillation außgezogen werden)."

Hagen, um 1780, unterscheidet bei den Destillierten Ölen 1. Ätherische Öle (Olea aetherea seu O. essentiale seu O. odora; Herstellung durch Wasserdampfdestillation, oft mit Zusatz von Kochsalz zum Ansatz) und 2. Brenzliche Öle (Olea empyreumatica seu O. foetida seu O. adusta). Letztere werden durch trockene Destillation hergestellt. Man erhält in der Regel: Erst ein Phlegma, dann einen alkalischen oder sauren Spiritus, dann ein flüchtiges Salz, zuletzt das Öl (das Öl kann auch dem Salz vorangehen), das noch rektifiziert werden kann (nochmalige Destillation, oft mit Zusätzen wie Wasser, Kreide, Pottasche).

Außer diesen Destillierten Ölen gibt es bei Hagen [vgl. vorn unter 1. u. 2.] die Ausgepreßten Öle (Olea expressa seu O. unguinosa seu O. unctuosa seu O. pinguia); man erhält sie hauptsächlich aus Samen (Mandeln, Oliven, Nüssen, Kakao, Lein, Hanf, Mohn, Rübensamen). Mit Hilfe dieser Öle, vor allem Olivenöl, werden die Gekochten Öle (Olea cocta seu O. infusa) gewonnen: Pflanzen oder Teile davon werden mit Öl gekocht, bis alle wäßrige Flüssigkeit abgedampft ist; dann Pressung.

Ausführliche historische Angaben über Fette Öle findet man in Wiegert-Nahrungsmittelchemie S. 131–150: „Fette und die Anfänge ihrer Analytik", mit den Abschnitten: Olivenöl als Beispiel eines fetten Öles in den Monographien preußischer und deutscher Arzneibücher; Vorgeschichte; Einführung analytischer Methoden zur Fettanalytik.

Oleum animale

Nach Darmstaedter-Handbuch hat J. K. Dippel das nach ihm benannte Öl (Dippels Tieröl, Tierisches Stinköl) im Jahre 1700 erfunden. Nach Ph. Württemberg 1741 wird zur Herstellung des „Oleum animale ad Modum Dippelii": Oleum destillatum foetidum cornu Cervi vel alius animalis mit Wasser und durch mehrmalige Destillationsmaßnahmen rektifiziert; Dippel selbst ging von getrocknetem Hirschblut aus; Anodynum, Resolvens, Febrifugum, Nervinum, Antepilepticum. Nach Hagen, um 1780, ist dieses Öl keineswegs nur ein Produkt der wiederholten Destillation, sondern ein Bestandteil des schwarzen Öls, der abgetrennt wird. Das Öl blieb im 19. Jh. pharmakopöe-üblich (→ Ammonium carbonicum; dort auch Verwendung im 19. Jh.).

Oleum Arsenici

Wenig benutztes chemiatrisches Präparat. Herstellung nach Hellwig-Lexikon (1713) durch Glühen von Arsenicum sublimatum mit Nitrum; das Produkt (= Arsenicum fixum) läßt man im feuchten Keller zerfließen. Verwendung gegen Syphilis, Krebs, Geschwüre, Afterdarmfisteln, Hundebiß. Es gab auch andere Vorschriften, so destillierte man Arsenicum mit Mercurius sublimatus zusammen.

Orzin

Reagens in DAB's (1910–1926) für Nachweis von Pentosen im Harn (Bialsche Lösung).

Pentan

Reagens in DAB's (1926–1968), zum Ausschütteln ätherischer Öle bei deren Bestimmung.

Harms-Reagenzien S. 114.

Pepsinum

Nach E. Hickel, Pepsin – ein Veteran der Enzymchemie, in: Naturwissenschaftl. Rundschau *28*, S. 14–18 (1975), wurde die Substanz 1834 durch Eberle in der Magenschleimhaut entdeckt, erhielt aber erst 1836 durch Schwann den Namen. Den Fermentcharakter wies J. Müller (1836) nach. Die Reindarstellung wurde von Wasmann (1839), Boudault (1854) und Brücke (1861) versucht. Die Reaktionsweise des P. bzw. seine Entstehung aus Pepsinogen erforschten zuerst Bidder (1852), Boudault (1854), M. Schiff (1860/67) und Ebstein u. Grützner (1872/74). Die Pepsin-Substitutionstherapie führte Corvisart (1852) ein. Als erste Pharmakopöe nahm der französische Codex von 1866 das P. mit der Wertbestimmung nach Boudault auf. Seit 1854 wurde P. im Großen hergestellt (zuerst von Boudault); in der Folgezeit gab es mehrere P.-Spezialitäten, auch in Deutschland. Aufgenommen in DAB's (1882–1968). Dient zur Verdauungsförderung, bes. bei Pepsinmangel im Magen; auch als Reagens (1910–1926) zur Wertbestimmung des

Tannalbin (siehe hierzu Harms-Reagenzien S. 114 uf.); (1968) zur Prüfung von Gelatine-Kapseln.

Petroleum

Siehe hierzu G. Schönwälder, Erdöl in der Geschichte, Mainz und Heidelberg 1958 (Die Erdöl-Bücherei, Bd. 8). Im Gart der Gesundheit, um 1500, wird im Kap. Petroleum berichtet: Nach Avicenna liegt seine Tugend darin, daß es auflöst, an sich zieht und verzehrt. Das Öl ist gut zur Einreibung bei lahmen Gliedern, gegen Podagra, Lendenschmerzen, Gicht. Beste Arznei gegen den Stein, zum Einreiben; zum Einreiben auf die Brust bei Husten; äußerlich auch gegen Mutterbeschwerden, dabei auch der Rauch vom Petroleum über glühenden Kohlen; nach Platearius für den Magen.
Die T. Worms 1582 führt: Oleum Petraum (Petroleum, Peteröle); in T. Frankfurt/M. 1687 Petroleum (Steinöhl, St. Catharinenöl, Oleum Petrae, Petroleum album, weiß Peteröl). In Ph. Württemberg 1741: Oleum Petrae album (Petroleum album, weiß Stein-Oehl), Oleum Petrae nigrum (Petroleum nigrum, schwartz Stein-Oehl), Oleum Petrae rubrum (Petroleum rubrum, roth Stein-Oehl); gehört zum Mineralreich, ist Naphtha oder Bitumen liquidum, das aus Felsen und Erden austritt und aus Quellen gesammelt wird; das weiße kommt aus Sumatra, Persien und Italien (Modena), das schwarze aus Languedocia, das rote aus Sizilien und Italien; weißes und rotes sind Calefaciens, Digerans, Resolvens; innerlich selten gebraucht; schwarzes ist Anthelminticum, sonst wie die vorigen. Vor einiger Zeit kam auch ein Oleum Terrae aus Indien in den Handel; es ist rot, hat den Geruch des Petroleums und wird bei Nerven-Affektionen äußerlich angewendet.
Die meisten Länderpharmakopöen des 19. Jh. führten noch Petroleum oder Oleum Petrae, so z. B. Ph. Preußen 1799–1846. (1846) dazu das durch Wasserdampfdestillation gereinigte Petroleum rectificatum. Dieses allein in Ausgabe 1862. Nach Döbereiner-Apothekerbuch (1847) wirkt Steinöl reizend, zerteilend, würmervertreibend und harnbefördernd, wird jedoch nur selten innerlich, häufig aber äußerlich in Ohrentropfen, Einreibungen (bes. gegen torpide Frostbeulen), Waschungen, Salben usw. benutzt.

Im Zusammenhang mit Erdöl (Steinöl, Petroleum) berichtet E. Schmidt im Lehrbuch der pharm. Chemie, Bd. 2, 1882: Im deutschen Handel befinden sich vor allem 2 Sorten, (I.) das amerikanische oder pensylvanische Steinöl und (II.) das italienische oder offizinelle Steinöl.
I.) Ausbeutung erst seit 1857. Für Beleuchtungszwecke seit 1859 ausgedehntere Verwendung. Daraus bereitet:

1.) Petroleumaether (A e t h e r p e t r o l e i, P e t r o l ä t h e r); Destillationsprodukt mit Siedepunkt zwischen 50 und 60°; Verwendung als lokales Anästhetikum, als äußerliches Arzneimittel, zur Entfettung von Wolle, zur Extraktion von Fetten und fetten Ölen usw.
2.) P e t r o l e u m b e n z i n (B e n z i n u m P e t r o l e i, B e n z i n u m, G a s o l i n, K e r o s o l i n, F l e c k w a s s e r). Siedepunkt zwischen 60–80°.
3.) L e u c h t p e t r o l e u m; dient auch zum Vertilgen von Wanzen und Flöhen und in der Veterinärpraxis; siedet zwischen 150 und 250° (auch K e r o s i n ö l genannt).
4.) P a r a f f i n; siedet über 300°; fabrikmäßige Herstellung seit 1847; kommt mineralisch als E r d w a c h s oder O z o k e r i t vor; die großen Mengen werden durch trockene Destillation gewisser Braunkohlenarten, des Torfs, bituminösen Schiefers etc. gewonnen.
5.) V a s e l i n e (C o s m o l i n e); ein Weichparaffin, das seit 1875 in den Handel kommt; wird besonders aus amerikanischem Erdöl, z. B. von der Chesebrough Company in New York, gewonnen.
II.) Das zu arzneilichem Gebrauch bestimmte Erdöl kommt bes. aus Italien (bei Parma), ferner aus Galizien, Siebenbürgen und Rumänien.

Von solchen Erdölprodukten aufgenommen in DAB's:
(1872) Aether-Petrolei (Petroläther); aus amerikanischem Petroleum gewonnen; Siedepunkt 50–60°. Wurde, nach Hager-Kommentar (1874), von Prof. Wunderlich in Leipzig zuerst als äußerliches Mittel gegen rheumatische Leiden, von Simpson als lokales Anästhetikum angewendet. – Benzinum (Benzinum Petrolei); aus amerikanischem Petroleum gewonnen; Siedepunkt 60–80°. Soll, nach Hager, den Blutumlauf beschleunigen, die Tätigkeit der Haut und der Schleimhaut anregen, Harnabsonderung vermehren, gärungswidrig wirken, Gift für Hautparasiten sein; als Einreibung bei Trichiniasis und Würmern, gastrischen Leiden. Äußerlich bei Scabies; zu Klistieren, Inhalationen (bei Keuchhusten). Vorzüglich zum Töten von Ungeziefer.
(1882) Benzinum Petrolei; Siedepunkt zwischen 55–75°. – P a r a f f i n u m l i q u i d u m; aus Petroleum bereitet, siedet nicht unter 360°. P a r a f f i n u m s o l i d u m; aus Mineralien bereitet. Nach Hager-Kommentar (1884) ist Paraffinum liquidum (Paraffinöl) Ersatz für fette, flüssige, milde Öle beim äußerlichen Gebrauch; Paraffinum solidum billiger Ersatz für Wachs, dient für Salben und Pflaster; zur Herstellung der Unguentum Paraffini.
(1890–1926) Benzinum Petrolei (siedet zwischen 55–75°), Paraffinum liquidum und P. solidum.
Seit 1910 dazu V a s e l i n u m a l b u m (aus den Rückständen der Petroleumdestillation gewonnenes, gebleichtes Mineralfett) und V a s e l i n u m f l a v u m (ungebleicht).

(1968) „Benzin“ (Benzinum Petrolei, Wundbenzin). Anwendung nach Böhme-Kommentar (1969): Als Hautreinigungsmittel, z. B. bei Pflasterresten. „Dickflüssiges Paraffin“ (Paraffinum subliquidum); Anwendung 1. als Konstituens in Salben, Emulsionen, usw. 2. Als Laxans. „Dünnflüssiges Paraffin“ (Paraffinum perliquidum); Anwendung: vorwiegend zur Bereitung von Nasenölen und für Sprayzwecke. „Gelbes Vaselin“ (Vaselinum flavum). Anwendung „nur auf ausdrückliche Verordnung“. „Weißes Vaselin“ (Vaselinum album); beliebte Salbengrundlage.
In der Analytik werden benutzt: Benzinum Petrolei (seit DAB 3, 1890), Petroläther und Paraffinum liquidum (beide seit DAB 5, 1910), alle meist als Lösungsmittel.

Phenolphthalein

Aufgenommen in DAB's (1910–1926), davor in Erg.B's (seit 1892). Abführmittel. Als Reagens (1882–1968); Indikator in der Alkali-Acidimetrie.

Phenolum

Döbereiner-Apothekerbuch (1847) beschreibt die Karbolsäure, die aus Steinkohlenteer gewonnen wird (seit Runge 1834) ohne Angabe medizinischer Verwendung. Im Jahre 1860 entdeckte dann der Apotheker J. Lemaire in Paris die bakterienvernichtenden Eigenschaften, anzuwenden für Wundkrankheiten.
Aufgenommen in DAB's: (1872) Acidum carbolicum crudum (Rohe Carbolsäure) und Acidum carbolicum crystallisatum (Carbolsäure, Phenylsäure, Phenol, Acidum phenylicum). (1882) Acidum carbolicum crudum, Acidum carbolicum, Acidum carbolicum liquefactum (durch wenig Wasser verflüssigte Carbolsäure). (1890–1910) Acidum carbolicum und Acidum carbolicum liquefactum. (1926) Phenolum und Phenolum liquefactum. (1968) Phenol und Verflüssigtes Phenol. In DAB's auch Karbolwasser (Mischung aus verflüssigter Carbolsäure und Wasser): (1882–1910) Aqua carbolisata, (1926) Aqua phenolata. In der Homöopathie ist „Acidum carbolicum – Karbolsäure“ ein wichtiges Mittel. Als Reagens vereinzelt in DAB's: ab 1890 zur Identitätsreaktion von Acetanilid, 1926 für Identität von Dulcin und Colchicin, 1968 von Chloramphenicol.
Verwendung nach Hager-Kommentar (1874): Carbolsäure hat alle Eigenschaften wie vom Kreosot bekannt, nur in stärkerem Maße. [Rohe Säure] für Desinfektionsmassen für Abtritte, Senkgruben, Nachtstühle usw. [Reine Säure] äußerlich gegen Hautkrankheiten, Krätze, Flechten, auf Wunden, gegen Schlangenbiß, In-

sektenstiche, Ungeziefer, zu Mundwässern, Gurgelwässern, Einspritzungen in Harnröhre, zu Klistieren; in Salben; als Ätzmittel. Auch innerlich angewandt. Nach Böhme-Kommentar (1969): Desinfiziens, bes. zur Grobdesinfektion von Stuhl, Harn, Sputum und Wäsche (als Verflüssigtes Phenol); Phenol mit Kampfer als Depotantisepticum in der Zahnheilkunde und in der Chirurgie.

Zum Liquor Natri carbolici des DAB 1, 1872, schreibt Hager im Kommentar (1874): Dieses neben reiner Carbolsäure überflüssige, zuerst in Frankreich vor ungefähr 10 Jahren marktschreierisch ausgebotene Präparat vereinigt die ätzenden Eigenschaften der Carbolsäure und des Ätznatrons und wird auch als ein desinfizierendes und fäulniswidriges Causticum angewendet (aus Carbolsäure, Natronlauge und Wasser frisch zu bereiten).

Phenylhydrazinhydrochlorid

Reagens in DAB's: (1910–1926) zum Nachweis von Zucker im Harn, 1968 zur Identifizierung von Calciumgluconat.

Phlorogluzin

Reagens in DAB's (1910–1968), vor allem für Vanillin- und Lignin-Nachweis.

Harms-Reagenzien S. 118.

Phosphorus

Zur Entdeckungsgeschichte siehe F. Krafft: Phosphor. Von der Lichtmaterie zum chemischen Element. Angew. Chem. *81,* 634–645 (1969). Die Herstellung des Phosphors, von dem Alchemisten Brand erstmalig 1669 aus eingedampftem Urin gewonnen, wurde durch Scheele (seit 1777) und Nachfolger entscheidend verbessert (Ausgangsmaterial weißgebrannte Knochen; Phosphat durch Salpetersäure lösen, Calcium durch Schwefelsäure entfernen, Reduktion mit Kohle). Nach Darmstaedter-Handbuch verwandte zuerst J. G. Mentz (1750) den Phosphor in der Medizin (Erregungsmittel).
Aufgenommen in Ph. Württemberg 1785: Phosphorus Urinae (aus natürlichem Harnsalz mit Kohle oder Ruß; Roborans, Diapnoicum, bei akuten Fiebern, Epilepsie, Apoplexie, Paralyse, Soporibus, Melancholia, Wahnsinn). Herstellung aus Calciumphosphat noch Ph. Bayern 1822.

In preußischen Pharmakopöen: (1799–1813) Phosphorus (aus Phosphorsäure und Kohle); ab 1827 ohne Herstellungsvorschrift; dient zur Herstellung von Aether phosphoratus (Lösung von Phosphor in Aether sulphuricus). Letzteres Präparat (in anderen Länderpharmakopöen auch Naphtha phosphorata genannt) verschwand 1846 aus der Ph. Preußen. Weißer [auch gelber Phosphor genannt] Phosphor blieb pharmakopöe-üblich bis DAB 6, 1926. In der Homöopathie ist „Phosphorus – Phosphor" (Hahnemann 1828) ein wichtiges Mittel.
Verwendung nach Döbereiner-Apothekerbuch (1847): innerlich in der Auflösung in Äther [siehe oben Aether phosphoratus, nach Döbereiner ein unzuverlässiges Präparat mit sehr wechselndem Phosphorgehalt], in ätherischen oder fetten Ölen tropfenweise und in Emulsionen gegen nervöse, typhöse oder typhös-septische Fieber, bei typhösen Entzündungen, besonders Lungenentzündung, ferner gegen Wechselfieber, chronische Rheumatismen und atonische Gicht, Wassersucht und verschiedene Nervenkrankheiten; äußerlich in seinen Lösungen gegen eingewurzelte, gichtisch-rheumatische Übel, hartnäckige durch nichts zu beseitigende Nervenschmerzen und Lähmungen angewendet; auch wird Phosphor als Causticum und Ableitungsmittel bei chronischen Entzündungen von inneren Eingeweiden, Muskeln, Gelenken und Knochen als Moxe benutzt, indem man kleine Stückchen auf die Haut bringt und durch eine heiße Nadel entzündet. Sonst dient der Phosphor noch zur Bereitung der Phosphorsäure und technisch zur Herstellung der Phosphorfeuerzeuge und der Streichzündhölzchen.
Hager-Kommentar (1874) gibt an: Hauptsächlich Rattengift und zur Herstellung der Zündrequisiten, in der Pharmazie zur Darstellung der Phosphorsäure und des Phosphoröls [Oleum phosphoratum (= Linimentum phosphoratum) des DAB 1, 1872 (aus Phosphor und Mandelöl), dann Erg.B's, noch 1916; ferner in einigen Länderpharmakopöen, z. B Preußen 1829–1846]. Als Medikament ist er sehr wenig und selten im Gebrauch. Man gibt ihn in Öl, Äther, Weingeist gelöst bei Schwächezuständen der Harnblasenmuskeln, verschiedenen Nervenleiden, Wechselfiebern, Cholera, Wurstvergiftung; äußerlich in Lösung als Reizmittel. Nach Hager-Handbuch, um 1930: Regt das Knochenwachstum an, deshalb bei Skrofulose mit Rachitis und Osteomalazie, meist in Öl gelöst. Verwendung von weißem Phosphor zu Zündhölzern ist seit 1908 verboten (stattdessen dient hierfür Roter Phosphor); zum Vergiften schädlicher Tiere.

Picrotoxinum

Siehe hierzu Schröder-Industrie S. 127–133, Kap. „Pikrotoxinum – Pikrotoxin". Aufgenommen in Ph. Bayern 1856/59, mit Vorschrift (aus Kokkelskörnern), dann – ohne Vorschrift – in die Erg.B's (noch 1941). Anwendung nach Hager-Handbuch, um 1930: Früher als Ersatz des Strychnins bei Epilepsie und

Lähmung empfohlen, wird jetzt aber hierfür nicht mehr angewandt. Äußerlich in Salben bei chronischen Hautkrankheiten und zur Vertreibung von Kopf-Ungeziefer. Innerlich und subkutan gegen die Nachtschweiße der Phthisiker.

Pikrinsäure

Reagens in DAB's (1910–1968), vor allem zum Alkaloidnachweis. Für die Esbachsche Lösung zum Nachweis von Eiweiß im Harn.

Harms-Reagenzien S. 120.

Piperinum

Siehe hierzu Schröder-Industrie S. 181–186, Kap. „Piperinum – Piperin". Aufgenommen in Ph. Baden 1841, mit Vorschrift (aus weißem Pfeffer). Anwendung nach Döbereiner-Apothekerbuch (1847): Innerlich bei schwer zu bekämpfenden Wechselfiebern.

Pix

Zum Stichwort Pix findet man in E. Schmidt, Lehrbuch der pharm. Chemie, Bd. 2, 1882, drei Abschnitte:
1.) Holztheer (Pix liquida, resina empyreumatica liquida); setzt sich nach längerem Stehen der Destillationsprodukte des Holzes ab. Ein wäßriger Auszug heißt Theerwasser (Aqua picis, aqua picea). Holzteer findet selbst nur in beschränktem Maße arzneiliche Anwendung. Aus Buchenholz gewonnener Teer dient zur Darstellung des Kreosots, der aus Nadelhölzern bes. zur Herstellung von Teeröl und von Schiffspech.
Wird Holzteer destilliert, so gehen ölige Produkte über: Theeröl (Pechöl, oleum pini rubrum, oleum cedriae); als Rückstand verbleibt Schiffspech (Schwarzpech, Schusterpech, Pix navalis, pix nigra, pix solida, resina empyreumatica solida).
Spezielle, medizinisch genutzte Teerarten sind: Wachholderholzteer (Oleum cadinum, oleum cadi, Kadiöl, Kadinöl) und Birkenholzteer (Oleum Rusci).
2.) Weißes Pech (Pix alba, resina alba), wird im Abschnitt Fichtenharz (Resina Pini) beschrieben: es ist durch Umschmelzen mit Wasser und durch Kolieren gereinigtes Fichtenharz.
3.) Steinkohlenteer (Pix lithanthracis, oleum lithanthracis, Coaltar); findet eine sehr beschränkte arzneiliche Anwendung.

In Hager-Handbuch, um 1930, sind zu diesen Arten im Kap. Pix über die Anwendung folgende Angaben gemacht:

a) Pix alba (flava, burgundica); siehe Resina Pini.

b) Pix liquida (Holzteer); wirkt antiseptisch; innerlich selten in Form von Teerwasser oder von Pillen oder Kapseln gegen Krankheiten der Atmungsorgane; äußerlich gegen Hautkrankheiten.

c) Pix Lithanthracis (Steinkohlenteer); technische Verwendungen.

d) Pix navalis; zur Herstellung von Salben und Pflastern; für Schusterpech (Pix sutoria) und technische Zwecke; äußerlich früher als Klebemittel zur Beseitigung der Krusten und Haare bei Tinea favosa.

Platinum

Nach Jourdan, um 1830, dient eine Salzsaure Platinflüssigkeit (nach Ph. Hessen 1827 aus Platin und Königswasser herzustellen) als Reagens; Platinchlorid, aus der königswassersauren Lösung des Platins gewonnen, ist bei venerischen Krankheiten empfohlen (Einreibung aufs Zahnfleisch); Oxydum Platinae erregt je nach der Gabe Brechen oder Purgieren. Döbereiner-Apothekerbuch (1847) schreibt zur Verwendung: Das geschmiedete Platin wird jetzt zur Verfertigung großer und kleiner Kesssel, Schmelztiegel, Retorten, großer und kleiner Schalen, zur Verfertigung von verschieden starken Blechen und Geräten benutzt, Gegenstände, welche sich ganz unentbehrlich gemacht haben, da sie sich gegen Feuer und die meisten chemischen Agentien ganz refraktär verhalten.

Die Ph. Hannover 1833 hatte aufgenommen: Platinum (Platina) und unter Reagenzien: Liquor Platini muriatici (schon in Ausgabe 1819).

Platinchlorid, das eigentlich Platinchloridchlorwassertoff ist ($H_2PtCl_6 \cdot 6\,H_2O$), blieb als Reagens üblich: in vielen Länderpharmakopöen des 19. Jh., in DAB's (1872, 1890–1910); zum Nachweis von Kalium- und Ammoniumionen, als Alkaloidreagens.

Als Medikament war Platinchlorid – nach Hager-Handbuch, um 1930 – ganz verlassen (früher innerlich als Alterans in Pulvern und Pillen bei Syphilis und Epilepsie).

In der Homöopathie sind wichtige Mittel: „Platinum metallicum – Platin“ (als Platinmohr = Platinatrum, Aethiops Platinae, von Davy aus Platinchlorid über das Sulfid, durch Glühen, erhalten; fein zerteiltes metallisches Platin) (Hahnemann 1839), „Platinum chloratum – Platinchlorid“ (Platinchloridchlorwasserstoff) (Allen 1878) und „Platinum dijodatum – Platinjodür“ (PtJ_2).

Plumbum

Siehe hierzu Hickel-Chemikalien S. 89–99, Kap. „Plumbum nigrum und Plumbum candidum", ferner S. 99–101, Kap. „Plumbum lavatum – Gewaschenes Blei". Das Blei – alchemistisch dem Saturn zugeordnet – wurde nach Berendes-Dioskurides als „Gewaschenes Blei" gebraucht (Blei wird in Wasser zerrieben und geschlämmt; kühlt, adstringiert, bildet Haut, erweicht, hemmt Augenflüsse, auch Fleischwucherungen in Geschwüren; stillt Blut; mit Rosensalbe gegen Geschwüre am After, bei Geschwülsten, Hämorrhoiden, schwer vernarbenden Wunden. Reines Blei hilft, aufgerieben, gegen den Biß des Seeskorpions und Seedrachens). Die Vorschrift „Modus lavandi plumbum" ist in Ph. Nürnberg 1546 aufgenommen.
Metallisches Blei (Plumbum nigrum) blieb pharmakopöe-üblich bis zu den Länderpharmakopöen des 19. Jh. (z. B. Ph. Hessen 1827; aufgenommen wegen Herstellung von Plumbum ustum). Nach Döbereiner-Apothekerbuch (1847) hat Blei in metallischem Zustand keine medizinische Anwendung gefunden. In der Homöopathie ist „Plumbum metallicum – Blei" (Allen 1878) ein wichtiges Mittel.

Dioskurides beschreibt auch die Verwendung von Bleischlacke (hat gleiche Kraft wie Gewaschenes Blei, adstringiert aber stärker). Sie war in Arzneitaxen des 16. Jh. aufgenommen, z. B. T. Worms 1582: Plumbi scoria (Plumbi recrementum, Bleyschlacken).

Plumbum aceticum

Nach Darmstaedter-Handbuch beschreibt Libavius 1595 das wahrscheinlich schon früher [Dioskurides?] bekannte neutrale essigsaure Bleioxyd und bezeichnet dasselbe zuerst als Bleizucker. Siehe hierzu Schröder-Chemiatrie S. 152–155, Kap. „Saccharum Saturni – Bleizucker". In Pharmakopöen seit Zeitalter der Chemiatrie (Ph. Augsburg 1640: Sal sive Saccharum Saturni; aus Bleioxid und Essigsäure [die Vorschriften variierten später]) bis DAB 6, 1926. Herstellungsvorschriften nicht mehr im 19. Jh., aber oft Angaben zur Reinigung des Handelsproduktes (aus Plumbum aceticum crudum wird Plumbum aceticum depuratum durch Umkristallisation; solche Anweisungen nicht mehr in DAB's).
Verwendung des „Saccharum Saturni crystallisatum" nach Ph. Württemberg 1741: meist äußerlich als Refrigerans, Mundificans, Adstringens, Siccans; zu Collyrien bei Augenentzündungen; innerlich bei Epilepsie, Gonorrhöe usw. Nach Hager-Kommentar (1874) gibt man das Salz bei Diarrhöen, Blutungen, Albuminurie, Lungentuberkulose, Herzleiden, Epilepsie; äußerlich als Adstringens und Exsiccans bei Mastdarmblutungen, Leukorrhöen, Harnröhrentripper, Wunden.
Als Reagens ist Bleiacetat (seit Ph. Lippe 1792/94) in allen Länderpharma-

kopöen des 19. Jh. und DAB's (noch 1968) aufgenommen; dient u. a. zum Nachweis von Sulfaten und Sulfiden (siehe hierzu Harms-Reagenzien S. 30 uf.). In der Homöopathie ist „Plumbum aceticum – Bleizucker, Bleiacetat“ (Hartlaub u. Trinks 1828) ein wichtiges Mittel.

Eine chemiatrische Zubereitung war Oleum Saturni (Augsburger Pharmakopöen seit 1640), aus Bleiacetat und Terpentinspiritus, Destillation. Heilt – nach Kräutermann-Chymist (1729) – alle Geschwüre, wie auch den Krebs und widersteht der Fäulung [Oleum Saturni war – nach Döbereiner-Apothekerbuch (1847) – auch Synonym für Liquor Plumbi subacetici].

Neben dem Bleiacetat spielten Präparate mit basischen Bleiacetaten eine bedeutende Rolle. Im 16. Jh. (Ph. Nürnberg 1598) gab es „Argenti Spumae sive Lithargyri compositi praeparatio. Vulgo vocant Lac virginis“ (aus Bleioxid – Lithargyrum Auri und Argenti –, Essig, unter Zusatz von Alaun, Steinsalz, Weihrauch, Kampfer usw.). Siehe hierzu Wietschoreck-Nachchemiatrie S. 291–295, Kap. „Lac virginis – Jungfernmilch“. Die Vorschrift wurde später vereinfacht: Lac virginis der Ph. Württemberg 1741, herzustellen aus Lithargyrum = Bleioxid, und Weinessig, Zugabe von Alaun (Cosmeticum; gegen Lentigo, Serpigo). Daneben in gleicher Pharmakopöe: Acetum saturninum sive Lithargyri (nur aus Bleioxid und Weinessig; gegen Entzündungen, zum Austrocknen bösartiger Geschwüre). Ein solches Präparat kam in die Länderpharmakopöen des 19. Jh. In preußischen Pharmakopöen: (1799–1813) Acetum saturninum (= Extractum Saturni); aus Minium und Essig. (1827/29) Acetum plumbicum (= Acetum saturninum. Liquor Plumbi acetici basici. Liquor Subacetatis plumbici. Loco Extracti Saturni); aus Bleiacetat, Bleioxid und Wasser. (1846) Liquor Plumbi hydrico-acetici. Mit entsprechender Vorschrift in DAB's (1872–1926) als Liquor Plumbi subacetici – Bleiessig.
Hager-Kommentar (1874) schreibt dazu: Der Bleiessig wurde 1767 durch Goulard unter dem Namen Bleiextrakt als Medikament empfohlen; Scheele fand, daß die Essigsäure mit Bleioxyd basische Salze bilden könne. Bleiessig dient nur als äußerliches, austrocknendes, mild adstringierendes Mittel, meist in starker Verdünnung mit Wasser oder mit fettem Öl gemischt; zu Waschungen und Umschlägen, bei Verbrennungen, Quetschungen, auch als Augenwasser und zu Injektionen bei Blennorrhöen etc., in der Pharmazie bereitet man daraus das Bleiwasser, die Bleisalbe, die Salbe gegen Decubitus.
Bleiessig wurde in DAB's (1890–1926) als Reagens benutzt (Nachweis von Sulfiden, zur Fällung von Gerbstoffen usw.); siehe hierzu Harms-Reagenzien S. 31.

Bleiwasser wurde um 1800 in Deutschland offizinell. In preußischen Pharmakopöen: (1799–1813) Aqua saturnina (loco Aqua vegeto-mineralis

Goulardi). (1827/29) Aqua plumbica. (1846–1862) Aqua Plumbi. So in DAB's (1872–1926). Immer mit Vorschrift: Bleiessig wird mit Wasser verdünnt.

Daneben wurde geführt: (1827–1846) Aqua vegeto-mineralis Goulardi seu Aqua Goulardi. Als Aqua Plumbi Goulardi in DAB 1, 1872, dann Erg.B's, noch 1941. Ist ein alkoholhaltiges Bleiwasser.

Plumbum oxydatum

Das Blei(II)-oxid (Bleiglätte, Lithargyrum) war schon in der Antike altbekannt, es fällt bei der Verarbeitung bleihaltiger Silbererze an. Dioskurides beschreibt ausführlich die Herstellung und Zubereitung für medizinischen Gebrauch auf verschiedenen Wegen; sie wird gebrannt, gewaschen, gelöscht mit Essig oder Wein (adstringiert, erweicht, füllt hohle Stellen aus, hält wildes Fleisch zurück, kühlt, bildet Haut).

Lithargyrum bzw. Lithargyrium war meist unter dieser Bezeichnung pharmakopöe-üblich bis ins 20. Jh. (noch DAB 6, 1926). Anfangs wurde, der Farbe nach, unterschieden zwischen (rötlicher) Gold- und (hellerer) Silberglätte, wobei die erstere viel teurer war. Die T. Worms 1582 führt: Lithargyrium auri (Chrysitis. Goldtglett) und Lithargyrium (Lithargyros, Argyritis, Spuma argenti. Glett, Silberglett). In Ph. Württemberg 1741: Lithargyrium auri (Lithargyrus. Goldglette) und Lithargyrium Argenti (Lithargyrus, Silberglette); beide dienen zur Herstellung von Pflastern und Salben; Siccans, Refrigerans. Hagen, um 1780, erläutert: Die Bleiglätte, welche im Gebrauch ist, wird selten besonders bereitet, sondern bei Gelegenheit des Abtreibens, da man das Silber durch das Blei von allen beigemischten unedlen Metallen zu reinigen sucht, weil es diese alle verschlackt, im Überfluß erhalten. Sie ist schuppig, wenig zäh und mehr oder weniger weißlich oder rötlich, je nachdem die Metalle sind, welche mit dem Silber verbunden gewesen. Man nennt die erste Silberglätte, die andere Goldglätte. Der Unterschied zwischen diesen beiden ist kaum der Aufmerksamkeit würdig. Nach Hager-Kommentar (1874) hat die Bleiglätte eine medizinische Anwendung nicht gefunden, sie wird meist nur zur Darstellung von Pflastern und des Bleiessigs, sowie einiger Bleisalze gebraucht.

Aus Bleioxid kann man durch Glühen Mennige (Pb_3O_4) bereiten. Nach Berendes wird angenommen, daß eine Sorte des Kinnabari bei Dioskurides diese Verbindung gewesen ist. Die T. Worms 1582 führt: Minium secundarium (Sandyx, Syricum, Sandaracha vitruvii, Minium officinarum. Menig, Offenmenig). Nach Ph. Württemberg 1741 ist Minium rubrum

(Mennig, rother Meng, Mini) – aus Bleikalk zur Röte reverberiert [in Fabriken]: Siccans, Refrigerans; zu Pflastern und Salben; in der Malerei gebraucht.
Hagen, um 1780, beschreibt die Gewinnung und andere verwandte Produkte: Blei schmilzt, ehe es glüht. Bei dem Schmelzen verliert es bald seine glänzende Oberfläche, überzieht sich mit einer grauen Haut, die sich wieder erzeugt, sobald man sie abgezogen hat, und die ein graues glanzloses Pulver gibt, welches man Bleiasche (Cinis saturni) nennt. Setzt man diese einem noch längeren Feuer aus, so wird sie graugelb und allmählich gelb und heißt alsdann Maßikot, Mastikot oder Bleigelb (Cerussa citrina). Wird dieses mit Flammenfeuer noch weiter geglüht, so entsteht daraus der rote Bleikalk, der Mennige (Minium) genannt wird (die Mennige wird in Deutschland nur allein in Rollhofen, einem Dorfe bei Nürnberg, außerdem in England und anderen Orten im Großen verfertigt. Man bedient sich dabei eines besonderen Ofens zum Maßikot und eines anderen zur Mennige). Im Schmelzfeuer werden die Bleikalke zum Teil in Dämpfe, zum Teil aber in graue Bleiasche verwandelt, welche sodann in eine schuppige halbverglaste Masse oder Bleiglätte (Lithargirium) und zuletzt in ein gelbes durchsichtiges Glas, das, wenn es nicht mit Kieselerde versetzt ist, durch den Tiegel wie Wasser fließt, übergehen. Man nennt letzteres Bleiglas (Vitrum saturni).
Mennige war pharmakopöe-üblich, meist unter der Bezeichnung Minium – auch Plumbum oxydatum rubrum genannt – bis zum 20. Jh. (in DAB's 1872 bis 1926). Verwendung nach Hager-Kommentar (1874): Zur Darstellung einiger Salben und Pflaster.

Plumbum tannicum pultiforme

In einige Länderpharmakopöen des 19. Jh. war ein Blei-Gerbstoff-Kataplasma aufgenommen, z. B. in Ph. Preußen 1846: Cataplasma ad decubitum (Plumbum tannicum. Unguentum ad decubitum Autenriethi), aus Eichenrindenauszug, Bleiessig und Weingeist zu bereiten. Kam als Plumbum tannicum pultiforme (Breiiges Bleitannat. Autenrieths Salbe für das Durchliegen) in DAB 1, 1872, dann Erg.B's, noch 1941. Nach Hager-Kommentar (1874) ist es ein vorzügliches Mittel für die Wunden in Folge des Auf- und Wundliegens in Krankheiten, bes. bei Typhus, Phthisis.

Plumbum ustum

Siehe hierzu Hickel-Metalle S. 95–98. Nach Berendes-Dioskurides, Kap. Gebranntes Blei, werden dünne Bleiplatten mit Schwefel zusammen im Tiegel geglüht, auch andere, ähnliche Möglichkeiten werden angegeben (Wirkung wie bei gewaschenem Blei [→ Plumbum], jedoch viel stärker). Aufgenommen in alle Pharmakopöen des 16. Jh.; blieb pharmakopöe-üblich bis zum 18. Jh., vereinzelt noch im 19. Jh. (z. B. Ph. Hessen 1827). Verwendung nach Ph. Württemberg 1741: Siccans; für die Herstellung des Emplastrum saturninum.

Pulvis antimonialis

Unter dieser Bezeichnung waren in nachchemiatrischer Zeit verschiedene Präparate, meist Mischungen, in Gebrauch. So nach Ph. Brandenburg 1731: Pulvis antimonialis albus (aus Krebsaugen, Perlmutter und Antimonium diaphoreticum) und Pulvis antimonialis nitrosus (aus Nitrum und Antimonium diaphoreticum); beide Präparate nach „Dni. Archiatri Stahl". Gelegentlich wurden Bestandteile auch geglüht. Jourdan. um 1830, bringt ein Pulvis antimonialis seu Jamesii (aus Antimonium diaphoreticum und Mercurius dulcis); ähnlich dem Jamespulver ist das Pulvis bezoardicus anglicus seu Kentianus mehrerer Pharmakopöen (u. a. der Württemberger); ehemals bei allen schweren Krankheiten gebraucht, in denen man damals Absorbentia für nützlich hielt; jetzt [um 1830] in verdiente Vergessenheit geraten.

Pulvis dentifricus

Siehe hierzu Wietschoreck-Nachchemiatrie S. 172–178, Kap. „Pulveres compositi – Zusammengesetzte Pulver".

Pulvis epilepticus

Siehe hierzu Wietschoreck-Nachchemiatrie S. 172–178, Kap. „Pulveres compositi – Zusammengesetzte Pulver".

Resorcinum

In DAB's (1890–1968); Hautmittel, in Salben, Haarspiritus usw. Auch als Reagens in DAB's (1926–1968) viel gebraucht, bei Zuckernachweisen. Für die Fiehesche Reaktion (Erkennung von Kunsthonig) benutzt man Resorzin-Salzsäure.

Harms-Reagenzien S. 123 uf.

Rosolsäure

Reagens in DAB's (1895–1926); Indikator (ab 1910 für Untersuchung der Acidität des Mageninhalts).

Salia Herbarum

Siehe hierzu Schröder-Chemiatrie S. 167–171, Kap. „Salia herbarum – Pflanzensalze"; Hickel-Salze S. 137–139 im Kap. „Sal alkali". Mittelalterlich-alchemistische Autoren (z. B. Pseudo-Geber) schrieben von der Gewinnung eines Pflanzenalkalis durch Veraschung; man glaubte, die Kräfte der Pflanzen darin konzentrieren zu können. Im 16. Jh. wurden solche Präparate als Salia Herbarum offizinell; Herstellungsvorschriften wurden zunächst nicht angegeben. So sind in der Ph. Nürnberg 1598 unter den Sales artificiosi 41 verschiedene Pflanzensalze genannt, darunter Sal Absinthii; meist aus Kräutern, aber auch aus Samen – Sal Nucis Muscatae – oder aus Blüten – Sal Rosarum. Herstellungsvorschrift in Ph. Augsburg 1640, geschildert am Sal Absinthii, die folgenden 32 Pflanzensalze sind in gleicher Weise zu gewinnen: Droge in weiße Asche überführen, mit Wasser das Salz extrahieren, trocknen. Auch Ph. Württemberg 1741 nimmt als Paradebeispiel Sal Absinthii; im Kommentar dazu heißt es, daß solche Salia fixa plantarum nicht die spezifischen Tugenden der Pflanzen besitzen, aus denen sie gezogen wurden, sie wirken im Prinzip alle gleich: sie binden Säure, wirken als Resolvens, Attenuans, Incidans, treiben Harn und Stuhlgang; Boerhave hat sie gegen intermittierende Fieber empfohlen. In der zur Pharmakopöe gehörenden Taxe sind noch 20 Pflanzensalze genannt. Nach Hagen, um 1780, wurden die Sales herbarum (Alkali herbarum) „vor Zeiten aus einer großen Menge arzneiischer Gewächse besonders bereitet; ihre Anzahl aber hat sich seit kurzem auf sehr wenige verringert". Die Salze verschwanden dann vollständig aus der Therapie.

Salicinum

Siehe hierzu Schröder-Industrie S. 118–126, Kap. „Salicinum – Salicin". Aufgenommen in Ph. Baden 1841, Württemberg 1847 (mit Vorschrift, aus Weidenrinde), Ph. Bayern 1856/59 ohne Vorschrift; dann in die Erg.B's (noch 1918). Döbereiner-Apothekerbuch (1847) schreibt zur Anwendung: „Salicin wirkt tonisch und fieberwidrig und wurde zuerst von Miguel gegen Wechselfieber und von Blom gegen chronische Diarrhöe, Schleimschwindsucht, als Stärkungsmittel nach Schleim- und Wurmfiebern und gegen Nerven- und Zehrfieber mit kolliquativen Ausleerungen angewendet. Im Anfang zog man es sogar dem Chinin in Wechselfiebern vor, weil es die Verdauungsorgane nicht so belästigte und keine Kopfkongestionen verursachte, man scheint jedoch in neuerer Zeit seine Wirkungen sehr zu bezweifeln und wendet es nur noch selten an". In Hager-Handbuch, um 1930, ist zu Salicinum angegeben: Innerlich als Fiebermittel; bei Wechselfiebern während der fieberfreien Zeit. Es steht dem Chinin an Wirksamkeit nach.

Salizylaldehyd

Reagens in DAB's (1926–1968), zum Nachweis von Fuselöl in Äthanol (siehe hierzu Harms-Reagenzien S. 124 uf.). Nach Hager-Handbuch, um 1930, „früher als Desinficiens und Antisepticum, sowie als Diureticum" gebraucht; stört die Verdauung, ist in größeren Dosen giftig.

Sal Jovis

Siehe hierzu Schröder-Chemiatrie S. 163–166, Kap. „Sal Jovis = Zinnsalz". Ein selten benutztes Chemiatricum (Ph. Nürnberg 1666, Wien 1765), aus Zinnasche und Essigsäure bereitet. Galt als Uterinum.

Gebräuchlicher war die Zinnasche (Cinis seu Magisterium Jovis seu Stanni), hergestellt durch Rösten von Zinn (Ph. Brandenburg 1731; in die vorgenannten Pharmakopöen nur als Vorstufe für das Sal Jovis aufgenommen). Nach Vogt-Pharmakodynamik (1828) ist Zinnasche in der neueren Zeit gar nicht mehr gebraucht worden. Die Alten empfahlen sie jedoch bei mancherlei Krämpfen, hysterischen Zufällen, Nervenschmerzen, Kachexien, Syphilis.

Sal Tartari volatile

Siehe hierzu Wietschoreck-Nachchemiatrie S. 272–276, Kap. „Sal Tartari volatile – Flüchtiges Weinsteinsalz". In Pharmakopöen der Nachchemiatrie (seit Ph. Augsburg 1684, noch Ph. Württemberg 1771). Übliche Herstellung durch trockene Destillation von Weinhefe, lösen des Sublimats in Wasser, reinigen durch erneute Sublimation (Hauptbestandteil Ammoniumcarbonat bzw. -hydrogencarbonat). Die Wirkung als Diaphoreticum und Diureticum beruht nach Ph. Württemberg 1741 auf geringem Gehalt an empyreumatischem Öl.

Santoninum

Siehe hierzu Schröder-Industrie S. 134–141, Kap. „Santoninum – Santonin". Aufgenommen in die Länderpharmakopöen des 19. Jh. (seit Ph. Baden 1841), teils mit Vorschrift (aus Wurmsamen), teils ohne. In DAB 1, 1872, findet man neben Santoninum auch Natrum santonicum (ohne Vorschrift). Santonin in DAB's bis 1926, das Natrium santonicum in Erg.B's (bis 1906). Anwendung gegen Spulwürmer; die Natriumverbindung ist leichter löslich und wurde – nach Hager-Kommentar (1874) – auch gegen Nierenkoliken, als Diureticum und bei Amblyopie und Mydriasis vorteilhafter als das Santonin selbst verwendet. In der Homöopathie ist „Santoninum – Santonin" (Hale 1875) eiin wichtiges Mittel.

Sapo

Die Herstellung von Seife (Alkalisalze höherer Fettsäuren) wird als eine Erfindung der Germanen betrachtet (aus Talg und Asche oder Pottasche), Plinius und Galen berichten darüber. Im „Gart der Gesundheit" (um 1500) wird von der „Seyff" berichtet, daß sie besonders zur Wundreinigung dient; nach Rhazes zieht sie Eiter aus Wunden; gegen Kopfgrind; zu Umschlägen auf Entzündungen; zur Herstellung von Suppositorien. Die Ph. Augsburg 1564 bringt eine Vorschrift für Sapo moschatus, mit Sapo venetus hergestellt. Diese „Seife aus Venedig" war und blieb lange Zeit die apotheken-übliche, eine (feste) Olivenölnatronseife.

Um 1870 (DAB 1) gab es folgende Sorten (die Anwendungen sind nach Hager-Kommentar, 1874, angegeben):

1.) Sapo oleaceus (= Sapo Venetus, Sapo Hispanicus); eine käufliche Olivenölnatronseife; sie ist weiß, hart; dient zur Herstellung von Seifenspiritus, Seifenpflaster u. a. Präparaten zu äußerlichem Gebrauch. [Es sei hier erwähnt, daß Seifenspiritus vereinzelt als Reagens benutzt wurde (Ph. Lippe 1792/95, Bayern 1822, Hessen 1827); zur Prüfung auf Erdalkali- und Metallsalze].

Diese Seife war anfangs in preußische Pharmakopöen (1799–1846) aufgenommen gewesen, dann entfallen; in anderen Länderpharmakopöen blieb sie noch. Sie entfiel auch wieder in DAB 2, 1882, kam dafür in die Erg.B's (noch 1941).

2.) Sapo medicatus (Sapo natrico-oleaceus); weißes Pulver; Herstellung nach Pharmakopöe aus Olivenöl und Natronlauge; äußerlich zum Zerteilen und Erweichen, innerlich zur Beförderung der Gallen- und Darmsekretion.

Frühere (z. B. Ph. Preußen seit 1846) und spätere (DAB's 1882–1926) Vorschriften arbeiteten mit Zusatz von Schweineschmalz. Im 18. Jh. wurde auch eine Olivenölkaliseife (Ph. Württemberg 1741) als Sapo medicatus bezeichnet, während die erste Vorschrift für Sapo medicatus in preußischen Pharmakopöen (1799–1813) bereits von Soda (Natriumcarbonat) ausging [vgl. hierzu Wietschoreck-Nachchemiatrie S. 313–318, Kap. „Sapo medicatus"].

3.) Sapo domesticus (Hausseife); weiß und hart, eine Talgnatronseife. Aufgenommen wegen der Vorschrift zum Opodeldok. Die Sapo domesticus nostras (Talgseife) der Ph. Preußen 1813 war eine Talgkaliseife, in späteren Ausgaben (bis 1846) jedoch Talgnatronseife.

4.) Sapo viridis (= Sapo kalinus, Grüne oder Schwarze Seife); grünlich schlüpfrig, ein Handelsprodukt aus Kalilauge und Ölen, wie Rüböl, Hanföl, Leinöl, Tran. Nur zum äußerlichen Gebrauch, besonders bei Scabies.

Die Grüne Seife war in verschiedenen Länderpharmakopöen des 19. Jh. aufgenommen. Ab DAB 2, 1882 (bis 1926) hieß sie Sapo kalinus venalis (Schmierseife). Daneben gab es eine Vorschrift zur Herstellung von Sapo kalinus (DAB's 1882–1926), aus Leinöl und Kalilauge.

5.) Sapo terebinthinatus (Terpenthinölseife, Balsamum Vitae externum); salbenartige Mischung aus Ölseife, Terpentinöl und Kaliumcarbonat. Zur äußerlichen Anwendung in Form von Linimenten oder Lösungen. Vorläufer war die Starkey'sche Seife (Sapo Starkeyanus) aus Ölseife und Terpentinöl; galt als Gegengift des Opiums, auch in Pillen als Diureticum gegeben.

Die Terpentinölseife war in preußische Pharmakopöen seit 1813 aufgenommen. Sie entfiel in DAB 2, 1882, und kam in die Erg.B's (noch 1941).

6.) Sapo jalapinus; aus medizinischer Seife und Jalapenharz. Zu Abführpillen. Stand in allen preußischen Pharmakopöen (1799–1862).

Eine nicht mehr ins DAB 1, 1872, aufgenommene Seife war:

Sapo stibiatus (Sapo antimonialis). Nach Dulk, Kommentar zur 5. preuß. Pharmakopöe, stammt das Präparat vom Weimarer Apotheker Jacobi (1757). In preuß. Pharmakopöen (1799–1829). Aus Goldschwefel, Kalilauge und medizinischer Seife. Wurde gegen „Stockungen im Unterleib, in den Drüsen, der Leber und Pfortader" benutzt, bei Blennorrhöe, chronischen Rheumatismen, meist in Pillenform.

Sapo jalapinus und Sapo stibiatus gehören zu den arzneilichen Seifen. Definition des DAB 6, 1926: „Arzneizubereitungen, deren Grundmasse aus Seife besteht". Nicht hierzu gehörend:

Sapo guajacinus (Ph. Preußen 1799–1846), aus Kalilauge und Guajakharz;

Sapo acidus (z. B. Ph. Sachsen 1820), aus Olivenöl und Schwefelsäure, hauptsächlich aus den höheren Fettsäuren des Öls bestehend.

Saures sulfosalizylsaures Natrium

Reagens in DAB's (1910–1926), zum Nachweis von Eiweiß im Harn.

Schwefelkohlenstoff

Nach Darmstaedter-Handbuch von Lampadius 1796 entdeckt, seit 1838 fabrikmäßig erzeugt. Aufgenommen in DAB 1, 1872: Carboneum sulfuratum. Dann Erg.B's (noch 1941). Anwendung nach Hager-Kommentar (1874): Innerlich gegen Ohnmacht, Scheintod, Lähmung, Gicht, Rheuma; äußerlich als lokales Anaestheticum, gegen Anschwellungen, Scabies. Wird selten verwandt. Vorzüglich zur Vernichtung von Insekten, Milben, Parasiten. Ausgedehnte technische Verwendung, vor allem als Lösungsmittel; Fleckenreinigungsmittel Carburine. Als Reagens in allen DAB's (1872–1968), vor allem Lösungsmittel. Siehe auch Harms-Reagenzien S. 147 uf.

Schwefelwasserstoff

Nach Döbereiner-Apothekerbuch (1847) ist Schwefelwasserstoff (Acidum hydrothionicum gasiforme, Gas Acidi hydrosulphurati, Mephitis hepatica) zum Einatmen bei hartnäckigem Husten nach Lungenschwindsucht vorgeschlagen worden; seine Lösung in Wasser (Aqua hydrosulphurata, Schwefelwasserstoffwasser) wird in der Medizin als ein antirheumatisches, krätzwidriges und Vergiftungen mit den Lösungen vieler Metalle beseitigendes Mittel innerlich in verdünntem Zustand und äußerlich zu Bädern angewendet. In Hager-Handbuch, um 1930, ist vor allem die Giftwirkung des Schwefelwasserstoffs beschrieben; „Schwefelwasserstoffwasser kann in starker Verdünnung mit Wasser gegeben werden, z. B. bei Metallvergiftungen. Medizinische Anwendung findet der Schwefelwasserstoff in Form der natürlichen Schwefelwässer innerlich und äußerlich bei chronischem Katarrh, Gicht, Rheumatismus, Hautkrankheiten". Döbereiner und Hager betonen die wichtige Anwendung von Schwefelwasserstoff in der chemischen Analyse (nach Döb. werden durch das Gas wie durch sein Wasser die Lösungen vieler Metalle in verschiedenen Oxydationsstufen mit verschiedenen, mitunter sehr charakterisierenden Farben niedergeschlagen).
Als Monographie war das Schwefelwasserstoffwasser in einigen Länderpharmakopöen des 19. Jh. beschrieben, z. B. Ph. Bayern 1856 (Herstellung des Gases aus Eisensulfid und Schwefelsäure). Als Reagens seit Ph. Hannover 1819 pharmakopöe-üblich, noch DAB 5, 1910. Auch Schwefelwasserstoffgas stand als Reagens in DAB 5, 1910 („Bei Bedarf durch Lösen von Schwefeleisen in verdünnter Schwefel-

säure zu bereiten") und DAB 6, 1926 („Bei Bedarf durch vorsichtiges Eintropfen einer gesättigten wäßrigen Lösung von kristallisiertem Natriumsulfid in verdünnte Schwefelsäure zu bereiten").

Die früheste Anwendung fand ein Schwefelwasserstoffpräparat pharmakopöe-analytisch im Liquor probatorius; diente hauptsächlich zur Entdeckung der früher häufigen Anwesenheit von Blei in Wein. Aufgenommen in Ph. Württemberg 1785 (durch Kochen von Auripigment mit Calx vivum hergestellt; war schon früher gebräuchlich, wie eine Bemerkung in Ph. Württemberg 1741, Kap. Auripigmentum, erkennen läßt). Um 1800 (z. B. Ph. Lippe 1792/94, Ph. Hessen 1827) trat an die Stelle dieses Probierliquors ein von Hahnemann entwickeltes Präparat (Hahnemannsche Flüssigkeit, Liquor Vini probatorius Hahnemanni, Aqua hydrosulphurata acidula; aus Calciumsulfid, Weinsäure und Wasser; fällt schwarzes Bleisulfid, während Eisen maskiert wird).

Für Metalle, deren Sulfide in alkalischem Medium ausfallen, ließ Ph. Lippe 1792/94 (auch Ph. Hannover 1819) eine ammoniumpolysulfidhaltige Lösung herstellen (Hepar sulphuris volatile, Spiritus sulphuris Beguini; Destillation aus Calciumoxid, Schwefel und Salmiak, in Wasser aufgefangen). Für entsprechenden Zweck diente später in den meisten Länderpharmakopöen (seit etwa 1820 bis DAB 2, 1882) Ammonium sulphuratum bzw. hydrosulphuratum (solutum). Daneben, für Fällungen in saurem Medium, meist das Schwefelwasserstoffwasser (siehe oben). Für die analytische Fällung von (Schwermetall-) Sulfiden ist das DAB 7, 1968, zu Thioacetamid übergegangen, nachdem sich DAB 6, 1926, hauptsächlich des Natriumsulfids bedient hatte (siehe hierzu Harms-Reagenzien S. 103 uf.).

Scopolaminum hydrobromicum

Aufgenommen in DAB's seit 1895. In Ausgabe 1910 (noch 1968) ist angegeben, daß bei Verordnung von Hyoscinum hydrobromicum das Scopolaminhydrobromid zu nehmen ist. Anwendung nach Hager-Handbuch, um 1930: Äußerlich als Mydriaticum, innerlich als Hypnoticum bzw. Narcoticum (bei Erregungszuständen Geisteskranker; zur Erzeugung von Narkose oder Dämmerschlaf, zusammen mit Morphinhydrochlorid). Nach Böhme-Kommentar (1969) außerdem bei Bewegungskrankheiten, z. B. Seefahrten.

Specificum stomachicum Poterii

Das Magenmittel des Chemiatrikers Poterius (1. Hälfte 17. Jh.) war in brandenburgischen Pharmakopöen des 18. Jh. offizinell. In Ausgabe 1731 ist eine lange Erklärung dazu gegeben (Eisen, Spießglanz und Salpeter werden zusammen verpufft, das Reaktionsprodukt ausgewaschen). Das Präparat ist noch bei Jourdan, um 1830, erwähnt.

Spiritus Aetheris chlorati

Der „Versüßte Salzgeist“ wurde letztmalig in DAB's 1872 aufgenommen (dann Erg.B's, noch 1941). Herstellung aus Salzsäure, Weingeist, und Braunstein. Das Präparat war, mit etwas wechselnden Vorschriften, pharmakopöe-üblich seit dem 18. Jh. In Ph. Württemberg 1741: Spiritus Salis dulcis (aus Salzsäure, Weingeist, durch Destillation; Aperitivum, Stomachicum, Diureticum). Döbereiner-Apothekerbuch (1847) schreibt zu Spiritus muriatico-aethereus: „galt den älteren Ärzten für ein vorzügliches antiseptisches, diuretisches und kühlendes Mittel, und er wird noch jetzt bei septischen, gangräneszierenden Zuständen den übrigen ätherartigen Mitteln vorgezogen; auch ist sein anhaltender Gebrauch bei septischen, phthisischen Fiebern empfohlen worden, und er wird innerlich für sich und in anderen Arzneiformen und als Zusatz zu Gargarismen und Pinselsäften gegeben“. In Hager-Handbuch, um 1930, wird Spiritus Aetheris chlorati (Herstellung) erwähnt, ohne Angabe von Verwendung. Steht in Zusammenhang mit

Aethylium chloratum (Aether chloratus, Aethylchlorid, Chloräthyl); in Fabriken aus Chlorwasserstoff und Alkohol gewonnen. Lokales Kälte-Anaestheticum bei kleineren und kurzdauernden Operationen (Inzisionen usw.). Dieses Präparat stand in DAB's, ohne Vorschrift: (1910–1926) Aether chloratus. (1968) Äthylchlorid. Anwendung nach Böhme-Kommentar (1969): 1. als Inhalationsnarcoticum. 2. örtlich zur sog. Kälteanästhesie.

Ein anderes Präparat des DAB 1, 1872 (dann Erg.B's, noch 1941) ist das Aethylenum chloratum. Hager (1874) schreibt dazu: Aethylen wurde 1795 von vier holländischen Chemikern entdeckt, auch sein öliges Chlorumsetzungsprodukt. Das erstere nannten sie Ölbildendes Gas, das letztere Öl des Ölbildenden Gases, für das die Bezeichnung „Holländische Flüssigkeit“ (Liquor Hollandicus) üblich wurde. Dr. Nunneley in Leeds rühmte 1849 das Äthylenchlorid zuerst als Anästheticum, durch Simpson und Arau wurde es später für diese Anwendung näher geprüft; äußerlich mit Öl oder Fett gemischt, bei Gelenkrheumatismus, innerlich ebenso wie Chloroform.

Spiritus Aetheris nitrosi

Siehe hierzu Wietschoreck-Nachchemiatrie S. 103–110, Kap. „Spiritus nitri dulcis – Versüßter Salpetergeist". Das Präparat, aus einer Mischung von Salpetersäure und Weingeist durch Destillation und Rektifikation, mit weiterem Alkoholzusatz erhalten, ist in DAB's letztmalig 1926 aufgenommen. Die Vorschrift war, mit geringfügigen Änderungen, pharmakopöe-üblich seit dem 18. Jh. In Ph. Württemberg 1741: Spiritus Nitri dulcis (Anodynum, Carminativum, Diureticum). Döbereiner-Apothekerbuch (1847) schreibt zu Aether nitricus spirituosus: Der reine Salpeteräther wird wegen seiner ungemeinen Flüchtigkeit gar nicht oder nur selten medizinisch benutzt; der Salpeterätherweingeist wird als ein harn- und schweißtreibendes Mittel, welches von den Digestionsorganen noch besser als der Essigäther vertragen wird, in Tropfen und Mixturen bei Katarrhal- und rheumatischen Fiebern und hydropischen Übeln angewendet; äußerlich soll er sich auch gegen den Lippenkrebs bewährt haben.
Das Präparat wird als ein Weingeist aufgefaßt, der Aether nitricus (Salpeteräther, Naphtha Nitri, Acidum nitricum dulcificatum) enthält. Dieser selbst ist zu flüchtig und darum kaum medizinisch benutzt worden. Eine Vorschrift stand in Ph. Preußen-Brandenburg 1781: Salpetersäure mit Weingeist kühl stehen lassen; der Salpeteräther schwimmt nachher obenauf, wird abgenommen und mit Wasser gewaschen. Viele Autoren haben sich um solche Präparate bemüht, sie gehen schon bis auf mittelalterlich-alchemistische Zeit zurück (Lullus wird genannt).
In Hager-Handbuch, um 1930, ist sehr kurz Aethylium nitrosum (Aether nitrosus, Salpetrigsäureäthylester, Äthylnitrit) beschrieben, ausführlicher Spiritus Aetheris nitrosi: Wird gelegentlich noch als Geschmackskorrigens Mixturen und Tropfen zugesetzt; man hält ihn für ein Diureticum; äußerlich selten in Gurgelwässern bei aphthösen und anginischen Affektionen.

Spiritus aperitivus Penoti

Herstellung nach Ph. Württemberg 1741 durch gemeinsame trockene Destillation von weißkalziniertem Vitriol und Weinstein; bei Leiden der Leber, Milz, des Gekröses; Sudoriferum, Diureticum. Näheres siehe bei Wietschoreck-Nachchemiatrie S. 126–132, Kap. „Spiritus aperitivus Penoti – Eröffnender Spiritus (nach Penot)".

Spiritus Salis ammoniaci

Siehe hierzu Schröder-Chemiatrie S. 67–70, Kap. „Spiritus salis armoniaci – Ammoniakgeist“. Der Geist (Spiritus) des Sal ammoniacum war, obwohl Alchemisten seit dem Mittelalter sicherlich bekannt, ein neues Präparat der Chemiatrie (Ph. Nürnberg 1666; vorsichtige Destillation einer Lösung von Sal ammoniacum – Ammoniumchlorid – und Sal Tartari – Kaliumcarbonat; sublimierende Kristalle wurden im Destillat gelöst). Seither pharmakopöe-üblich, im 18./19. Jh. in zahlreichen Zubereitungen (siehe unten). Die beiden wichtigsten Präparate waren:

1.) Ph. Württemberg 1741: Spiritus Salis ammoniaci volatilis, urinosus (aus Calciumhydroxid und Ammoniumchlorid mit Wasser destilliert; Diureticum, aber meist äußerlich angewendet, bei Epilepsie, Paroxysmus, zu Nervenspiritussen, für paralytische Glieder).
Bezeichnungen in preußischen Pharmakopöen: (1799–1829) Liquor Ammonii caustici (= Spiritus Salis ammoniaci cum Calce). (1846) Liquor Ammoniaci caustici. (1862) Ammoniacum causticum solutum. In DAB's, ohne Herstellungsvorschrift: (1872–1926) Liquor Ammonii caustici (Salmiakgeist, Ätzammoniakflüssigkeit). (1968) Ammoniaklösung.
Als wichtiges Reagens seit Ph. Lippe 1792/94 in allen Pharmakopöen (über vielseitige Verwendung siehe z. B. Harms-Reagenzien S. 20–24). Medizinische Verwendung nach Döbereiner-Apothekerbuch (1847): Die Ammoniakflüssigkeit ist eins der flüchtigsten Reizmittel, indem es sehr rasch die Nerventätigkeit belebt und erweckt; außerdem wirkt sie wegen ihrer alkalischen Natur säuretilgend. Innerlich in Tropfen mit schleimigen Mitteln oder in Mixturen bei sehr hohem Grad nervöser Schwäche, bes. bei torpiden, paralytischen Nerven- und typhösen Fiebern, bei außerordentlichem Darniederliegen der Lebenskraft, namentlich bei nervösen Schlagflüssen, beim Scheintod, gegen asiatische Cholera in dem scheintoten Zustand, gegen Fallsucht, gegen äußerst hartnäckige Trommelsucht, gegen Hundswut als Vorbeugungsmittel, vorzüglich gegen giftigen Insekten-, Vipern- und Schlangenbiß und andere animalische Gifte, Gegenmittel bei Blausäurevergiftungen. Äußerlich als Riechmittel, Ätzmittel, Einspritzung, Einreibung, Waschung, Augenwasser, Klistier und zu Linimenten, Salben und Sinapismen gegen giftigen Insektenstich, vergiftete Wunden, wie durch den Biß toller Hunde, gegen Frostbeulen, paralytische Schwäche, bes. des Sehorgans und beginnenden schwarzem Star, gegen scheintote und erstickende Zufälle, gichtische und rheumatische Affektionen und dadurch bedingte Lähmungen, gegen Quetschungen, Verrenkungen und ausgetretene Blutstellen, namentlich in Folge von Kopfverletzungen, gegen Drüsenverhärtungen, bes. der weiblichen Brüste, und als Einspritzung bei ausbleibender oder unterdrückter monatlicher Reinigung.

Auch nach Hager-Kommentar (1874) noch sehr vielseitige Anwendung, innerlich wie äußerlich. Nach Böhme-Kommentar (1969): Als Haut- und Schleimhautreizmittel; wiederbelebendes Riechmittel; zu Pinselungen bei Insektenstichen; in Linimenten zum Hyperämisieren; innerlich wirkt die Lösung expectorierend.

2.) Ph. Württemberg 1741: Spiritus Salis ammoniaci volatilis vinosus (aus Sal ammoniacum und Cineres clavellati (Kaliumcarbonat) mit Wasser, zum Destillat kommt Weingeist; Tonicum, Diureticum, Resolvens; äußerlich als schmerzlindernd zu Nervenspiritussen).
Bezeichnung in preußischen Pharmakopöen: (1799–1829) Liquor Ammonii vinosus. Weiter in einigen Länderpharmakopöen, z. B. in Ph. Hannover 1861: Liquor Ammonii caustici vinosus (Mischung von Liquor Ammonii caustici mit Spiritus Vini) und Liquor Ammonii caustici spirituosus (= Liquor seu Spiritus Ammonii causticus Dzondii); variierte Herstellung aus Calciumoxid, Ammoniumchlorid und Alkohol. In DAB 1, 1872, nur der letztere, durch Einleiten von gasförmigem Ammoniak in Spiritus gewonnen. Dann Erg.B's, ohne Vorschrift (1892–1941).
Verwendung nach Döbereiner (1847): In nervösen katarrhalischen und rheumatischen Fiebern, hysterischen Übeln, bei lähmungsartiger Kraftlosigkeit des Nervenlebens und dadurch bedingten schlafsüchtigen, schlagartigen und scheintoten Zufällen in Tropfen und Mixturen, und äußerlich zu Einreibungen und Waschungen.
Nach Hager-Kommentar (1874): Äußerlich als Excitans; das Präparat wurde durch den Hallenser Professor und Arzt Dzondi (Schundenius) eingeführt (er starb 1835).

Nach Döbereiner (1847) waren weitere offizinelle Ammoniak-Zubereitungen:

3.) Liquor Ammonii anisatus. Bereits in Ph. Württemberg 1741 als Spiritus Salis ammoniaci anisatus (Mischung aus Spir. Sal. Amm. volatilis und Oleum Anisi; Resolvens bei Brustleiden, Roborans bei Lungenleiden; vertreibt Blähungen). In den meisten Länderpharmakopöen des 19. Jh., in DAB's (1872–1926) Liquor Ammonii anisatus (aus Anisöl, Weingeist und Ammoniakflüssigkeit).
Anwendung nach Döbereiner: Bei gesunkener Vitalität in der Schleimhaut der Lungen und des Darmkanals, dadurch bedingten fehlerhaften Absonderungen, bei Leiden der Atmungswerkzeuge, zäher Schleimsekretion, stockendem Auswurf, chronischem Brustkatarrh, Lungenschleimflüssen, Engbrüstigkeit, Keuchhusten, Brustkrämpfen, Stickfluß, bei Verschleimungen des Alimentarkanals wegen mangelnder Erregung der Schleimhaut, dadurch bedingten Diarrhöen bei Versäuerungen, Blähkoliken, Unterleibskrämpfen usw. in Tropfen und Mixturen, und äußerlich zu Salben und Linimenten. Nach Hager (1874): tropfenweise als Carminativum, Expectorans und Diaphoreticum; Geschmackskorrigens.

4.) Liquor Ammonii aethereus (= Liquor oleosus Sylvii). In Ph. Württemberg 1741 als Spiritus Salis ammoniaci aromaticus (aus Spir. Sal. Amm. vinosi und ätherischen Ölen von Zimt, Macis, Caryophylli; Stomachicum, Carminativum, Cephalicum, Nervinum). In einigen Länderpharmakopöen des 19. Jh., nach verschiedenen Vorschriften, auch als Sal volatile oleosum Sylvii bezeichnet (in Ph. Hannover 1861: Liquor Ammonii aromaticus). Wirkung nach Döbereiner (1847): nervenstärkend und schweißtreibend.

5.) Linimentum ammoniatum. Als Linimentum volatile schon gegen Ende des 18. Jh. offizinell geworden; alsdann pharmakopöe-üblich. In preußischen Pharmakopöen: (1799–1862) Linimentum ammoniatum bzw. ammoniacatum. In DAB's: (1872–1926) Linimentum ammoniatum, Flüchtiges Liniment. Anwendung nach Döbereiner (1847): Vorzügliches Ableitungsmittel bei inneren Entzündungen, Schmerzen und Krämpfen; durchdringendes Reizmittel bei Schwäche des peripherischen Systems, zur Förderung der Aufsaugung, der Hautausdünstung, daher bei Blut- und anderen Quetschungen, Lähmungen, Gelenkwassersucht, Drüsenverhärtungen und sehr schmerzenden rheumatischen Affektionen, in Verbindung mit Kampfer, Kanthariden und Terpentinöl als noch stärker reizendes Mittel, mit Fettölen als erschlaffendes Mittel und mit Opium als krampf- und schmerzstillendes Mittel.
Eine Variante war das kampferhaltige flüchtige Liniment: Linimentum ammoniato-camphoratum. In zahlreichen Länderpharmakopöen des 19. Jh., z. B. Preußen 1827/29, Hannover noch Ausgabe 1861. In DAB's (1872–1910). Anwendung nach Döbereiner: Äußerlich gegen veraltete Rheumatismen, Gliederlähmung, gefühllose Geschwülste und Verhärtungen.

6.) Linimentum saponato-camphoratum (= Balsamum Opodeldoc seu Saponis, Tinctura Saponis camphorata).
Der Name Opodeldok dürfte von Paracelsus geprägt sein, er verwandte ihn für bestimmte Pflaster. So findet man auch in chemiatrischer und nachchemiatrischer Zeit Vorschriften in Pharmakopöen dafür, z. B. in Ph. Augsburg 1646: Emplastrum Opodeltoch Mindereri, in Ph. Württemberg 1741: Emplastrum Opodeldoch.
Etwa zur gleichen Zeit steht in Edinburger Pharmakopöen (z. B. 1758) ein Balsamum saponaceum vulgo oppodeltoch (aus Spiritus Vini, Seife, Kampfer, Rosmarin- und Dostöl). Während das Pflaster im 19. Jh. aus der Therapie verschwand, wurde der Balsam pharmakopöe-üblich und der Name Opodeldok ging ganz auf ihn über. Die Vorschriften des 18. Jh. wurden meist variiert, besonders durch Zugabe von Ammoniakflüssigkeit. So z. B. in preußischen Pharmakopöen: (1799) Linimentum saponato-camphoratum (= Balsamum Opodeldoc), aus Seife,

Kampfer, Liquor Ammonii vinosi, Oleum Rosmarini. Mit kleinen Unterschieden in der Vorschrift so bis 1862. In DAB's (1872–1882) gab es dann nebeneinander ein Linimentum saponato-camphoratum (Opodeldok) und ein Linimentum saponato-camphoratum liquidum (Flüssiger Opodeldok), danach nur Lin. saponato-camph. (Opodeldoc) in Ausgaben 1890–1926. Nach Döbereiner (1847) wird der Opodeldoc zu Einreibungen bei schmerzhaften Rheumatismen, Quetschungen und kalten Geschwulsten benutzt.

Spiritus Tartari

Siehe hierzu Schröder-Chemiatrie S. 133–136, Kap. „Spiritus Tartari – Weinsteingeist". Pharmakopöe-üblich seit Ph. Augsburg 1640; noch in Länderpharmakopöen des 19. Jh. (als letzte preußische Ausgabe 1829, „Liquor pyrotartaricus"). Hergestellt durch trockene Destillation von Weinstein (so schon bei Gesner, um 1550). Ph. Württemberg 1741 unterscheidet den Spiritus Tartari simplex und das zugleich entstehende Oleum Tartari foetidum (Anwendung des Spiritus als Incidans, Attenuans, Resolvens; treibt Schweiß und Harn; bei Koliken, Menstruationsstörungen, Paralyse, Gelbsucht, Wassersucht. Das Öl ist Resolvens, kommt zur Krätzesalbe; für hysterische Frauen). Der Spiritus diente zur Herstellung der Mixtura pyrotartarica, gemischt aus Spir. Angelicae, Spir. Tartari und Schwefelsäure (so hieß sie in preußischen Pharmakopöen des 19. Jh.; in Ph. Württemberg 1741 „Mixtura simplex alba"; daneben gab es dort noch eine „Mixtura simplex ordinaria"). Diese Mixturen (auch Mixtura oder Spiritus Diatrion genannt) galten als Alexipharmaca, Diaphoretica, Carminativa, Anodyna.

Spiritus Veneris

Siehe hierzu Hickel-Chemikalien S. 80–82, im Kap. „Acetum – Essig". Erste Erwähnung bei Basilius Valentinus (um 1600). Aufgenommen in Ph. Nürnberg 1666, letzmalig in Länderpharmakopöen des 19. Jh. (Ph. Sachsen 1820). Das Präparat hieß auch Acetum radicatum (später wurde so eine hochprozentige Essigsäure bezeichnet, die aus Acetaten durch Destillation mit Schwefelsäure gewonnen war). Verwendung des „Spiritus Aeruginis sive Viridis Aeris et Veneris" nach Ph. Württemberg 1741: Innerlich u. a. zur Appetitanregung; Hauptgebrauch bei den Chemikern (Herstellung durch trockene Destillation von Aerugo).

Spiritus Vini

Siehe hierzu Krüger-Elixiere S. 114–144, Abschnitt „Auszugsmittel, Weingeist". Weingeist war eine mittelalterlich-alchemistische Erfindung (12. Jh. in Norditalien). Ihm wurden Arzneikräfte zugeschrieben (lebensverlängernde Kraft, z. B. nach Rupescissa, um 1350), er sollte zudem die Eigenschaft besitzen, anderen Produkten ihre spezifischen Heilkräfte zu entziehen. Hieraus entstand eine Vielfalt weingeistiger *Pflanzenwässer* und *Elixiere*, pflanzlicher und tierischer *Quintessenzen* und trinkbarer Metalle. Solche Präparate fanden in die ersten Pharmakopöen des 16. Jh. nur spärlichen Eingang. So wird z. B. nach Ph. Köln 1565 das *Elixir sive Aqua Vitae composita* aus einer sehr großen Zahl von Drogen mit *Aqua Vitae* (aus Rhenanien bezogen) gemacht. Seit der chemiatrischen Ära vermehrten sich die Vorschriften, zumal die immer beliebter werdenden Tinkturen mittels Weingeist hergestellt wurden.
Daß man den entsprechenden Spiritus auch aus Getreide erhalten kann, soll seit etwa 1400 bekannt sein. Später war *Branntwein* und Spiritus Vini nicht immer unbedingt ein Produkt des Weines (seit 19. Jh. vor allem auch aus Kartoffeln).
Krüger (siehe oben) hat eine Zusammenstellung aller offizinellen Spiritusse gegeben, mit zwei Gruppen:

I.) Spiritusarten, die zur Herstellung von Elixieren, Essenzen und Tinkturen Verwendung finden, in den entsprechenden Pharmakopöen jedoch nicht als Monographien geführt werden. Zu unterscheiden sind hier:
1.) Weingeist: In Ph. Köln 1565 als Aqua Vitae optima; seit Ph. Augsburg 1640 bis Ende 18. Jh. in der Regel Spiritus Vini genannt.
2.) Rektifizierter Weingeist: in Ph. Köln 1628 Spiritus Vini bene rectificatus genannt, in den meisten Pharmakopöen seit Ph. Augsburg 1640 bis Ende 18. Jh.: *Spiritus Vini rectificatus* oder optime rectificatus.
3.) Höchstrektifizierter Weingeist: zuerst in Ph. Augsburg 1640 als *Spiritus Vini rectificatissimus*; entsprechende (gleiche oder ähnliche) Bezeichnung in weiteren Pharmakopöen bis Ende 18. Jh.

II.) Spiritusarten, die innerhalb der Simplicia- oder Composita-Listen als Pharmakopöe-Artikel geführt werden:
1.) Weingeist; in den Länderpharmakopöen seit Ende 18. Jh. bis 20. Jh. z. B. *Spiritus frumenti* (Ph. Preußen-Brandenburg 1781, Sachsen 1820); Spiritus Vini simplex (Ph. Baden 1841, Hannover 1861); Spiritus Vini (Ph. Preußen 1846, Bayern 1859); *Spiritus e Vino* (DAB 6, 1926) u. a.
2.) Rektifizierter Weingeist; schon in Pharmakopöen des 18. Jh. als Spiritus Vini rectificatus (z. B. Ph. Württemberg 1741), so auch in den meisten Länderpharma-

kopöen des 19. Jh.; Spiritus dilutus in DAB's (1872–1926), hier wie schon in anderen Länderpharmakopöen nicht mehr durch Destillation rektifiziert, sondern durch Verdünnen höherprozentigen Alkohols hergestellt.
3.) Höchstrektifizierter Weingeist. In den Pharmakopöen des 18./19. Jh. (vor den DAB's) meist als Spiritus Vini rectificatissimus beschrieben. In DAB's als Spiritus (1968 als Äthanol).

Sonderformen waren:
4.) Tartarisierter Weingeist (Spiritus Vini tartarisatus), seit Ph. Augsburg 1684 bis Ph. Lippe 1792/94; Herstellung durch Destillation nach Wasserentzug durch Kaliumcarbonat.
5.) Alkoholisierter Weingeist (Spiritus Vini alcoholisatus), seit Ph. Straßburg 1757 bis Ph. Hamburg 1859; Wasserentzug mit verschiedenen Salzen, wie Kaliumacetat, Calciumchlorid.
6.) Absoluter Weingeist (Spiritus Vini absolutus); seit Ph. Baden 1841 bis DAB 6, 1926 (Alcohol absolutus). Wenn Vorschrift zur Herstellung angegeben (nicht mehr in DAB's), dann Destillation nach Calciumchlorid-Zusatz.

Angaben über Verwendung:
Ph. Württemberg 1741: [Spiritus Vini rectificatus] bei Brandwunden, Sugillationen, Luxationen, Haemorrhagien; zur Bereitung von Essenzen und Tinkturen. [Spiritus Vini tartarisatus] zur Herstellung von Essenzen aus Harzen usw.

Hager-Handbuch, um 1930: [Spiritus (Äthanol, Spiritus dilutus)]. Praktische Anwendung findet nur wasserhaltiger Äthylalkohol mit verschiedenem Gehalt. Medizinisch meist in Form der alkoholischen Getränke, besonders Wein, als Erregungsmittel angewandt, ferner als Antipyreticum bei septischen Fiebern, bes. bei Puerperalfieber in großen Gaben. Der Alkohol wirkt diuretisch. Äußerlich zu desinfizierenden Verbänden bei infektiösen Entzündungen (Salzwedelscher Alkoholverband); bei Operationen zur Desinfektion der Hände und Instrumente, sowie der Haut des Patienten. [Alcohol absolutus] wird für medizinische Zwecke selten verwendet, häufiger für wissenschaftliche Zwecke in der Chemie und in der Mikroskopie.
Anwendung von Äthanol nach Böhme-Kommentar (1969): 1. äußerlich als Desinficiens auf der Haut; als Einreibemittel zur lokalen Hyperämisierung, zu kühlenden Alkoholverbänden. 2. innerlich zur Appetitanregung und Steigerung der Magensaftsekretion; zur Hebung des Allgemeinbefindens bes. in der Rekonvaleszenz. 3. als Lösungsmittel in der pharm. Technik.

In der chemischen Analytik ist Äthanol seit Ph. Lippe 1792/94 stets als Reagenz gebraucht worden, meist als Lösungsmittel. In DAB 7, 1968: Äthanol abs.; Äthanol 96 % (ml/ml); Äthanol 96 % (ml/ml), fuselölfreies; Äthanol 90 % (ml/ml); Äthanol 70 % (ml/ml); Äthanol 38,8 % (ml/ml).

In der Homöopathie spielt Weingeist als indifferenter Stoff (zur Herstellung von Urtinkturen – wie Essenzen, Tinkturen, Lösungen – und von Verdünnungen daraus) eine wesentliche Rolle.

Stannum

Zur Geschichte von „Plumbum nigrum [= Blei] und Plumbum candidum" [auch P. album genannt = Zinn] bis zum 16. Jh. siehe Hickel-Chemikalien S. 89–94. Die weiße „Bleisorte" – nach Plinius die kostbarere – kommt in Pharmakopöen des 16. (Ph. Köln 1565, Augsburg 1564 uf.) und 17. Jh. (Ph. Nürnberg 1666) vor. Im 18. Jh. wird die Bezeichnung Stannum üblich (bei den Präparaten verbleibt die alchem. Bezeichnung Jovis = Jupiter). Seit dem 19. Jh. heißt Zinn, auch in seinen Verbindungen, nur noch Stannum (in preußischen Pharmakopöen 1799–1829). Als Reagens wieder in DAB's (1882–1900): Reduktionsmittel, ähnlich Zink verwendet. In der Homöopathie ist „Stannum – Zinn" (Hahnemann 1839) ein wichtiges Mittel.

Aus Zinn wurden nach den Pharmakopöen, besonders der chemiatrischen Zeit, mehrere Präparate hergestellt. Zinnfeile galt als gutes Wurmmittel; auch gegen Epilepsie verwandt. Äußerlich gegen Hornhauttrübungen.

Stannum chloratum

Reagens in den Länderpharmakopöen des 19. Jh. (seit Hannover 1819), dann in DAB's (1872, 1890–1968); starkes Reduktionsmittel, meist in salzsaurer Lösung angewandt (Bettendorfs Reagens), zum Nachweis von Quecksilber-, Arsen-Verbindungen usw. Nach Hager-Handbuch, um 1930, hat man es in Pillen oder Lösung gegen Epilepsie u. a. Neurosen, Bandwurm, Quecksilbervergiftung angewandt, äußerlich gegen Ekzeme.

Ohne pharmazeutische Bedeutung, aber in Lehrbüchern der pharm. Chemie des 19./20. Jh. genannt, ist Zinn(IV)-chlorid, dessen alte Bezeichnung: Spiritus fumans Libavii angegeben wird (Libavius um 1600; nach Darmstaedter-Handbuch entdeckt bei der Destillation von Quecksilbersublimat mit Zinn).

Strophanthinum

Nach Hager-Handbuch, um 1930, gibt es Strophanthinum-g (S. crystallisatum nach Thoms, Ouabain, Purostrophan) und Strophanthinum-k (Strophanthin Boehringer, in Preislisten auch als S. verum purissimum bezeichnet). Aufgenommen in DAB's (1926, 1968) g-Strophanthin(um). Anwendung nach Böhmekommentar, 1969: Bei Insuffizienz des Herzmuskels.

Strychninum

Siehe hierzu Schröder-Industrie S. 161–170, Kap. „Strychninum – Strychnin". Als erstes Präparat wurde Strychninum nitricum (aus Strychnossamen, Salpetersäure dabei) in Ph. Preußen 1827 aufgenommen. Nach Ph. Hannover 1833 wurde das Salz aus der Base gewonnen, die ihrerseits aus der Droge erhalten war. Auch andere Salze kamen in Aufnahme.

1.) Strychninum nitricum. In Länderpharmakopöen seit Ph. Preußen 1827, teils aus der Droge herzustellen, teils aus der Base mit Salpetersäure. Ohne Vorschrift in Ph. Hessen 1860, Preußen 1862; in DAB's (1872–1968).

2.) Strychninum. In Länderpharmakopöen seit Ph. Schleswig-Holstein 1831, teils mit Vorschrift (aus der Droge zu gewinnen; nach Ph. Baden 1841 aus dem Nitrat), teils ohne Vorschrift (Ph. Hamburg 1852), so auch in DAB 1, 1872.

3.) Strychninum aceticum. In hannoverschen Pharmakopöen (1833–1861) und hamburgischen (1835–1852) mit Vorschrift aus Base und Essigsäure.

4.) Strychninum hydrochloricum. In hannoverschen Pharmakopöen (1833–1861) mit Vorschrift aus Base und Salzsäure.

5.) Strychninum sulphuricum. In Ph. Baden 1841, Hamburg 1852; mit Vorschrift aus Base und Schwefelsäure.

Nach Döbereiner-Apothekerbuch (1847) wirken Strychnin und seine Salze den Strychnossamen analog. Anwendung teils innerlich in Pulvern, Pillen und Auflösungen, teils äußerlich und zwar endermatisch bei allgemeinen und örtlichen Lähmungen der Gliedmaßen, bei Kurzsichtigkeit und beginnendem schwarzen Star und bei heftigen Nervenschmerzen angewendet. Verwendung von Strychninnitrat nach Böhme-Kommentar (1969): 1. selten zur Anregung des Vasomotorenzentrums bei zentralbedingtem Vasomotorenkollaps; 2. als Tonicum; 3. als Rodentizid.

In der Homöopathie ist „Strychninum nitricum – Strychninnitrat" ein wichtiges, „Strychninum ferri-citricum" ein weniger wichtiges Mittel.

Sulfanilsäure

Reagens in DAB's (1910–1968), für Diazotierungsreaktionen.

Sulfur

Elementarer Schwefel kommt mineralisch vor; Lager vulkanischen Ursprunges werden ausgebeutet; auch Gewinnung als Nebenprodukt bei der Verhüttung von Metallkiesen.

1.) Der mineralische Schwefel wurde für besonders gut gehalten. Dioskurides beschreibt ihn als einen, der noch nicht im Feuer gewesen ist, eine glänzende Farbe hat, durchscheinend und steinfrei ist. Er war pharmakopöe-üblich als Sulphur vivum. Er wird in der Inventurliste der Ap. Lüneburg 1475 aufgeführt. In T. Worms 1582 sind zu Sulphur (seu sulfur) viuum als Bezeichnungen angegeben: Thion apyron, Sulfur ignem non expertum, Lebendiger Schwefel. Die Beschaffenheit dieses Schwefels war sehr unterschiedlich. Schröder, 1685, nennt 1. den unreinen, der aus Island kommt. 2. den reinen aus goslarischen Gruben. 3. den fixen aus dem Berge Vesuvio und den puteolanischen. Man hat auch einen natürlichen indianischen Schwefel, der wie Bernstein eine zierliche Gelbfärbung besitzt, dergleichen findet man auch in England. Die Ph. Württemberg 1741 beschreibt Sulphur vivum griseum (lebendiger grauer Schwefel; wird aus Island und Italien, zwischen Puteolos und Neapel, gebracht). Solcher Schwefel ist später nicht mehr als besondere Sorte von Rohschwefel geführt worden, Wirkungsunterschiede hat man auch nur in alter Zeit angenommen.

2.) Die übliche und billigere Form des elementaren Schwefels war der durch verschiedenartige Prozesse gewonnene, aus mineralischem oder aus Kiesen. In Ap. Lüneburg 1475 waren von Sulphur communis 1 lb. vorrätig. Dieser Schwefel heißt in T. Worms 1582 Sulphur (seu Sulfur) factitium (Thion pepyroménon. Sulfur ignem expertum. Todter oder getödter Schweffel, Krämer-Schweffel). Er wurde bis zum 18. Jh. regelmäßig neben dem lebenden Schwefel geführt. In Ph. Württemberg 1741: Sulphur citrinum (gelber Schweffel; wird aus Pyrit mit großem Feuer ausgetrieben; kommt vor allem aus Schweden und Deutschland; man sucht den reinen, gelben aus). Solch gelber Rohschwefel blieb bis ins 19. Jh. hinein pharmakopöe-üblich, wurde dann aber durch reinere Arten ersetzt.

3.) Eine dritte, in Arzneitaxen und Pharmakopöen des 16./18. Jh. verwendete Art war der Roßschwefel, das waren die Rückstände, die bei der Gewinnung und Reinigung des gelben Schwefels anfielen. Die T. Worms 1582 führt ihn als Sulphur caballinum (Roßschweffel, Lapidarius). In Ph. Württemberg 1741 ebenso bezeichnet. Die Qualität war sehr unterschiedlich; Verwendung hauptsächlich für Tierarzneien. Döbereiner-Apothekerbuch (1847) schreibt dazu, daß der Roßschwefel (auch Sulphur griseum genannt) früher offizinell war; jetzt ist dieser Körper gewöhnlich nur ein Kunstprodukt, das oft gar keinen Schwefel enthält, und daher aus dem Arzneischatz verbannt.

4.) Sublimierter Schwefel wurde seit dem Ausbau der Sublimationstechnik in mittelalterlich-alchemistischer Zeit viel hergestellt, auch in Apotheken. In T. Worms 1582: Sulphur sublimatum (Flos sulphuris. Sublimirter Schweffel) [sein Preis lag zwischen dem hohen des Lebendigen Schwefels und dem niedrigen des gewöhnlichen]. In Ph. Württemberg 1741 ist unter Flores Sulphuris simplices die Sublimation des Sulphuris communis beschrieben [durch Mischung von Schwefelblüte mit Aloe, Myrrhe und Crocus werden die als Alexipharmacum geltenden Flores Sulphuris compositi hergestellt]. Sublimierter Schwefel blieb in der Regel pharmakopöe-üblich, allerdings wurde er bald aus Fabriken bezogen (in Preußen seit 1827).

5.) Eine besonders fein verteilte Form des Schwefels kam in chemiatrischer Zeit auf. Siehe hierzu Schröder-Chemiatrie S. 159–163, Kap. „Lac sulfuris – Schwefelmilch". Aufgenommen in Ph. Augsburg 1640: Magisterium Sulphuris seu Lac eiusdem (Flores Sulphuris werden mit Sal Tartari = Kaliumcarbonat in Wasser gekocht und mit Essig gefällt). An dieser Vorschrift (auch in Ph. Württemberg 1741: Lac sulphuris, mit Cineres clavellati hergestellt) wurde das Alkali (oft gebrannter Kalk) und die Säure (z. B. Salzsäure) variiert. Die Herstellung war pharmakopöe-üblich bis ins 19. Jh. hinein, in Preußen noch 1862; dann Sulfur praecipitatum offizinell ohne Herstellungsvorschrift.

6.) Seit dem 19. Jh. wurde es pharmakopöe-üblich, den zunächst auch in die Pharmakopöen aufgenommenen Rohschwefel bzw. später die Schwefelblüte reinigen zu lassen: Sulphur depuratum. Dies geschah zunächst durch Auswaschen mit Wasser (in Preußen 1799–1862); in den DAB's (1872–1926) wurde Ammoniakflüssigkeit dazu genommen.

Die Schwefelarten der DAB's waren: (1872–1926) Sulfur depuratum (Gereinigte Schwefelblumen, Flores Sulphuris loti), Sulfur praecipitatum (Schwefelmilch, Lac Sulphuris), Sulfur sublimatum (Schwefelblumen, Flores Sulphuris). (1968) Schwefel (Sulfur depuratum), Feinverteilter Schwefel (Sulfur praecipitatum), beide ohne Vorschrift zur Herstellung.
Über die Verwendung der Schwefelarten sind in Ph. Württemberg 1741 folgende Angaben gemacht: Sulphur vivum griseum hat die gleichen Tugenden wie Sulphur citrinum (wird mehr mechanisch, als medizinisch benutzt; innerlich als Aperiens, Balsamicum, Alexipharmacum; äußerlich als Siccans, Repellens). Flores Sulphuris dienen bei Brustleiden, sonst gegen Scabies und Geschwüre, die Schwefelmilch wird ebenso, besonders bei Brustleiden benutzt.

Nach Döbereiner-Apothekerbuch (1847) wirkt Schwefel auflösend, schweißtreibend, eröffnend und austrocknend und wird innerlich und äußerlich in Pulver und pulveraufnehmenden Formen, in Salben, Linimenten und Waschwassern, gegen Brustkrankheiten, Hämorrhoidalkrankheiten, unregelmäßige Menstruation, chronische Hautausschläge, Gicht, skrofulöse Krankheiten, Wassersucht und chronische Metallvergiftungen angewendet. Auch dient er zu den sog. Schwefeldampfbädern, wobei jedoch eigentlich die schweflige Säure die Wirkung bedingt... Sonst ist Schwefel ein Bestandteil sehr vieler Heilmittel und besonders der medizinisch wie technisch so wichtigen Schwefelsäure. Nach Böhme-Kommentar (1969): [Schwefel] wirkt laxierend; ist Bestandteil des Pulvis Liquiritiae compositus [dieses war zuvor in allen DAB's aufgenommen: Brustpulver oder Pulvis pectoralis Kurella, wird aus Schwefel, Zucker, Sennesblättern, Süßholz und Fenchel gemischt]. [Fein verteilter Schwefel] Äußerlich in Pudern, Salben und Schüttelmixturen; wirkt hautreizend und antiparasitär; bei Krätze, Akne vulgaris u. a. Hauterkrankungen; für Injektionen zur Reizkörpertherapie.
In der Homöopathie ist „Sulfur – Schwefelblüte" (Hahnemann 1825) ein wichtiges Mittel. In der DAB-Analytik dient Schwefel (1910–1968) zur Prüfung auf Baumwollsamenöl in fetten Ölen usw.

Sulfur jodatum

In DAB 1, 1872, war Sulfur iodatum (aus Sulfur depuratum und Jod zu bereiten) aufgenommen. Dann Erg.B's (noch 1941). Nach Hager-Kommentar (1874) verdankt dies Präparat „sein Dasein dem französischen Jodpräparatenschwindel... Es wird nur in Salben gegen verschiedene Hautkrankheiten angewendet". Nach Hager-Handbuch, um 1930, ist Anwendung selten. Äußerlich in Salben mit Schmalz bei verschiedenen Hautexanthemen. In der Homöopathie als wichtiges Mittel offizinell (Allen 1897).

Talcum

Talk war in der Antike und bei den Arabern bekannt. Schröder, 1685, beruft sich auf Theophrastus [um 300 v. Chr.] und Avicenna [um 1000 n. Chr.]; nach letzterem ist Talcum kalt im 1. und trocken im 2. Grad. Über Verwendung schreibt Schröder: er adstringiert, stellt das Bluten, verhütet Brustabszesse; gegen Rote Ruhr, Blutspeien, Fluß der Goldader und der Mutter etc. Zubereitungen aus Talcum: Destilliertes Talcköl (feucht kalzinierter, venedischer Talk, mit Essig behandelt, wird destilliert); Oleum causticae talcatum; Liquor Talci; Cremor T.; Tinctura Talcis.

Talcum war in Apotheken des 16./18. Jh. vorrätig, ohne pharmazeutisch eine größere Rolle zu spielen. In T. Worms 1582: Talcum (Magnetis. Talck); Frankfurt/M. 1687: Talcum (Stella Terrae, Talch). In Ap. Braunschweig 1666 waren vorrätig: Talcum crudum (19 lb.); Talcum calcinatum (1 lb.). In Ph. Württemberg 1741: Talcum (Stella terrae, Talch, Talck; man bevorzugt den, der aus Venedig kommt; Cosmeticum). Nicht mehr in den Länderpharmakopöen (Döbereiner-Apothekerbuch, 1847, schreibt, daß Talk zuweilen noch in der Tierarzneikunde und entweder rein oder mit Karmin gefärbt als unschädliche Schminke dient). Wiederaufnahme in DAB's: (1882–1926) Talcum (Talk); (1968) Talkum. Als Reagens in DAB's (1926, 1968), vor allem als Klärungsmittel bei Alkaloidbestimmungen.
Hager-Kommentar (1884) vermerkt, daß der feingepulverte Talkstein ein unschädliches Streupulver und Schminkmittel und auch ein gewöhnlicher Bestandteil der weißen und roten Schminken ist; er hält die Haut geschmeidig; Einstreupulver in Schuhe und Handschuhe, Zusatz zu Seifen, gelegentlich zum Bestreuen von Pillen. Als Volksmittel auf wunde Hautstellen und Verbrennungen. Bestandteil des Pulvis salicylicus cum Talco. Nach Böhme-Kommentar (1969): Konstituens, in Pulvern, Pasten und Trockenpinselungen; sein Gebrauch zum Einpudern in Operationshandschuhen und in Wundpudern ist zu vermeiden.

Tartarus

Der „Weinabsatz“ wird nach Berendes-Dioskurides für sich gebraucht (gegen Ödeme, als Umschlag bei Bauch- und Magenfluß; hemmt Fluß der Frauen; zerteilt Drüsen usw.) oder nach dem Brennen (reinigt, vernarbt, adstringiert, trocknet, bewirkt Fäulnis); gewaschener Weinabsatz kommt zu Augenmitteln.
In Ap. Lüneburg 1475 waren 8 lb. Tartari vorrätig. Die T. Worms 1582 führt: Tartarus (Oenolithus, Lapis vini, Weinstein). Blieb pharmakopöe-üblich bis etwa Mitte 19. Jh. (noch Ph. Preußen 1862: Tartarus crudus). Anwendung nach Ph. Württemberg 1741: Purgans, Incidans, Resolvens; korrigiert gallige und scharfe Säfte.

Ein Präparat der chemiatrischen Zeit war Cremor Tartari. Siehe hierzu Schröder-Chemiatrie S. 128–130, Kap. „Cremor Tartari – Weinsteinrahm“. Herstellung ist in Ph. Augsburg 1640 beschrieben (Cremor et Crystalli Tartari; weißer roher Weinstein wird in kochendem Wasser gelöst, das Filtrat abgekühlt; obenauf schwimmt „Cremor“, an den Wänden scheiden sich „Crystalli“ ab). Anwendung nach Ph. Württemberg 1741: Stimulans für den Bauch; appetitanregend, nützlich bei Hypochondrie, fieberhaften Erkrankungen, Cachexie. In den Länderpharmakopöen des 19. Jh. heißt das Präparat Tartarus depuratus (nur ganz am Anfang noch mit Herstellungsvorschrift angegeben, dann Handelsprodukt). Nach Hager-Kommentar (1874) war bis etwa 1850 der „Venedische gereinigte Weinstein, Tartarus depuratus Venetianus seu albus, Crystalli Tartari" der übliche (kam aus südl. Europa; kalkhaltig). Danach wandte man ein Verfahren an (mittels Salzsäure), das kalkfreien Weinstein lieferte. Es führt nach Ph. Preußen 1846 zum „Tartarus depuratus pulveratus"; in Ausgabe 1862 als „*Kali bitartaricum* purum" – neben „Kali bitartaricum crudum" – aufgenommen, ohne Vorschrift. In DAB's (1872–1926); Bezeichnung wieder Tartarus depuratus. Verwendung nach Hager (1874): Antiphlogisticum, Diureticum, gelindes Abführmittel bei entzündlichen und hydropischen Leiden, Brust- und Leberkongestionen, Hämorrhoidalleiden; in der Pharmazie zur Herstellung verschiedener Salze.

Das neutrale Kaliumsalz der Weinsäure wurde im Zeitalter der Nachchemiatrie eingeführt. Die Ph. Württemberg 1741 beschreibt: *Tartarus tartarisatus, Sal vegetabile* dictus (Lösung von Crystalli Tartari wird mit Kaliumcarbonat versetzt und zur Trockne gebracht; besonders mildes Purgans, Resolvens, Diureticum). Bezeichnung in Länderpharmakopöen des 19. Jh. und DAB 1: *Kali tartaricum*, dann (noch DAB 6, 1926): *Kalium tartaricum*.

Ein weiteres neues Salz der nachchemiatrischen Zeit war das *Seignettesalz* (siehe hierzu Wietschoreck-Nachchemiatrie S. 267–271, Kap. „*Sal polychrestum de Seignette*"; dort – S. 258–266 – auch allgemeines von *Polychrestsalzen*). Wurde um 1670 von dem französischen Apotheker Seignette erfunden. Aufgenommen in Ph. Württemberg 1741 (aus Weinstein und Natriumcarbonat, Lösung eindampfen; Anwendung wie Tartarus tartarisatus). Blieb pharmakopöe-üblich bis DAB 6, 1926. Bezeichnung in preußischen Pharmakopöen: *Tartarus natronatus* (1799–1829); *Natro-Kali tartaricum*(1846–1862); in DAB's: Tartarus natronatus (1872–1926). Anwendung nach Hager-Kommentar (1874) als mildes kühlendes Abführmittel. In der Homöopathie ist „Tartarus natronatus" ein weniger wichtiges Mittel. Als Reagens in DAB's (1890–1968) gebraucht, z.B. zur Herstellung der Fehlingschen und Nylanderschen Lösung; bei der Zinkbestimmung in Insulin.

Gegen Ende der Nachchemiatrie kam *Tartarus solubilis ammoniacalis*, später *Tartarus ammoniatus* genannt, auf (aus Weinstein und Ammoniak). Stand in vielen Länderpharmakopöen des 19. Jh. Anwendung nach Döbereiner-Apothekerbuch (1847): Schweiß- und harntreibendes Mittel.
Ebenso wie das vorige, dessen Herstellung nach Döbereiner-Apothekerbuch Anfang des 18. Jh. bekannt wurde, entdeckte man zu jener Zeit (Le Fevre in Ulm, 1732) ein Doppelsalz aus Weinstein und Borax. Es wurde zum Ende des 18. Jh. offizinell („*Tartarus cum Borace*"), blieb als *Tartarus boraxa-*

t u s in Länderpharmakopöen des 19. Jh. und DAB's (1872–1900), dann in Erg.B's (noch 1941). Anwendung nach Döbereiner: Gelinde abführendes, harntreibendes, die monatl. Reinigung beförderndes Mittel; bei hydropischen Übeln, Anomalien und Störungen der Menstrualgeschäfte und Hämorrhoidalbeschwerden, äußerlich als Palliativmittel bei Krebsgeschwüren.

Tartarus ferratus

Siehe hierzu Wehle-Chemiatrie S. 66–87, Kap. „Eisen-Weinstein-Präparate". Man kann sie in 3 Gruppen einteilen. Der früheste Vertreter findet sich 1684, der letzte 1872: Tartarus ferratus des DAB 1 (für Eisen- und Stahlbäder; in Wein gegen Bleichsucht).

Gruppe 1: Eisen-Weinstein-Tinkturen. Offizinell von Ph. Augsburg 1684 (E s s e n t i a M a r t i s ; aus Eisen(II)-sulfat und Weinstein, eindampfen, mit Weingeist digerieren) bis Ph. Württemberg 1798 (T i n c t u r a M a r t i s a p e r i t i v a , t a r t a r i s a t a Ludovici; Vorschrift wie vorher, aber Eindampfen zur Trockne, mit Wasser aufnehmen, Weingeist zusetzen; Tonicum, Roborans, zum Appetitanregen).

Gruppe 2: E i s e n w e i n s t e i n. Offizinell von Ph. Brandenburg 1731 (T a r t a r u s c h a l y b e a t u s) bis DAB 1, 1872 (Tartarus ferratus); andere Bezeichnungen dazwischen: Tartarus martialis und M a r s s o l u b i l i s (Ph. Lippe 1792/94); Tartarus ferruginosus (Ph. Preußen 1829), F e r r o - K a l i t a r t a r i c u m (Preußen 1846/62). Im 18. Jh. wurde Eisen(II)-sulfat oder Eisen mit Weinstein und Wasser gekocht, Filtrat zur Kristallisation gebracht. Im 19. Jh. entweder Eisen oder Eisen(III)-hydroxid mit Weinstein und Wasser vorsichtig eindampfen. Anwendung nach Ph. Württemberg 1741: gegen Gelbsucht, Cachexie, Hypochondrie, viertägiges Fieber.

Gruppe 3: E i s e n k u g e l n. Offizinell von Ph. Württemberg 1741 (G l o b u l i m a r t i a l e s) bis Ph. Hannover 1861 (G l o b u l i T a r t a r i m a r t i a t i); Bezeichnungen dazwischen: L a p i s m a r t i a l i s i n g l o b u l i s (Ph. Straßburg 1757), G l o b u l i f e r r a t i (Ph. Sachsen 1837). Anwendung nach Ph. Württemberg 1741: Äußerlich als Vulnerarium, gegen Haemorrhagien, Luxationen, Sugillationen usw. Herstellung im 18. Jh.: Eisen und Weinstein werden in Weingeist bzw. Wasser wiederholt zur Trockne eingedampft; im 19. Jh. identisch mit Eisenweinstein, oft zu Kugeln geformt.

Tartarus stibiatus

Siehe hierzu Wietschoreck-Nachchemiatrie S. 320–328, Kap. „Tartarus emeticus – Brechweinstein". Als Entdecker gilt Mynsicht (Anfang 17. Jh.). In Pharmakopöen seit Ph. Augsburg 1684 (Tartarus emeticus). Die Vorschriften variierten. Herstellung nach Ph. Württemberg 1741: Crocus Metallorum und Crystalli Tartari werden in Wasser gekocht; zur Trockne eindampfen(ist ein universales Brechmittel). Bezeichnungen in preußischen Pharmakopöen des 19. Jh.: (1799 bis 1829) Tartarus stibiatus; (1846–1862) Stibio-Kali tartaricum (immer mit Herstellungsvorschrift: aus Antimon(III)-oxid und Weinsteinkristallen). In DAB's (1872–1926; ohne Vorschriften): Tartarus stibiatus. Anwendung nach Hager-Kommentar (1874): Expectorans, Sudorificum; als Nauseosum bei Hypochondrie, Hysterie, Delirien, ferner bei Entzündungszuständen der Lungen, des Brustfells, Herzbeutels, der Hirnhäute; äußerlich als Ableitungsmittel in Salben und Pflastern.
Brechweinstein hat im 20. Jh. in der Tropenmedizin eine Rolle gespielt. In der Homöopathie ist „Tartarus stibiatus – Brechweinstein" (Buchner 1840) ein wichtiges Mittel. In einigen frühen Länderpharmakopöen des 19. Jh. war er als Reagens geführt (Ph. Bayern 1822, Preußen 1829); zum Nachweis von Gerbstoffen, von Schwefelwasserstoff usw.

Terpentinöl

Reagens in DAB's (1910–1926), zur Identifizierung von Agarizinsäure. 1926 auch als Lösungsmittel für Eucalyptol.

Terrae

Dioskurides beschreibt – nach Berendes – eine Anzahl Erden. Danach hat jede, zu medizinischem Zweck dienende Erde kühlende und verschließende Kraft. Speziell genannt werden: Eretrische, Samische Erde, Erde von Chios, Selinusische, Kimolische, Pnigit-Erde, Weinstockerde, Melische und Lemnische Erde (diese wird in Formen gebracht und mit dem Bildnis einer Ziege gestempelt; hervorragend, mit Wein getrunken, als Gegenmittel gegen tödliche Gifte, gegen Biße und Stiche giftiger Tiere, kommt zu Antidoten; gegen Dysenterie).
In T. Worms 1582 sind aufgenommen: Terra Armenia (mit dem Verweis auf Bolus armenius) und 3 Sorten
[1.] Terra sigillata (Sphragis, Terra lemnia, Gleba lemnia, Terra sacra, Sigillum caprae, Rubrica lemnia, Sigillum lem-

nium, Lutum lemnium, Minium lemnium, Lutum sigillatum. Gesigelt Erd auß Insel Lemno).
[2.] Terra sigillata silesia (Axungia solis paracelsistarum. Gesigelt Erd auß der Schlesien).
[3.] Terra sancti Pauli (Terra sigillata alba, Terra meliteae. Weiß gesigelt Erd).
Die entsprechenden Erden der Ph. Württemberg 1741 sind: [1.] Terra Lemnia (Lemnische Erde, Erde aus der Insel Lemnus; Adstrictivum, Bezoardicum). [2.] Terra sigillata alba Goldbergensis (Weisse Schlesische Siegel-Erde) und Terra sigillata Silesiaca grisea (et lutea Strigoniensis, graue Schlesische gesiegelte Erde). [3.] Terra sigillata Militensis (sive de Maltha, Malthesische Siegel-Erde; mit dem Bilde des St. Paul gesiegelt). Die Wirkung der weißen Siegelerden ist gleichartig: Absorbens, Sudoriferum, Bezoardicum. Als weitere Erden werden genannt: [4.] Terra sigillata alba Turcica (weisse Türckische Siegel-Erde). [5.] Terra sigillata rubra Turcica. [6.] Terra Tripolitana (Tripolis offic., Trippel-Erde; Siccans, gegen Wundreiben).
Alle diese Erden sind im 19. Jh. aus den Pharmakopöen verschwunden. Näheres über Siegelerden siehe F. Heller, Medizinische Siegelerden aus den Sammlungen des Germanischen National-Museums Nürnberg (Pharmaz. Ztg. *109*, 1461–1471 (1964)): Herstellung auf Lemnos schon zur Zeit Homers (9. Jh. v. Chr.) bis Beginn 20. Jh. n. Chr.; „aber auch andere Vorkommen erlangten frühzeitig und weiterhin Berühmtheit, so die Selinusische, Sinopische, Eretrische, Chimolische, Armenische oder Samische (St. Pauls) Erde"; hinzu kamen – zunächst als Ersatzmittel gedacht, aber bald als gleichartig befunden – die verschiedenen schlesischen (Striegauische ab Ende 16. Jh.), sächsischen, böhmischen, polnischen u. a. Siegelerden.

Tetrachlorkohlenstoff

Reagens in DAB's. Ausgabe 1926 bei Jodzahlbestimmung (Lösungsmittel), 1968 bei Prüfung von Insulin und Medizinischer Kohle.

Thymolum

In DAB's seit 1882. Anwendung nach Kommentar zu DAB 3: wirkt gärungs- und fäulniswidrig, steht aber als Antisepticum der Carbolsäure und Salicylsäure nach; innerlich gegen falsche Gärungen im Magen; äußerlich zur Wundbehandlung, chronische Hautkrankheiten; Bestandteil vieler Zahn- und Mundwässer, Zahnpulver. Nach Böhme-Kommentar (1969): äußerlich als Desinficiens, besonders für den Mund; innerlich als Wurmmittel, bei Gastro-enteritis als Darmdesinficiens.

Tinctura Coccionellae

Reagens in DAB 2, 1882 (Indikator in der Alkali-Acidimetrie).

Tinctura Coralliorum

Siehe hierzu Wietschoreck-Nachchemiatrie S. 153–161, Kap. „Tinctura coralliorum – Korallentinktur". Von Paracelsus als Blutreinigungsmittel eingeführt. In Pharmakopöen des 17./18. Jh. (seit Ph. Augsburg 1640, dort 2 Vorschriften). Herstellung nach Ph. Württemberg 1741 aus Roten Korallen und dest. Essig, Zugabe von Zimtwasser, Spiritus Vini, Zuckertinktur; mildes Adstringens, Roborans; wirkt schweiß- und harntreibend.

Tincturae

Siehe hierzu Krüger-Elixiere, besonders S. 53 uf., 58–60, 63–65. In Pharmakopöen seit Ph. Köln 1628 (nur erwähnt) bzw. Ph. Augsburg 1640 (4 Vorschriften: Tinctura Rosarum siccum, Tct. Coralliorum, Tct. Coralliorum alia, Tct. Hyperici) bis DAB 7, 1968 (allgemeines Kapitel „Tinkturen"). Die Zahl der offizinellen Tinkturen hat bis ca. 1780 ständig zugenommen (maximal 45 Vorschriften in Ph. Brandenburg 1731). Dann gibt es Pharmakopöen, die stark reduzieren, andere, die die Arzneiform ausbauen, wobei die Vorschriften für Essenzen mit denen für die Tinkturen z. T. verschmelzen. Im 19. Jh. Wiederausbau der Tinkturen zu einer umfangreichen Präparategruppe. Dabei überwiegen etwas die einfachen Tinkturen gegenüber den zusammengesetzten (in Ph. Preußen 1799: 22 einfache, 13 zusammengesetzte; in DAB 1, 1872: 58 einfache, 12 zusammengesetzte; in DAB 6, 1926: 32 einfache, 9 zusammengesetzte).
Die Tinkturen sind ursprünglich als „chemische" Präparate aufgefaßt worden (auch die Auszüge aus Pflanzen), erst im Laufe des 19. Jh. wurden sie als „galenische" Präparate verstanden (siehe W. Schneider, Geschichte der pharmazeutischen Chemie (1972), S. 182–186, 281).

Tinctura Fernambucina

Reagens in Ph. Lippe 1792/94; zum Nachweis von alkalischen Substanzen (Blaufärbung).

Tinctura Gallarum

Reagens in Ph. Lippe 1792/94 auf Eisen. In den Länderpharmakopöen des 19. Jh. (bis 1860) dafür und für Alkaloide, sowie andere Nachweisfällungen (z. B. Gelatine).

Tinctura kalina

Siehe hierzu Krüger-Elixiere S. 145–181, Kap. „Alkalische Tinkturen". Aufgenommen in die meisten Länderpharmakopöen des 19. Jh. (Ph. Preußen 1799–1827; noch Ph. Hannover 1861). Danach in Erg.B's bis 1906. Frisch bereitetes Kaliumhydroxid wird mit Alkohol digeriert. Anwendung nach Döbereiner-Apothekerbuch (1847): Gegen chronische Hautausschläge, hartnäckige Unterleibsübel, Drüsenverstopfung, Leberverstopfung, Unterleibsverschleimung, Bauchwassersucht, fieberlose Gicht, Podagra, Drüsenkrankheit, Englische Krankheit, Steinkrankheit, chronischen Samenfluß, Hypochondrie.
Diese Tinctura kalina war ein Nachfolgepräparat für eine ganze Reihe vor 1800 verwendeter Tinkturen, die man jetzt erst als chemisch ziemlich gleichartig erkannt hatte. Die wichtigsten der früheren Zubereitungen, die damit aus den Pharmakopöen verschwanden, waren:

1.) Tinctura Tartari. Siehe hierzu Schröder-Chemiatrie S. 131–133, Kap. „Tinctura Tartari – Weinsteintinktur", auch Krüger-Elixiere S. 145–147 im Kap. „Alkalische Tinkturen". In Pharmakopöen seit Ph. Augsburg 1640 bis Ph. Württemberg 1798. Übliche Vorschrift: Sal Tartari (Kaliumcarbonat) wird geglüht und heiß mit Alkohol extrahiert [die Rötung der Tinktur ist auf Furfuralgehalt des Alkohols zurückzuführen]. Anwendung nach Ph. Württemberg 1741: Resolvens, Diureticum.

2.) Tinctura Metallorum. Siehe hierzu Krüger a.a.O. S. 149 uf. In Pharmakopöen seit Ph. Brandenburg 1698 bis Ph. Braunschweig 1777. Antimon, Kupfer, Zinn werden zusammengeschmolzen, mit Salpeter geglüht, der Rückstand mit Weingeist ausgezogen. Anwendung nach Ph. Württemberg 1741: Wie Tinctura Antimonii acris.

3.) Tinctura Antimonii (acris). Siehe Krüger a.a.O. S. 148 uf. In Pharmakopöen seit Ph. Brandenburg 1731 bis Ph. Württemberg 1798. Die Vorschriften variieren stark. In Ph. Württemberg 1741 aus Antimon, Salpeter; nach dem Verpuffen Ausziehen mit Weingeist (Resolvens; bei Lymphleiden, Harnverhaltung, Lues usw.).

Tinctura Martis

Über Eisenpräparate, besonders Tinkturen, siehe Wehle-Chemiatrie. Es werden beschrieben:

1.) Eisen-Essigsäure-Präparate, dabei Eisentinkturen (S. 37, 64 uf.). Offizinell von Ph. Württemberg 1741 (Tinctura Martis adstringens; aus Eisen, Weinessig, Quittenweingeist) bis DAB 3, 1890 (Tinctura Ferri acetici aetherea). Ähnlich ist Tinctura Ferri acetici Rademacheri (Ph. Hannover 1861; gegen Lungenentzündung).

2.) Eisen-Weinstein-Präparate, dabei Eisen-Weinstein-Tinkturen (S. 66, 85). Offizinell von Ph. Augsburg 1684 (Essentia Martis) bis Ph. Württemberg 1798 (Tinctura Martis aperitiva, tartarisata Ludovici; Eisen oder Eisen(II)-sulfat mit Weinstein und Wasser kochen, Filtrat mit Weingeist versetzen oder eingedampfte Masse mit Weingeist extrahieren).

3.) Eisen-Apfelsaft-Präparate, dabei Apfelsaure Eisentinkturen (S. 88, 101). Offizinell von Ph. Brandenburg 1698 (Tinctura Martis cum Succo Pomorum Borrsdorffiorum) bis DAB 6, 1926 (Tinctura Ferri pomati). Statt Apfelsaft wurde auch Quittensaft verwendet: Tinctura Martis cydoniata.

Außer diesen wichtigen Arzneimittelgruppen (zur Eisentherapie) sind zu nennen:
4.) Tinctura Martis ex Vitriolo (Wehle a.a.O., S. 136) als Chemiatricum (aus geglühtem Eisen(II)-sulfat, ausziehen mit salzsäurehaltigem Alkohol) und Tinctura Martis ex Vitriolo Zwoelfferi als Nachchemiatricum (Ph. Württemberg 1741).
5.) Tinctura Martis alcalina (Ph. Österreich 1794; aus Eisen, Salpetersäure, mit Kaliumcarbonat fällen und filtrieren).

Tinctura Sulphuris

Siehe hierzu Krüger-Elixiere S. 206–247, Kap. „Schwefel-Tinkturen". Die offizinellen Schwefeltinkturen kann man der Herstellung nach in 2 Gruppen einteilen:
1.) Die Basis ist ein Schwefel-Terpentin-Balsam, der mit Weingeist extrahiert wird (in Ph. Nürnberg 1666, Brandenburg 1698 bis Preußen-Brandenburg 1731).
2.) Die Basis ist eine Schwefelleber, die mit Alkohol extrahiert wird (in Ph. Brandenburg 1698 u. a., Ph. Württemberg 1741/98). Verwendung nach Ph. Württemberg 1741: Bei Brustleiden, Scabies, skorbutischen Geschwüren.

Die Herstellung der Tinkturen sowohl aus dem → Balsamum Sulphuris als auch aus der → Hepar Sulphuris sollte, in alchemistischem Sinne, eine Erhöhung der Wirkung bringen. Die Ausgangsprodukte selbst behaupteten sich als Präparate länger.

Tinctura Veneris

Über Kupfertinkturen siehe Krüger-Elixiere S. 186–187, 193-196. Es werdort näher beschrieben:
1.) Grüne Kupfertinkturen (Kupfersalmiaktinktur). In Ph. Brandenburg 1698, aus Kupfersulfat, Ammoniumchlorid, zusammenschmelzen, mit Alkohol ausziehen. Länderpharmakopöen des 19. Jh. geben andere Vorschriften, z. B. Ph. Sachsen 1820 (Tinctura Salis Ammoniaci cupriferi; aus Kupfer, Ammoniak, Salzsäure) oder Ph. Hamburg 1852 (Liquor Cupri ammoniato-hydrochlorici = Liquor antimiasmaticus Koechlini; aus Kupfersulfat, Kaliumcarbonat; Niederschlag in Salzsäure lösen, Zugabe von Ammoniumchlorid).
2.) Blaue Kupfertinkturen. Nur in einigen Brandenburger Pharmakopöen. Eine Zubereitung aus Silber, das etwas Kupfer enthält und dadurch mit Ammoniak Blaufärbung gibt.
3.) Rademachersche Kupferacetat-Tinktur (Tinctura Cupri acetici Rademacheri). In Ph. Hannover 1861 (aus Kupfersulfat und Bleiacetat).

Tragacantha

Reagens in DAB's (1926–1968), Klärmittel bei Alkaloidbestimmungen.

Harms-Reagenzien S. 172 uf.

Turpethum minerale

Siehe hierzu Schröder-Chemiatrie S. 82–86, Kap. „Turpethum minerale – Mineralischer Turbith". Seit Ph. Augsburg 1640 (nach Umsetzung von Quecksilber in Schwefelsäure mit viel Wasser zu erhalten) in Pharmakopöen bis ins 19. Jh. hinein (z. B. noch Ph. Hessen 1827). Das Präparat, das auf Paracelsus zurückgeht und bei Croll (um 1600) auch als Mercurius praecipitatus bezeichnet ist, gehört bei letzterem zu den Cathartica, Resolventia, Mundificantia.

Nach Ph. Württemberg 1741 ist das Präparat noch bei einigen alten Chirurgen in Gebrauch, um Speichelfluß zu erregen; es purgiert nicht selten nach oben und unten. Döbereiner-Apothekerbuch (1847) schreibt über Anwendung von Hydrargyrum subsulphuricum oxydatum: noch zuweilen als Heilmittel; es wurde auch gegen Wasserscheu und den Biß toller Hunde früher empfohlen, ist aber beinahe gänzlich außer Gebrauch.
Über das Waschwasser von der Turbith-Herstellung (Aqua mercuriata seu Oleum Mercurii) siehe Schröder-Chemiatrie S. 85 uf.

Vanadinsäureanhydrid

Reagens in DAB's (1926–1968) für Peroxidnachweis (Vanadin-Schwefelsäure).

Harms-Reagenzien S. 173 uf.

Vanillinum

Aufgenommen in DAB's (1926–1968). Geschmackskorrigens, gelegentlich als Nervinum und Stimulans. Auch als Reagens in DAB's (1910–1968); zu Günzburgs Reagens (Nachweis von HCl im Magensaft), zum Nachweis von Gerbstoffen, Identität von Myrrhe.

Veratrinum

Nach Hager-Kommentar (1874) wurde Veratrin 1818 von Meissner [er prägte den allgemeinen Namen „Alkaloid"] und 1819 von Pelletier und Caventou entdeckt, jedoch erst 1855 von Merck kristallisiert dargestellt. Weiteres hierzu siehe Schröder-Industrie S. 171–180. Aufgenommen in Länderpharmakopöen des 19. Jh. (Ph. Baden 1841 uf., anfangs mit Herstellungsvorschrift aus Sabadillsamen, dann ohne, weil inzwischen fabrikmäßig erzeugt). In DAB's (1872–1926). Anwendung nach Hager-Kommentar (1874): innerlich gegen rheumatische Leiden, Neuralgien, Wassersucht; äußerlich und endermatisch bei Neuralgien, in subcutanen Injektionen.

Vina

Nach Berendes ist die Ausführlichkeit, mit der Dioskurides den Wein (in mehreren Kapiteln) abhandelt, ein Beweis für sein Ansehen als Genuß- und Arzneimittel in der Antike (innerliche und äußerliche Anwendungen). Viele Kapitel gibt es über Drogen-Weine, die man als weinige Auszüge aus Pflanzenteilen (z. B. Meerzwiebeln, Wacholderbeeren), Harzen, oft auch mehreren verschiedenen Drogen, gewinnt. Neben dem Wein aus Weintrauben kennt Diosk. auch andere Weine und ihre medizinische Verwendung (z. B. aus Äpfeln, Birnen, Quitten, Johannisbrot, Feigen, Datteln).

Weine sind in allen Pharmakopöen bis zum DAB 6, 1926, zu finden: anfangs nur in Rezepten genannt, dann (seit 19. Jh.) in Monographien, in denen meist die zu verwendende Sorte genannt wird: Weiß- oder Rotweine, Madaira, Xeres usw.

Daneben gibt es Angaben über Medizinische Weine (Vina medicata). Sie sind – nach DAB 6 – Arzneizubereitungen, die durch Lösen oder Mischen von Arzneimitteln mit Wein hergestellt werden [Beispiele aus der Antike siehe oben]. Hierbei diente der Wein hauptsächlich als Vehikel, man sprach ihm aber auch eigene Wirkungen zu. So gibt Döbereiner-Apothekerbuch (1847) an: Der Wein wird in den Apotheken zur Bereitung verschiedener Heilmittel gebraucht entweder als Ausziehungs- oder als Lösungsmittel, zu welchem Zweck gewöhnlich Malagawein, Vinum hispanicum seu malacense, zuweilen aber auch weißer und roter Franzwein, Vinum gallicum album und rubrum, wohl auch Rheinwein, Vinum rhenanum, benutzt wird. Für gewisse medizinische Zwecke wird aber auch der Genuß gewisser Weinsorten vorgeschrieben. – Die süßen Weine, welche von den Verdauungsorganen am besten vertragen werden, sind sehr belebend, exzitierend, nervenstärkend und wegen ihres Zuckergehaltes sehr nährend, des bedeutenden Alkoholgehaltes aber wegen erhitzend und leicht berauschend ... Sie passen bei großer vitaler Schwäche, Tabes nervosa, Marasmus und Grangraena senilis, nervösen Unterleibskrämpfen, Kardialgien und asthmischer, retrograder Gicht und werden von Hypochondristen gut vertragen. – Die roten Weine zeigen vermöge ihres Gerbstoffgehaltes zusammenziehende und tonische Eigenschaften ... Sie eignen sich bei einem Zustand von Erschlaffung in dem reproduktiven System, namentlich bei Blennorrhöen der Respirations-, Harn- und Geschlechtsorgane, Unterleibsverschleimungen, Schleimflüssen in dem Darmkanal, wo sie zusammenziehend und stärkend auf die erschlaffte Faser wirken. – Die weißen Weine zerfallen in die französischen und die deutschen; die ersteren erheben gleichmäßig die sensiblen und irritablen Funktionen und sagen schwachen Digestionsorganen zu ... Sie eignen sich vorzüglich bei der Convalescenz nach schweren Übeln, sind sehr gute Tischweine und bei Dyskrasien, Kachexien, Rachitis, Atrophie, Scrophulosis und Skorbut besonders vorzuziehen. Die weißen deutschen Weine erhitzen zwar nicht so sehr wie die französischen, werden jedoch wegen vorherrschender Säure nicht so gut von den Digestionsorganen vertragen, erregen bei Atonie der ersten Wege leicht Sodbrennen, saures Aufstoßen, Magenweh, Darmschmerzen und Diarrhöe, begünstigen im Übermaß genossen die Steinbildung und die Gicht ... sie sind Exzitantien für das Nervenleben, bes. in seiner irritablen Sphäre, in typhösen Fiebern und chronischen Neurosen... Die moussierenden Weine wirken rasch belebend, ohne zu erhitzen, auf die höheren sensiblen Organe sehr erheiternd und vermöge ihres Kohlensäuregehaltes beruhigend auf die Magennerven, bes. bei Krampferbrechen und Kardialgie, und zugleich diuretisch.

Das pharmazeutisch wichtigste Produkt aus Wein war sein, durch alchemistische Kunst (Destillation) isolierter Geist, der → Spiritus Vini.

Ausführliche historische Angaben über Weine findet man in Wiegert-Nahrungsmittelchemie S. 49–62: Nahrungsmittel in Pharmakopöen unter besonderer Berücksichtigung des Weins; S. 86–130: Der Wein und die Anfänge seiner Analytik, mit den Abschnitten: Qualitätsschwankungen beim Wein; Kunstwein; Forderungen an die Beschaffenheit eines Weines; Spezielle Analytik; Offizinelle medizinische Weine zur Herstellung von Medizinalweinen in der Pharmazie des 19. Jahrhunderts.

Viride montanum

In Arzneitaxen des 16./18. Jh. aufgeführt, beschrieben in Ph. Württemberg 1741: Terra viridis (viride montanum, Chrysocolla veterum, grüne Erde, Berggrün; von Chirurgen zum Reinigen und Austrocknen bösartiger Geschwüre benutzt).

Vitrum

Die medizinische Verwendung von Glas (meist venedisches: Vitrum venetum) oder gebranntes (Vitrum combustum) war selten. Lonicerus schreibt in seinem Kräuterbuch (1679) dazu: Es macht Haar wachsen, mit Wacholder aufgestrichen, gestoßen und gebrannt, dient es zum Stein in der Blase und Nieren, mit Wein getrunken. Es ist zu vielen Salben gut, dient wider Räude und Krätze. Nach Ph. Württemberg 1741 ist Vitrum venetum ein Anthelminticum.

Gebräuchlicher war die Glasgalle, Nebenprodukt der Glasherstellung. Siehe dazu Hickel-Salze S. 145–150, Kap. „Fel Vitri". War vom 16.–18. Jh. apotheken-üblich. Nach Ph. Württemberg 1741 Diureticum, kommt auch zu Zahnpulvern. Nach Jourdan, um 1830, „ehedem als einschneidendes und Abführmittel" gebraucht.

Vitrum Antimonii

Siehe hierzu Schröder-Chemiatrie S. 86–90, Kap. „Vitrum antimonii – Spießglanzglas". War schon im Mittelalter bekannt, aber erst als Chemiatricum pharmakopöe-üblich (schon in 2. Hälfte des 16. Jh. in Arzneitaxen, z. B. T. Magdeburg 1577). Herstellung nach Ph. Augsburg 1640: Antimon(III)-sulfid wird bei gelindem Feuer geröstet, das entstandene weißgraue Pulver (Cinis antimonii) geschmolzen, bis es beim Ausgießen zu einem roten Glase erstarrt (Zusätze von Borax oder Steinsalz zur Schmelze wurden auch üblich). Anwendung von Vitrum Antimonii hyacinthinum nach Ph. Württemberg 1741: Wird selten oder nie für sich innerlich verordnet, sondern mit Wein oder Bier angesetzt, um einen Brechtrank zu bekommen. Ganz selten noch in Länderpharmakopöen des 19. Jh. z. B. Ph. Bayern 1822, wo ein käufliches Oxidulum Stibii vitrum beschrieben wird, aber auch noch die alte Vorschrift zur Herstellung abgedruckt ist. Nach Döbereiner-Apothekerbuch (1847) dient das Präparat in der Pharmazie zur Darstellung mehrerer Antimonialpräparate; „seine Güte beruht in der schön hyacintroten Farbe".

Xylol

Reagens in DAB's (1910–1968), besonders als Lösungsmittel.

Yohimbinum hydrochloricum

Salzsaures Salz des Hauptalkaloids der Yohimberinde. Aufgenommen in DAB 6, 1926. Nach Hager-Handbuch, um 1930, Aphrodisiacum; ist als Anaestheticum in Augen-, Ohren- und Nasenheilkunde empfohlen worden.

Zincum

Die pharm. Bedeutung des Zinkmetalls liegt in der Gewinnung von Salzen aus ihm. Soweit solche in Apotheken herzustellen waren, ist Zincum in Pharmakopöe-Kapiteln erfaßt (seit Ausgang 18. Jh.; in preußischen Pharmakopöen 1799–1846). Als Reagens ist Zink in die Länderpharmakopöen des 19. Jh. meist aufgenommen (ab Ph. Hannover 1819), dann in allen DAB's (1872–1968); benutzt zur Abscheidung edlerer Metalle, zur Entwicklung von naszierendem Wasserstoff usw.

Zincum aceticum

Nach Vogt-Pharmakodynamik (1828) ist das Zinkacetat noch nicht in den Arzneischatz eingeführt, verdient es aber. Aufgenommen in Länderpharmakopöen des 19. Jh. (in Preußen ab 1862, herzustellen aus Zinkoxyd und Essigsäure), dann – ohne Vorschrift – in DAB's (1872–1910), dann in Erg.B. 6, 1941.

Als Reagens in DAB's (1910–1926), zum Weinsäurenachweis in Liquor Aluminii acetico-tartarici, Bestandteil von Schlesingers Reagens zum Nachweis von Urobilin.

Anwendung nach Hager-Kommentar (1874) selten, äußerlich in Augenwässern, Einspritzungen, gegen Hautkrankheiten; innerlich als Brechmittel und Antihystericum, gegen Veitstanz. Spielte im Rademacherschen Heilverfahren eine Rolle (Narcoticum minerale). Nach Hager-Handbuch, um 1930: Emeticum, Antispasmodicum, Adstringens, milder wirkend als Zinksulfat.

Zincum chloratum

Vogt-Pharmakodynamik (1828) beschreibt die Verwendung von Zincum muriaticum oxydatum (Butyrum Zinci, Zinkbutter). Das Salz wurde aufgenommen in Länderpharmakopöen des 19. Jh. (z. B. Ph. Preußen seit 1846, aus Zink und Salzsäure herzustellen), dann DAB's (1872–1926, ohne Vorschrift). Anwendung nach Hager-Kommentar (1874): „früher bei Syphilis, skrophulösen Leiden, Krebs, chron. Hautausschlägen, Epilepsie, Veitstanz, heute schätzt man mehr seine kaustischen Eigenschaften und wendet es fast nur äußerlich gegen Krebsgeschwüre als Ätzmittel an". Nach Hager-Handbuch, um 1930: Innerlich kaum noch, äußerlich als Ätzmittel, Desinficiens, Antisepticum; für Verbandwässer, Augenwässer, zu Injektionen in Harnröhre und Scheidenspülungen.

Als Reagens in DAB's (1890–1968), zur Herstellung der Jodzinkstärkelösung (zur Prüfung auf oxydierende Substanzen); in DAB 7 bei der Prüfung von Watte.

Zincum ferrocyanatum

Hat neben Zincum cyanatum um 1870 eine kleine Rolle gespielt. In Ph. Hannover 1861 waren Vorschriften zur Herstellung von beiden angegeben; DAB 1, 1872, führte nur noch Zincum ferrocyanatum (aus Ferrocyankalium und Zinksulfat). Hager-Kommentar (1874) weist daraufhin, daß bei der Verordnung von Zincum cyanatum nicht das sehr giftige Cyanzink abzugeben ist, sondern das eisenhaltige Salz. Dieses wird in ähnlichen Fällen wie Zinkoxyd benutzt. „Zincum cyanatum sine Ferro" wirkt giftig wie Blausäure (gegen Nervenleiden, Hysterie, schmerzstillend bei Krebs; äußerlich in Augensalben).

Zincum lacticum

Aufgenommen in Ph. Sachsen 1867, herzustellen aus Saccharum Lactis, Serum Lactis, Zincum sulphuricum und Natrium carbonicum. In DAB 1, 1872, ohne Vorschrift; dann Erg.B's (noch 1941). Hager-Kommentar (1874) schreibt zum Zinklaktat, daß es vor 25 Jahren gelegentlich der Milchsäuredarstellung bekannter und 1852 von Herpin als Specificum gegen Epilepsie angerühmt wurde.

Zincum oxydatum

Hickel-Chemikalien hat S. 102 ff. im Kap. „Zinkverbindungen, Galmei und seine Hüttenprodukte" zunächst Lapis calaminaris – Galmei (S. 104–109), dann Tutia – Ofenbruch (S. 110–115) und Nihil – Hüttenrauch (S. 116–121) beschrieben. Man kannte diese Produkte in der Antike, sie blieben pharmakopöe-üblich bis zum 18. Jh., waren meist jedoch von sehr wechselnder Beschaffenheit. Die Ph. Württemberg 1741 führt:

1.) Calaminaris lapis (Gallmey; für Collyrien, Pflaster und austrocknende Salben) und Lapis calaminaris praeparatus (wird geglüht, geschlämmt und feinst verrieben); gleiche Anwendung beider.
Blieb in einigen Länderpharmakopöen des 19. Jh. (z. B. Ph. Hessen 1827: Lapis Calaminaris, Oxydum Zinci nativum, Carbonas Oxidi Zinci, Cadmia fossilis). Nach Döbereiner-Apothekerbuch (1847) benutzt man „den Galmei als ein austrocknendes und Augenmittel im fein präparierten Zustand (als Lapis calaminaris praeparatus) nur noch selten zu Salben, Pflastern und Schüttelmixturen äußerlich, häufiger als Volksmittel". Aufgenommen in Erg.B's (noch 1941).

2.) Tutia (Thutia, Nihil griseum, Cadmia, Botrytis, Tutia alexandrina, Tutian; Siccans, Detergens; zu Collyrien, Augensalben, trocknenden Pflastern) und Tutia praeparata (Bereitung wie beim Galmei).
Blieb in einigen Länderpharmakopöen des 19. Jh. (z. B. Ph. Hessen 1827: Tutia = Cadmia; unreines Zinkoxid in Krustenform).

3.) Nihilum album (Pompholyx, weisses Nichts; Refrigerans, Siccans; zu Collyrien, Pflastern und Salben).

An die Stelle des Handesproduktes traten noch im 18. Jh. die Flores Zinci, durch Luftoxidation von geschmolzenem Zink bereitet. Sie erhielten dann bald die Bezeichnung Oxydum Zinci (Ph. Österreich 1812, oder es trat an ihre Stelle ein auf nassem Wege bereitetes (→ 4.) Zincum oxydatum album (Ph. Preußen 1799 uf.). Dieses ersetzte die zinkoxidhaltigen Hüttenprodukte Tutia und Nihilum album, von denen Döbereiner (1847) berichtet: „Da die Bedingungen zur Erzeugung dieser Produkte, wegen der jetzt üblichen verbesserten Prozesse, nicht mehr vorhanden sind, so kommen unter diesem Namen fast nur Kunstprodukte in den Handel, die mitunter keine Spur von Zink enthalten".

4.) Zincum oxydatum (via humida paratum, Magisterium Zinci). Die Länderpharmakopöen des 19. Jh. hatten verschiedene Vorschriften; man ging von Zinksulfatlösungen aus und fällte mit Natriumcarbonat, so z. B. in Ph. Preußen 1827, die neben Zincum oxydatum via humida paratum noch einmal Zincum oxydatum (= Flores Zinci, mit Vorschrift) aufgenommen hatte. In Ausgabe 1846 hieß das allein aufgenommene, gefällte Präparat Zincum oxydatum, 1862 Zincum oxydatum purum, neben dem es jetzt ein Zincum oxydatum venale (Zinkweiß, Flores Zinci) gab. Beide Präparate blieben in DAB's (1872–1926), Bezeichnung in DAB 6, 1926: Zincum oxydatum und Zincum oxydatum crudum. In DAB 7, 1968, nur noch „Zinkoxid".
Anwendung nach Hager-Kommentar (1874): Reines Zinkoxyd innerlich bei vielen krampfhaften Leiden und verschiedenen Neuralgien, Magenkrampf etc.; äußerlich als mildes Adstringens. Das rohe Zinkweiß soll nur zur Zinksalbe und zur Bereitung einiger Zinkverbindungen Verwendung finden. Nach Böhme-Kommentar (1969) wird das leicht adstringierende Zinkoxid als indifferentes Mittel in Pudern, Salben und Pasten verwendet; der innerliche Gebrauch ist nicht mehr üblich.

Zincum sulfocarbolicum

Wurde nach Hager-Kommentar (1874) „vor ungefähr 6 Jahren in den Arzneischatz aufgenommen und von einigen Ärzten Englands vorzugsweise angerühmt"; äußerlich zu Umschlägen, Verbänden, Augenwässern, Injektionen. In DAB's (1872 bis 1882), dann Erg.B's (noch 1941, „Zincum sulfophenolicum").

Zincum sulfuricum

Siehe hierzu Hickel-Chemikalien S. 133–139, Kap. „Vitriolum album, Weißer Vitriol". Bis zum 17. Jh. konnte Weißer Vitriol sowohl verwitterter Eisenvitriol, als auch das Zinksulfatmineral sein, letzteres regelmäßig dann, wenn für Augenarzneien benutzt(seit 15./16. Jh.). Vitriolum album wird in allen Pharmakopöen bis zum 18. Jh. aufgeführt. Die Ph. Württemberg 1741 beschreibt das Mineralprodukt aus dem Rammelsberg bei Goslar (Galitzenstein, Augenstein; Mundificans, Siccans, Adstringens; für Collyrien). Nach dieser Pharmakopöe wird durch Umkristallisieren des Minerals das Sal vomitorium Vitrioli (= Sal Vitrioli vomitativus) gewonnen (gegen Schlaganfall, Katarrhe, Fieber, Pest), genannt Gilla Theophrasti. Dieses Präparat geht auf Paracelsus zurück (siehe hierzu Schröder-Chemiatrie S. 144–147), auch dieses konnte bis zum 17. Jh. aus Sulfaten des Zinks, aber auch des Kupfers und Eisens bestehen.

Die Möglichkeit, Zinksulfat aus Zink und Schwefelsäure direkt herzustellen – wodurch das Mineral überflüssig wurde – war im 18. Jh. bekannt und wurde im 19. Jh. in die Länderpharmakopöen übernommen (Bezeichnung: Zincum sulphuricum, Vitriolum album purum). In preußischen Pharmakopöen mit dieser Herstellungsvorschrift (1799–1846), 1862 aus Zinkoxid und Schwefelsäure. In DAB's ohne Vorschrift (1872–1968). Verwendung nach Hager-Kommentar (1874): Innerlich als Brechmittel, gegen Krämpfe; äußerlich als Adstringens zu Einspritzungen in die Urethra, Waschungen, Augenwässern. Nach Böhme-Kommentar (1969): Adstringens und Antisepticum; gelegentlich innerlich als Brechmittel.

In der Homöopathie ist „Zincum sulfuricum – Zinksulfat" ein wichtiges Mittel.

Zucker

Rohrzucker (Saccharum) wird in DAB's (1910–1926) als Reagens bei der Identitätsprüfung von Morphin und Veratrin benutzt. Über seine große Bedeutung als Medikament siehe Bd. V, Saccharum.

Außer dieser Zuckerart spielen eine Rolle:

1.) Saccharum amylaceum (Saccharum Uvae, Dextrose, Glykose, Glucose-Monohydrat). Aufgenommen in DAB's (1926–1968). Anwendung nach Böhme-Kommentar (1969): als Diäteticum und in der Osmotherapie.

2.) Saccharum Lactis (Lactose). Siehe hierzu Wietschoreck-Nachchemiatrie S. 305–312, Kap. „Saccharum lactis = Milchzucker". Aufgenommen in Pharmakopöen seit 18. Jh. (Ph. Regensburg 1727, Württemberg 1741 u. a.; preußische Pharmakopöen 1799–1862; DAB's 1872–1968). Die ersten Pharmakopöevorschriften lieferten Molkenpulver-ähnliche Präparate; im 19. Jh. wurde auf Apothekenherstellung verzichtet, da recht reiner Milchzucker in den Handel kam. Verwendung nach Ph. Württemberg 1741: Antispasmodicum, Demulcans, Anodynum, Arthriticum; Antiscorbuticum, Antinephriticum, Antihecticum. Nach Hager-Kommentar (1874) ist Milchzucker eigentlich kein Medikament, aber – da nicht hygroskopisch – ein besseres Vehikel als Rohrzucker; für homöopathische Verreibungen. Nach Böhme-Kommentar (1969): Konstituens für Pulver, Tabletten usw.; mildes Laxans bei Kindern.

Hinzuweisen ist auf eine Schriftenreihe: Beiträge zur Entwicklungsgeschichte der Zuckerwirtschaft und der Zuckerindustrie, Herausgeber Hermann Dreßler u. Hubert Olbrich, Institut für Zuckerindustrie Berlin. Bisher erschienen:

Heft 1: Johannes Andreas Rohr, Über das Zuckerrohr (Heilkundliche Inauguraldissertation aus dem Jahre 1719), 1973.

Heft 2: Zu der Kulturgeschichte des Zuckers und den Beziehungen zu Berlin, 1974.

Heft 3: Johannes Elias Maederjan, Natürliche und medizinische Geschichte des Zuckers (Medizinische Inauguraldissertation aus dem Jahre 1701), 1974.

Heft 4: Johannes Adam Höcher, Disputation von 1698 über den Zucker (Medizinische und naturwissenschaftliche Darlegung), 1975.

Hinweis:

Auf ein Register konnte bei diesem Band (VI) verzichtet werden, weil zur gleichen Zeit das Gesamtregister des Lexikons (Band VII) erscheint.